모든 것에 화학이 있다

모든 것에 화학이 있다

아침부터 저녁까지, 우리 일상 속에 숨겨진 화학

케이트 비버도프 지음 | 김지원 옮김

문학수첩

나의 화학 선생님이었던
켈리 팰스로크를 위해

* CONTENTS *

일러두기

• 이 책은 2021년에 출간된 Kate Biberdorf의 *It's Elemental: The Hidden Chemistry in Everything*을 번역한 것
  이다.

• 인명, 화학 용어 등의 표기는 국립국어원 외래어표기법을 따랐다.

• '나트륨', '칼륨' 등의 용어는 2014년 대한화학회에서 정한 용어인 '소듐', '포타슘' 등으로 바꿨다. 다만 '중탄산나
  트륨' 등 화합물의 경우에는 업계에서 흔히 쓰는 명칭 그대로 두었다.

• 역주는 본문 중에 '—옮긴이'로 표시했다.

• 저자가 원문에서 이탤릭으로 표기한 부분은 굵은 글씨로 표기했다.

우리 같은 덕후들은 당연하게도 어떤 일에든 열광해도 된다.
덕후는 자신을 주체하지 못하고
의자에서 펄쩍펄쩍 뛸 만큼 무언가를 좋아해도 된다.
…사람들이 누군가를 덕후라고 부를 때는 대체로
"너 뭔가를 되게 좋아하는구나"라고 말하는 것이다.
—존 그린

이 책을 시작하면서 우선 한 가지 사실을 인정하려고 한다.

나는 화학 덕후다.

나는 화학자고, 내 남편 조시도 화학자고, 우리 친구들 대부분이 과학자다(전부는 아니지만, 사람이 완벽할 수는 없으니까). 나는 쿼크에 관해서 일상적으로 이야기하는 데 익숙하다. 조시와 나는 데이트할 때 노벨상을 받은 실험의 매개변수에 대해서 논의한 적이 있고, 주기율표에서 어떤 원소가 최고인지에 대한 격렬한 논쟁도 해보았다(그 답은 당연히 팔라듐이다).

하지만 다른 모든 사람이 그렇지는 않다는 걸 안다.

사실, **대부분의** 사람이 그렇지 않다.

화학은 이해하기 어려울 수 있다. 맙소사, 전반적인 **과학**이 이해하기가 상당히 힘들다. 너무나 많은 용어와 규칙이 있고, 모든 것이 굉장히 복잡해 보인다. 화학의 경우에는 더더욱 어려워 보인다. 왜냐하면 우리가 그 일부조차 **볼** 수 없기 때문이다.

생물학에서는 개구리를 해부할 수 있다.

선생님이 현실에서 가속 같은 물리적 특성을 보여줄 수도 있다.

하지만 내가 당신에게 원자를 건네줄 수는 없다.

내 친구들과 가족들도 가끔 내가 뭘 하는 건지 잘 이해하지 못한다. 내 제일 친한 친구인 첼시가 완벽한 예다. 첼시는 엄청나게 똑똑하고, 과학을 전반적으로 이해하고, 심지어 직업도 화학과 관련이 있는 보석 세공사다. 하지만 첼시는 우리의 고교 시절 화학 시간에 뭐가 뭔지 절대로 '이해하지' 못했다. 내가 화학에 푹 빠져 있는 동안 첼시는 지루해하는 동시에 무슨 소린지 전혀 알아듣지 못하는 상태였다. 고등학교 2학년이 되자 나는 첼시가 어떤 기분인지 아예 알 수 없게 되었다.

하지만 이제는 완벽하게 이해한다. 거의 매일 첼시 같은 학생들을 보기 때문이다.

오스틴에 있는 텍사스 대학교 교수로서 나는 '상황 속의 화학Chemistry in Context'이라는 과목을 가르친다. 이것은 아마도 앞으로 다시는 과학 수업을 수강하지 않을 학생들을 위해 만들어진 입문 수업이다. 영문과 학생이 C 학점 정도는 받을 수 있을 것 같은 가장 쉬운 과학 수업을 찾는다고 상상해 보라. 바로 그런 수업이다.

어느 해 수업 첫날에 학생이 나에게 쿼크가 뭐냐고 물었고, 나는 500명의 반짝이는 신입생들 앞에서 아원자 입자에 관한 기나긴 샛길로 빠지고 말았다. 어떤 학생들은 미친 듯이 필기를 하려고 한 반면, 대다수는 각종 충격과 공포에 질린 얼굴로 나를 빤히 쳐다보기만 했다. 몇 명은 최후의 수단으로 휴대폰으로 내 강의를 녹화했다. 여학생 둘은 말 그대로 서로를 꽉 붙들고 있었다.

이 사건은 꽤나 우스꽝스러운 일일 수도 있다. 하지만 나는 화학에(그리고 나에게) 기회를 주려 했던 수백 명의 학생들을 겁줘서 쫓아버린 셈이었다. 대부분의 학생은 내가 무슨 이야기를 하는지 몰랐다. 외계어로 말을 하는 거나 다름없었을 것이다. 이 일이 '과학은 지루하고 이해 안 되는 분야'라는 도시전설을 더욱 강화시켰을 게 분명하다.

왜냐하면 말은 중요하기 때문이다. 특히 과학에 관해 이야기할 때는 더 그렇다.

처음 박사 학위를 따고서 나는 엄마한테 내 논문 사본을 이메일로 보냈다. 몇 분 후에 엄마가 전화를 했다. 내가 인사를 하기도 전에 엄마가 마구 웃는 소리가 들렸고 나는 그 이유를 알 수가 없었다. 내가 잘못된 파일을 보냈나? 웃긴 고양이 동영상을 보셨나? 아니면 실수로 나한테 전화를 거신 건가?

마침내 엄마가 웃음 섞인 말투로 말했다.

"케이티, 난 이 말들이 무슨 소린지 도무지 모르겠구나! 에이스…… 납틸이 뭐니?"

엄마는 하도 심하게 웃어서 더 이상은 말을 할 수가 없었다. 나는 굉장히 의아했다. 나는 엄마한테 내 연구가 무슨 내용인지 이야기했었다. 그런데 왜 이해를 못 하시지?

나는 논문을 다시 펼친 다음 첫줄을 읽어보았다.

새로운 1, 2-아세나프테닐 N-헤테로시클릭 카벤 기반 팔라듐(Ⅱ) 촉매 6종의 합성 및 촉매적 특성을 제시했다. 아세나프테닐 카벤은 메시틸이나 1, 2-디이소프로필 N-아릴 치환물을 사용해서 만들 수도 있다.

그 순간 나는 이해했다. 엄마가 읽은 것, 내 학생들이 들은 것, 첼시가 느낀 기분까지. 엄마는 "1, 2-아세나프테닐 N-헤테로시클릭 카벤 기반 팔라듐(Ⅱ) 촉매"가 뭔지 전혀 몰랐다.

그리고 솔직히 엄마가 알아야 할 이유도 없다(혹시 궁금한 사람을 위해 말하자면, 의약품을 만드는 데 필요한 반응에 사용되는 촉매의 일종이다).

화학은 굉장히 멋지고 엄청나게 끝내주지만, 화학자들은(나를 포함해서) 종종 박사학위가 있는 사람이 아니면 누구도 이해 불가능한 방식으로 과학에 관해 이야기한다. 이 책에서 나는 정반대로 해보기로 했다. 내 임무는 엄마에게, 그리고 독자 모두에게 내가 **왜** 화학에 열정을 불태우는지를 보여주는 것이다. 왜 화학이 근사하고, 왜 엄청 짜릿하고, 왜 이것을 사랑해야만 하는지 알려줄 것이다.

여기서는 쿼크에 대한 강연이나 과학방법론 설명조차 없을 거라고 약속한다. 하지만 이 책을 다 읽을 무렵이면 당신은 기본적인 화학을 이해하고 당신이 아침에 머리에 쓴 샴푸부터 아름다운 저녁노을에 이르기까지 모든 것에 숨겨진 화학을 볼 수 있을 것이다. 화학은 당신이 문자 그대로 '없으면 못 사는' 물질인 공기에도 존재하고, 당신이 매일같이 만지고 마주하는 모든 것에 있다. 이런 화학에 대해 더 많이 알면 알수록 우리가 사는 세상을 더 많이 인식할 수 있을 것이다.

지금 당신 주위를 한번 둘러보라. 당신 눈에 보이는 모든 것이 물질이다. 모든 물질은 분자로 이루어져 있고, 분자는 원자로 구성된다.

이 종이 위의 잉크는 종이의 섬유질 속에 흡수된 분자이고, 바인딩의 풀은 종이와 표지를 결합시키는 멋진 분자이다. 화학은 모든 **곳**에, 모든 **것**에 있다.

1부의 1~4장에서는 원자와 분자, 화학반응의 기본을 이해하기 위해 알아야 하는 것들에 대해 설명할 것이다. 이것을 기초화학 수업, 또는 당신이 고등학교 때 친구에게 쪽지를 쓰는 동안 선생님이 무슨 이야기를 했는지 다시 설명하는 시간이라고 생각해도 좋다(그리고 이 파트가 끝날 무렵이면 마침내 원자를 '이해하게' 될 거라고 약속한다).

책의 두 번째 부분은 당신이 아침에 만드는 커피부터 밤에 마시는 와인에 이르기까지 일상생활 속의 화학에 관한 이야기이다. 거기에서 온갖 재미있는 일을 다 하게 될 것이다. 빵 굽기, 청소, 요리, 운동, 심지어는 해변에 가는 것까지 말이다. 그러는 동안에 당신은 매일 쓰는 물건들 가운데 휴대폰, 자외선 차단제, 섬유 속에서 작용하는 화학에 관해 배울 것이다.

나는 당신이 화학을 '이해할' 뿐만 아니라 화학에서 짜릿한 흥분을 느끼기를 바라는 마음으로 이 책을 썼다. 당신이 주위 세상에 관해서 뭔가 새롭고 예상치 못했던 것을 발견하길 바란다. 그리고 당신이 배운 것을 당신의 파트너, 자식들, 친구들, 직장 동료들…… 심지어는 술집 옆자리의 모르는 사람에게까지 이야기하고 싶어지면 좋겠다.

왜냐하면 나는 우리가 과학에 대한 사랑으로 세상을 더 나은 곳으로 만들 수 있다고 강력하게 믿기 때문이다.

그럼 시작해 보자.

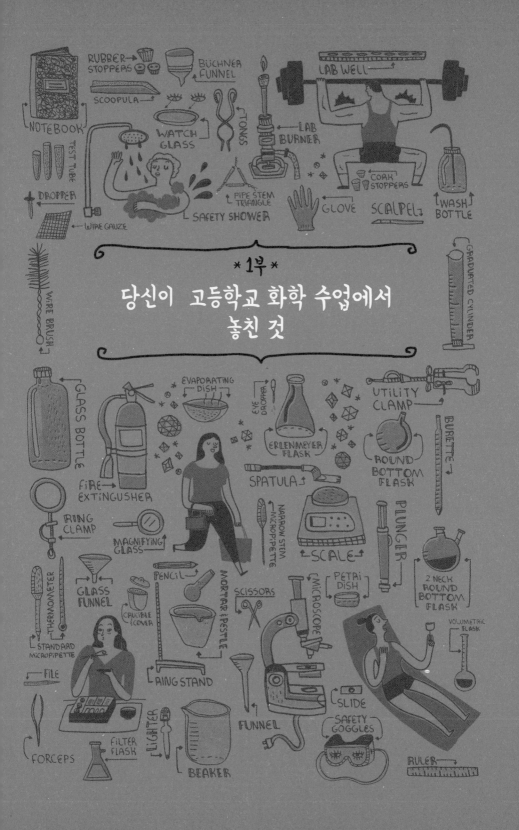

1부
당신이 고등학교 화학 수업에서 놓친 것

1. 작은 것들이 물질이다   *⚛ 원자

화학은 모든 곳에, 모든 것에 존재한다. 당신의 휴대폰에, 몸에, 옷에, 당신이 좋아하는 칵테일에도 있다! 화학은 얼음이 녹아 물이 되는 경로를 설명하고, 소듐과 염소 같은 2개의 원소를 합치면 무슨 일이 일어나는지 예측할 수 있게 해준다(정답: 소금이 된다).

그런데 화학은 대체 뭘까?

화학의 기술적 정의는 '에너지와 물질, 그 두 가지가 서로 어떻게 작용하는지에 관한 학문'이다. 여기서 '물질'은 존재하는 모든 것을 지칭하고 '에너지'는 분자의 반응성을 뜻한다(분자는 물질을 구성하는 아주 작은 부분을 뜻하는데, 나중에 더 설명하겠다).

화학자들은 항상 두 분자 사이의 반응성을 예측하고 싶어 한다. 다시 말해서 2개의 화학물질이 만나면 무슨 일이 일어날지 알고 싶은 것이다. 그래서 우리는 여러 가지 질문을 하고 그 답을 찾으려 한다. 화학물질이 상온에서 반응할까? 폭발할까? 열을 가하면 새로운 결합이 형성될까?

이런 종류의 질문에 답하려면 화학의 기초를 이해해야 한다. 이 말은 우리가 과거로 거슬러 올라가야 한다는 뜻이다. 화학은 고대, 정말로 엄청난 고대의 과학이기 때문이다.

5세기로 거슬러 가서, 데모크리토스와 레우키포스라는 두 철학자가 세상의 모든 것은 아토모스^{atomos}라는 작고 나눌 수 없는 조각으로 이루어져 있다는 가설을 세웠다. 이 두 철학자는 여러 편의 논문에서 수백만 개의 아토모스가 결합해서 우리 주위 세상에서 볼 수 있는 것들을 만든다고 설명했다. 마치 레고 더미를 사용해 배^{boat}나 끝내주는 밀레니엄 팰컨(영화 〈스타워즈〉에 등장하는 우주선—옮긴이) 같은 물체를 만들 수 있는 것처럼 말이다.

데모크리토스와 레우키포스가 전적으로 옳았고 오늘날 이 두 사람은 원자라는 개념을 정의한 최초의 인물들로 여겨지지만, 당시에 그들의 이론은 받아들여지지 않았다. 왜냐하면 그건 당시의 또 다른 두 철학자, 아리스토텔레스와 플라톤(나름 유명 인사들이었던)의 견해와 상충되었기 때문이다.

아리스토텔레스와 플라톤은 세상의 모든 물질(즉 모든 것)이 흙, 공기, 물, 불의 조합으로 이루어져 있다고 믿었다. 이 이론에 따르면 흙은 차갑고 건조하며, 물은 차갑고 습하고, 공기는 뜨겁고 습하며, 불은 뜨겁고 건조하다. 그리고 세상의 모든 것은 이 네 원소의 조합에서 탄생한다. 또한 세상의 모든 물체는 흙에서 공기로, 불로, 물로, 그리고 다시 흙으로 바꿀 수 있다고 믿었다. 그들의 이론에 따르면, 가령 통나무가 불에 타면 차갑고 건조한 것(흙)에서 뜨겁고 건조한 것(불)으로 바뀐다. 불이 꺼지고 나면 불탄 통나무는 이제 차갑고 건조하므로 흙으로 돌아간다.

하지만 누군가가 불을 끄기 위해 물을 부었다면 불에 탄 나무는 흙과 물이라는 두 원소의 조합이 된다. 이 예에서, 불에 타고 축축해진 재는 건조한 잿더미에 비해 훨씬 많은 공간을 차지한다. 그러므로 아리스토텔레스와 플라톤은 이 사실을 바탕으로, 조합이 바뀌면 모든 물질이 무한하게 더 커지거나 작아질 수 있다고 주장했다.

데모크리토스는 이 주장을 굉장히 싫어했다. 물체가 작아지는 데에는 한계가 있을 거라고 믿었기 때문이다. 예를 들어 빵 한 덩이를 반으로 나눈다고 해보자. 그런 다음 그것을 반으로, 다시 반으로, 또다시 반으로 나눈다. 결국에는 더 이상 나눌 수 있는 빵이 없게 될 거라고 데모크리토스는 믿었다. 더 이상 나눌 수 없을 때, 그 마지막 조각이 개개의 아토모스라고 데모크리토스는 확신했다. 그리고 그가 옳았다!

한데 다시 한번 말하지만, 데모크리토스가 옳다는 건 중요치 않았다. 아리스토텔레스는 당대의 유명한 철학자였기 때문이다. 아리스토텔레스가 아토모스라는 개념을 일축하자 다른 사람들도 모두 그렇게 했다. 우리에게는 불행하게도 아리스토텔레스는 틀렸고, 인류는 흙, 물, 불, 공기의 조합으로 세상을 해석하려는 잘못된 시도를 하며 이후 2,000년을 허비했다.

생각을 해보라. **2,000년**이라니!

1600년대가 되어서야 누군가가 아리스토텔레스의 이론에 실제로 도전할 수 있을 만큼 강력한 증거를 내놓았다. 로버트 보일Robert Boyle이라는 이 별난 물리학자는 널리 인정받는 이론을 반증하기 위해 실험하는 것을 좋아했다. 아리스토텔레스의 이론에 주목한 보일은 세상은 그리스인들이 생각한 것처럼 흙, 물, 공기, 불로 이루어진 것이 아니라고 주장하는 책을 썼다.

보일은 아리스토텔레스의 이론 대신 세상은 2개의 더 작은 일부분으로 나뉠 수 없는 물질의 작은 조각인 원소element로 이루어져 있다고 설명했다. 어디서 들어본 것 같지 않은가?

제목도 딱 걸맞은 《회의적인 화학자The Sceptical Chymist》라는 보일의 책이 출간되면서 원소라는 이 작고 나눌 수 없는 조각을 찾기 위한 경쟁이 시작되었다. 당시에 보일은 구리와 금 같은 흔한 물질들이 원소의 조합이라고 믿었다. 하지만 그의 책이 나오고 얼마 지나지 않아서 이 물질들(그리고 11개의 다른 것들)이 빠르게 식별되어 원소로 규정되었다.

예를 들어 구리는 중동에서 서기전 9000년에 처음 사용되었지만, 보일의 책이 출간되고 나서야 사람들은 그것을 더욱 자세히 살펴보기 시작했다. 원소라는 새로운 개념이 나오면서 과학자들은 구리가 원소의 조합이 아니라 그 자체로 하나의 원소라는 사실을 믿기 시작했다.

납, 금, 은의 경우도 똑같은 방식이었으며 이런 식으로 처음 13개의 원소들이 발견되었다. 그 후에도 과학자들은 계속해서 새로운 원소임을 알리는 증거를 찾았다. 덕분에 1669년에 인을 발견했고, 1735년에는 코발트와 백금을 발견했다.

오늘날 우리는 원소가 보일이 설명한 바로 그것이라는 사실을 안다. 즉 화학반응 중에 더 단순하거나 더 작은 물질로 더 이상 나누어지지 않는 물질 말이다. 또한 원소가 원자atom(데모크리토스의 독창적인 단어 '아토모스'에서 유래한)라고 부르는 아주 작은 물질 조각 수백만 개에서 수십억 개로 이루어졌다는 것도 안다. 하지만 이런 사실은 1803년에야 영국의 과학자 존 돌턴John Dalton이 알아낸 것이었다.

돌턴의 획기적인 발견은 종종 '원자론Atomic Theory'이라고 불린다. 돌턴은 하나의 원소(예를 들어 탄소)에 있는 모든 원자는 서로 동일하고 다른 원소(예컨대 수소)에 있는 모든 원자 역시 서로 동일하다고 주장했다. 하지만 돌턴이 알아내지 못한 것은 왜 탄소 원자들과 수소 원자들이 서로 다른가 하는 것이었다.

아직 모든 것을 다 알지 못했음에도 불구하고 당시의 과학자들은 원자론을 받아들이는 동시에 이것을 반증하려고 애를 썼다(결말을 얘기하면, 반증은 성공하지 못했다. 그때나 지금이나 돌턴이 옳았기 때문이다). 이후 한 세기 동안 과학자들은 돌턴의 이론에서 허점을 찾으려고 실험에 실험을 거듭했다. 하지만 모든 데이터는 계속해서 원소 안의 원자라는 돌턴의 가설을 뒷받침할 뿐이었다.

그사이에 조제프 루이 게이뤼삭Joseph Louis Gay-Lussac, 아메데오 아보가드로 Amedeo Avogadro, 옌스 야코브 베르셀리우스Jöns Jacob Berzelius라는 세 명의 과학자가 각 원소의 원자량을 밝히고자 엄청난 노력을 기울였는데, 그 작업은 혼란 그 자체였다. 각 과학자가 각기 다른 기준과 각기 다른 기술을 사용한 탓에 책으로 출간된 각각의 데이터들은 서로 완전히 모순되었다. 너무나 엉망진창이라, 과학계는 질량의 국제 기준이 반드시 필요하다는 이탈리아 화학자 스타니슬라오 칸니차로Stanislao Cannizzaro의 의견을 따르기로 했다.

내가 완전히 편견에 사로잡혀 있는 거긴 하지만, 나 자신이 1800년대 중반에 활동한 과학자라면 그런 아이디어에 단 1초도 허비하지 않았을 것이다. 사물을 분리했다가 다시 결합하는 걸 좋아하는 사람으로서 나는 훨씬 더 큰 의문에 관해 조사했을 것이다. 그러니까 물질을 쪼개서 원자로 만들 수 있다면, 원자는 무엇으로 이루어졌을까 하는 의문이다. 빅토리아 시대 과학자들에게 기술적 한계가 있었던 건지, 아니면 그 질문에 답을 찾으려 할 만큼의 관심이 없었던 건지는 오늘날까지도 잘 알 수가 없다. 어쨌든 1800년대 말이 되어서야 J. J. 톰슨 경Sir J. J. Thomson이 음극선을 이용한 실험으로 마침내 원자를 이루는 것이 무엇인지 더 깊이 살펴보았다.

톰슨은 이 실험을 하기 위해서 2개의 금속 전극이 든 유리관을 밀봉했다. 이것은 기본적으로 안에 2개의 길고 가는 금속 덩어리를 넣고 뚜껑을 닫은 맥주병처럼 보였다. 이 실험에서 톰슨은 유리관에서 최대한 공기를 빼낸 다음 전극을 통해 전압을 흘려 보냈다. 그러자 금속에서 금속으로 흐르는 전기가 눈에 보였고, 그는 이것을 음극선이라고 명명했다.

이 실험을 통해서 톰슨은 음극선이 양전하에 끌리고 음전하에 반발한다는 결론을 내렸다. 더 중요한 일은, 전극으로 쓰이는 금속의 종류를 바꿈으로써 음극선이 원소에 관계없이 항상 동일하다는 사실을 알아낸 것이었다.

톰슨은 이 결과가 엄청나게 놀라운 발견을 의미한다는 것을 알기에 꿍장히 기뻤다. 음극선이 각각의 원소나 원자에 따라 달라지지 않는다면, 그것이 원자를 **형성하는** 구성 물질 중 하나임을 뜻하는 게 분명했다. 어쩌면 여러 원소의 원자 구성 물질일 수도 있었다. 하지만 동료 과학자인 존 돌턴이 사람들에게 원자는 각기 다르다는 사실을 납득시켰다는 걸 알기에 톰슨은 사람들이 자신의 주장을 믿지 않을까 봐 걱정했고, 실제로도 사람들은 믿지 않았다. 그래서 톰슨은 계속해서 실험했다.

톰슨은 여러 가지 복잡한 계산을 통해서 자신이 사용한 음극선이, 알려져 있는 어떤 원자의 질량보다도 훨씬 가볍다는 사실을 발견했다. 집 안에 있는 모든 문손잡이의 질량을 측정하면 집 전체의 질량보다 훨씬 작은 것과 마찬가지다. 이는 옆집이나 부모님 집의 경우도 다 마찬가지일 것이다. 톰슨은 모든 '집'(즉 원자)에 각각 똑같은 문손잡이가 여러 개 있고, 그것은 언제나 집 전체의 질량보다 가볍다는 사실을 알아냈다.

톰슨의 실험에서 이는 그가 원자 안에 있는 아주 작은 조각을 분리했다는 의미였다. 실제로 톰슨은 전자를 발견한 것이다! 이 작디작은 조각은 원자 안에 들어 있으며 음전하를 갖고 있다.

과학적 발견에서 잠깐 좀 더 뒤로 넘어가서 이야기하면, 원자는 전자, 양성자, 중성자라는 세 가지 작은 조각으로 구성되어 있다. 양성자(양전하를 갖고 있다)와 중성자(이름에서 추측할 수 있듯이 중성이다)는 핵(원자의 중심부) 안에 위치하고 있는 반면에 전자는 핵 바깥에 존재한다. 다시 말해서 내 몸이 원자라면 간과 신장은 나의 양성자와 중성자다. 전자는 내 몸 바깥에 있는 모든 것, 예컨대 재킷과 장갑 같은 것이다.

내 재킷을 다른 사람에게 주거나 장갑을 빌려주는 게 쉬운 일인 것과 마찬가지로 원자는 쉽게 전자를 교환할 수 있다. 하지만 내 간이나 신장을 다른 사람이 가져가는 건 쉽지 않을 것이다. 이런 일이 가능한가? 물론 가능하다. 내 몸이 수술 후에도 똑같을까? 물론 아니다. 이와 비슷하게, 양성자를 주고받는 건 **굉장히** 어렵다.

원자핵 안의 양성자 개수는 그것이 어떤 원소인지를 결정한다. 예를 들어 탄소 원자의 핵에는 항상 양성자가 6개 있고, 질소 원자는 양성자가 7개 있다. 만약 질소 원자가 어떤 식으로든 양성자를 하나 잃게 된다면 그것은 더 이상 질소가 아니다. 그 원자는 탄소가 된다. 왜냐하면 탄소는 양성자를 6개 가졌기 때문이다. 핵반응이라고 하는 이 과정은 쉽게 일어나지 않는다. 사실 대부분의 경우 원자핵 붕괴를 일으키려면 의도적으로 원자에 추가로 중성자를 쏘아야 한다. 이 방법은 현재 원자력발전소에서 에너지(다시 말해 전기)를 생산하는 데 사용된다.

원자가 양성자를 얻거나 잃는 것은 드문 일이지만, 전자를 교환하는 일은 굉장히 **자주** 일어나고 그 상당수는 원자의 구조 방식과 관련이 있다.

추운 겨울날 눈 내리는 바깥에 나갈 때 옷을 어떻게 입는지 생각해 보라. 만약 당신이 원자라면 간과 신장이 핵이라는 얘기는 이미 했다. 이 핵에 양성자와 중성자가 있다. 하지만 이제는 옷차림에 대해서 좀 더 자세히 살펴볼 차례다. 당신의 가장 안쪽 층, 즉 내복이 첫 번째 전자층이다. 셔츠와 바지가 그다음 전자층이고, 그다음이 재킷과 방한용 바지다.

'재킷'층(최외곽이라고 한다)에 머무는 전자들은 화학반응에서 대단히 중요하다. 이것을 '원자가전자valence electron'라고 한다. 이들은 화학반응에서 다른 원자들과 쉽게 교환할 수 있는 전자들이다. 여러 겹의 옷이 겨울날 추위로부터 우리 몸을 보호해 주는 것처럼 최외곽은 원자 안쪽에 있는 것들, 즉 내부 껍질들을 외부의 힘으로부터 보호해 준다.

내부 껍질에 있는 전자들은 원자가전자들에게 보호를 받기 때문에 다른 원자들과 반응하지 **못한다**. 당신의 동료들이 셔츠나 재킷으로 '보호받는' 당신의 속옷을 볼 수 없는 것과 마찬가지다.

원자에게는 이것이 아주 좋은 방향으로 작용한다. 각 전자층은 음전하를 띠어서 서로 반발하기 때문이다. 이 말은 원자 안의 각 전자층 사이에 항상 약간의 틈이 존재한다는 뜻이다. 우리가 입은 셔츠와 재킷 사이에 항상 약간의 틈이 있는 것처럼 말이다.

이 비유를 좀 더 써먹어 보자면, 원자는 크기가 각각 다른데 이는 오로지 원자가 몇 겹의 '옷을 입고 있느냐'에 달려 있다. 몸을 따뜻하게 하려고 수십 겹의 옷을 껴입어야 하는 사람과 1년 내내 반바지에 샌들 차림으로 돌아다닐 수 있는 사람을 다들 한두 명쯤은 알 것이다. 원자에도 똑같은 규칙이 적용된다. 작은 원자는 별로 많은 층을 갖지 않은 반면에 큰 원자는 수많은 전자층을 갖고 있다.

내가 '원자가전자'라고 말할 때는 이것이 원자의 외부 껍질에 있는 '재킷' 전자들이라는 것을 기억해야 한다. 그리고 화창한 날에 피부로 직접 온기를 느끼기 위해서 재킷을 벗는 것처럼, 이 전자들은 외부의 힘에 반응해서 외부 껍질을 벗어날 준비가 되어 있다.

충격적인 말일지도 모르지만, 과학자들은 내가 방금 설명한 내용을 1932년까지 알아내지 못했다. 그 이유의 상당 부분은 과학자들이 수 세기 동안 혼자서, 한정된 정보만을 갖고(당시는 인터넷 이전 시대임을 기억하라) 작업했기 때문이다. 아주 최근까지 화학은 느리고 단조로운 작업이었다. 하지만 다행히 이제 우리는 원자가 양성자, 중성자, 전자로 이루어졌다는 사실을 알게 되었고, 전자는 원자들끼리 쉽게 교환 가능하다는 것도 안다. 또한 당시 전 세계의 과학자들은 각각의 원자 종류에 대해 알게 된 것을 정리할 수 있는 단일화된 방식이 필요하다는 사실을 깨달았다.

그렇게 주기율표가 탄생했다.

주기율표는 단순히 과학 수업을 위한 참고 자료가 아니다. 나 같은 과학자들에게는 필수적인 것이다. 딱 보기만 해도 각각의 원소와 그 특성, 그 원소의 원자들이 어떤 식으로 행동하고 반응할지에 관해 알고 싶은 모든 것을 알려주기 때문이다.

기본적인 것부터 시작해 보자. 처음 주기율표를 구상했을 때는 각 원소에 화학명과 화학기호를 붙여야 했다. 굉장히 간단하고 쉬운 일 같지만, 그렇지 않다. 두 사람이 비슷한 시기에 같은 원소를 발견하거나 발견했다고 주장하고서 각기 다른 이름을 붙인 경우가 많았던 것이다. 그리하여 다음 의문은, 공식적인 이름은 무엇인가 하는 것이었다. 상상할 수 있겠지만, 가령 '판크로뮴'이 '바나듐'이 되고 '울프람'이 '텅스텐'이 되었을 때 엄청난 싸움이 벌어졌다.

비교적 최근인 1997년에도 원소 104번부터 109번까지의 이름을 놓고 미국, 러시아, 독일이 치열하게 싸웠다. 2002년 국제 순수 응용 화학 연합(IUPAC)이 마침내 이 소란에 종지부를 찍고 앞으로 원소 이름을 어떻게 붙일지에 관한 권고안을 제시했다. 이 권고안은 이제 신앙처럼 받들어지고 있지만 그래도 여전히 새로운 원소에 공식적인 이름을 붙이기까지는 10년쯤 걸린다.

각 원소의 화학기호를 정하는 것은 이름을 축약하면 되기 때문에 훨씬 쉽다. 수소hydrogen의 H나 탄소carbon의 C처럼 대부분은 명백하지만, 철iron처럼 조금 예측하기 어려운 것도 있다. 철의 화학기호는 Fe로 라틴어 'ferrum'에서 따온 것이다. 〈알쓸신잡〉에 나올 것 같은 2개의 또 다른 화학기호는, 울프람wolfram에서 나온 W(텅스텐)와 하이드라저럼hydragyrum에서 나온 Hg(수은)이다.

각각의 원소가 이름과 기호를 받고 나면 이제 원자번호를 받게 된다. 원자번호는 핵 안의 양성자 수와 일치한다. 수소(H)는 원자번호 1번이고, 이는 핵에 양성자가 하나만 있다는 뜻이다. 현재 가장 큰 원자번호는 118이다. 이 원소는 오가네손(Og)이고, 핵에 양성자가 118개 있다.

이는 오가네손이 핵 **바깥**에 전자를 118개 갖고 있다는 뜻이다. 왜냐하면 원소의 원자번호는 핵 바깥에 전자가 몇 개 있는지도 나타내기 때문이다. 기억해야 할 것은 모든 원소가 중성으로 간주된다는 점이다. 즉 핵 안에 있는 양성자의 개수가 바깥에 있는 전자의 개수와 같다는 뜻이다. 그러니까 수소의 원자번호 1을 보면 핵 안에 양성자가 1개 있고 바깥에 전자가 1개 있다는 걸 알 수 있다. 좀 더 상세하게 설명하면, 핵 안에 있는 양성자 1개는 양전하(+1)를 띠고 이것이 음전하(-1)를 상쇄해서 원소는 중성(0)이 된다. 오가네손에서도 똑같은 계산을 할 수 있다(118 + -118 = 0).

불행하게도 중성자는 그렇게 간단하지 않다. 중성자의 개수는 심지어 같은 원소의 원자들끼리도 저마다 다르다. 그러므로 화학자들은 주기율표에 또 다른 숫자를 덧붙이기로 결정했다. 원자량이라고 알려진 것은 특정 원소의 핵 안에 양성자와 중성자가 몇 개 들었는지를 나타낸다. 원자번호와 다르게 원자량은 정수인 경우가 별로 없다. 과학자들이 원자에 있는 중성자 개수로 가중평균weighted average을 사용하고, 원자량을 결정하기 위해 이것을 양성자 개수에 더하기 때문이다.

전반적으로 개개의 원자는 양성자 대 중성자 비율을 상대적으로 1:1에 가깝게 유지한다. 이 말은 원자번호를 2배 함으로써 원자량을 추정할 수 있다는 뜻이다. 예를 들어 마그네슘은 원자번호가 12이고 원자량은 24.31(양성자 12개와 중성자 가중평균 12.31개)이며, 칼슘은 원자번호 20에 원자량은 40.08(양성자 20개와 중성자 가중평균 20.08개)이다.

하지만 과학의 모든 것이 그렇듯 어떤 규칙이든 예외가 있다. 예를 들어 우라늄은 원자번호 92니까 원자량이 184 언저리일 거라고 생각하게 마련이다. 하지만 우라늄은 다양한 개수의 중성자를 가진 동위원소isotope들의 숫자 때문에 원자량이 238.03이다. 우라늄의 경우처럼 대부분의 원자는 여러 개의 동위원소를 갖고 있다. 동위원소는 같은 원소의 원자 2개 이상이 각기 다른 개수의 중성자를 갖고 있을 경우를 말한다. 동위원소는 하나가 다른 것보다 더 '낫다'고 여겨지지 않기 때문에 모든 원자를 하나로 묶고 중성자 수를 간단하게 평균을 낸다. 그리고 이 평균 개수가 표준 원자 표기에 사용된다. 우라늄의 경우 우라늄-238이라고 부른다. 마그네슘과 칼슘은 각각 마그네슘-24와 칼슘-40이라고 한다.

 동위원소

나는 동위원소란 개성 있는 원자라고 말하곤 한다. 동위원소는 같은 원소의 원자 2개 이상이 각기 다른 개수의 중성자를 갖고 있을 경우에 생긴다. 동위원소는 실제로 아주 흔하지만 화학을 가르칠 때 이 점에는 별로 주목하지 않는다. 중성자는 중성이기 때문이다. 그러므로 중성자는 보통의 화학반응에서 원자가 어떻게 행동하는지에 별로 영향을 미치지 않는다(대신 화학자들은 반응에 영향을 미치는 양성자와 전자에 주목한다).

그렇긴 해도 과학자들은 지금까지 발견한 모든 동위원소의 특징을 알아냈고, 나는 이것이 굉장히 멋진 일이라고 생각한다. 레이디 가가처럼 동위원소는 "그런 식으로 태어났고" 추가 중성자를 가진 채 자연적으로 지구상에 존재한다.

이것을 보여주는 멋진 예는 탄소다. 탄소 원자의 대다수는 6개의 양성자와 6개의 중성자를 갖고 있다. 하지만 **일부** 탄소 원자들은 자연적으로 핵에 7개 또는 심지어 8개의 중성자를 갖고 있다. 이 추가 중성자들은 탄소 원자를 더 반응성이 좋거나 더 안정적으로 만드는 것은 아니지만, 이 원자를 동위원소로 만든다.

이는 같은 종의 개 두 마리가 정확히 똑같은 외모를 하고 있지만, 이 중 한 마리가 나머지 한 마리보다 점이 더 많은 것과 비슷하다. 두 마리의 개는 거의 동일하고, '추가된' 점이 그 개나 개의 종에서 뭔가를 많이 바꿔놓지는 않는다. 동위원소의 경우도 마찬가지다. 추가 중성자들은 대체로 원자나 원소, 심지어 다른 원소와의 반응성을 바꿔놓지 않는다. 그저 추가적인 정의일 뿐이다.

과학자들은 각 원소의 화학명과 화학기호, 원자번호, 원자량을 전부 모은 다음 이 정보를 화학적 반응성을 예측하는 데 도움이 되는 방식으로 정리하고 싶었다. 그들은 독성 기체나 폭발 같은 위험한 반응을 피하기 위해서 각 원소들이 어떻게 반응하는지 알 필요가 있었다. 그리고 그러기 위한 최상의 방법은 원자들을 물리적, 화학적 특성에 따라 그룹화함으로써 공통

점을 알아내는 것이었다.

몇 차례의 시도를 통해서 원소들을 논리적인 순서로 배열할 수 있었다. 요한 되베라이너Johann Döbereiner라는 독일 화학자가 모든 원소를 3개씩 묶어서 정리하려고 했고, 곧 그 과정에서 더 큰 원자들이 종종 더 폭발성이 높다는 사실을 알아냈다. 그 직후에 또 다른 독일 화학자 페테르 크레머스Peter Kremers는 삼조triad의 원소 묶음을 2개씩 합쳐서 T자 형으로 배열하려고 했다. 삼조 방식의 문제는 과학자들이 수직으로 배열된 수많은 삼조 원소들을 계속해서 알아둬야 한다는 것이었고, 한 그룹을 다른 그룹과 비교하기도 쉽지 않았다.

하지만 원자량 증가 순서에 따라서 그냥 원자들의 서열을 매기기만 하면 **모든** 원자를 **하나**의 표에 정리할 수 있다는 사실을 각각 연구해서 알아낸 과학자가 두 명 있었다. 바로 드미트리 멘델레예프Dmitri Mendeleev와 로타 마이어Lothar Meyer다. 그들은 이 방법으로 크레머스의 T자형 삼조 원소 여러 개를 퍼즐처럼 한데 모아 배열해서 최초의 원소표를 만들었다.

멘델레예프 버전 주기율표의 독특한 점은 2개의 '새로운' 원소를 포함시켰다는 것이다. 원소들을 한데 모으면서 멘델레예프는 알려진 원소들의 원자량에 일종의 패턴이 있다는 사실을 알아챘고, 아직 발견되지 않은 2개의 원소를 위해 표에 자리를 남겨둬야 한다는 것을 깨달았다. 예를 들어 수학 선생님이 당신에게 다음의 패턴 2, 4, 8, 10에서 빠진 숫자를 알아내라고 했다고 치자. 다행스럽게도 패턴에서 6이 빠졌다는 걸 알 수 있을 테니 이는 2, 4, 6, 8, 10이 되어야 한다.

멘델레예프도 기본적으로 똑같은 일을 했다. 그는 같은 원자가전자를 가진 원자 그룹들을 묶었지만, 이들의 원자량 패턴은 완전히 들어맞지 않았다. 그래서 멘델레예프는 아직 발견하지 못한 특정 원소들을 제안했을 뿐만 아니라 이들의 상대적인 원자량까지 예측할 수 있었다. 그리고 지금

모든 것에 화학이 있다

까지 이 책에서 언급한 수많은 과학자들과 마찬가지로 멘델레예프의 직감이 맞았다. 1875년과 1886년에 갈륨(Ga)과 저마늄(Ge)을 각각 분리해서 알아냈을 때 멘델레예프는 마침내 최초의 진짜 주기율표를 만든 업적을 인정받았다.

오늘날 우리가 쓰는 주기율표는 멘델레예프가 만든 것을 바탕으로 한다. 작은 사각형들이 일곱 개의 가로줄과 열여덟 개의 세로줄을 이루고 있다. 각 사각형은 원소를 나타내고 과학자들이 예전부터 원소의 특징을 파악하는 데 사용한 4개의 표준 정보를 담고 있다. 바로 화학기호와 화학명, 원자번호, 원자량이다. 이 모든 정보가 코앞에 있으면 나 같은(또는 당신 같은) 화학자들은 원자가 갖고 있는 양성자, 전자, 원자가전자의 수를 순식간에 파악할 수 있다.

주기율표는 세상의 모든 물질을 구성하는 원소들에 관한 어마어마한 양의 정보를 제공하기 때문에 과학자들에게 필수적이다. 주기율표가 **얼마나** 중요한지, 우리 대학에서는 2020년에 주기율표 탄생 150주년을 축하하는 파티도 열었다. 컵케이크로 만든 주기율표도 있었고, 내가 몇 가지 시범을 보였으며, 학장님은 아름다운 연설을 했다. 내가 참석한 행사 가운데 가장 '덕후스러운' 파티 중 하나였고, 솔직히 말해서 나는 그 시간 내내 무척 즐거웠다.

이 책 뒤쪽에 주기율표가 있지만, 인터넷 버전을 원한다면 ptable.com을 추천한다(대한화학회 홈페이지에서도 볼 수 있다—옮긴이). 이 책 전체에서 주기율표를 여러 차례 언급할 것이기에 나는 **당신**이 주기율표 보는 법을 알아두었으면 한다. 이 표는 운동과 웰니스^{wellness}를 주제로 하는 장에서 길잡이가 되어줄 것이고, 우리가 일상생활에서 마주치는 화학을 분석할 때도 필수적이다. 주기율표에서 원소의 위치를 알아둬야 하고, 반응성 면에서 그것이 어떤 의미인지도 알아야 한다. 주기율표를 이해하면 당신이 왜 항상 같은 브랜드의 샴푸와 컨디셔너를 사용해야 하는지, 또는 당신이 만든 케이크가 왜 요리 프로에서 본 것처럼 되지 않는지 이해하는 데 도움이 될 것이다.

예를 한번 보자. 주기율표가 있는 페이지를 펼치고 주기율표 왼쪽 윗부분에서 수소의 화학기호인 H가 있는 칸을 찾아라. H칸의 위쪽을 보면 1이라는 숫자가 있을 것이다. 이것이 원소의 원자번호이고, 언제나 칸의 상단에 표시된다. 또한 같은 H칸에서 1.008이라는 숫자도 찾을 수 있을 것이다. 이것은 원자량이고, 언제나 하단에 표시된다.

수소가 긴 세로줄의 맨 꼭대기에 있다는 사실도 아마 알아챘을 것이다. 주기율표의 각 세로줄을 '족'이라고 하며, 족의 숫자는 각 원소가 가진 원자가전자의 수를 가리킨다(기억하라, 원자가전자는 재킷처럼 가장 바깥 껍질에 있다).

 화학자처럼 말하는 법

화학자처럼 말하고 싶다면 주기율표의 족의 숫자에서 10을 빼면 된다. 대부분의 과학자들은 13, 14, 15, 16, 17, 18족이라고 하는 대신 3, 4, 5, 6, 7, 8족이라고 말한다. 왜냐하면 족의 숫자는 원자가전자의 개수를 의미하기 때문이다. 3~12족에 있는 원소들은 원자가전자와 관련해서 전통적인 규칙을 항상 따르지는 않기 때문에 이 원소들에는 적용하지 않는다. 하지만 13~18족에서는 쉬운 축약어를 쓴다. 원자가전자의 개수는 원자가 다른 환경에서 어떻게 행동할지 예측할 수 있게 해주기 때문이다.

예를 들어 수소는 1족이기 때문에 원자가전자가 1개뿐이다. 이런 이유로 리튬(Li), 소듐(Na)을 비롯한 1족 원소는 모두 원자가전자가 1개이다. 이 말은 1족 원소 모두가 동일한 환경에서 굉장히 비슷하게 행동할 거라고 예상할 수 있다는 뜻이다. 수소는(그리고 1족의 다른 원소들은) 다른 원자에게 자신의 전자를 주려 하고 반응성이 굉장히 좋다. 그런데 왜 그런 걸까?

모든 것에 화학이 있다

과학자가 아닌 사람들에게는 원자가전자가 1개뿐인 원소라면 자신이 가진 유일한 원자가전자를 보호하려고(그리고 지키려고) 온갖 노력을 할 거라는 게 논리적으로 여겨질 수도 있다. 하지만 대부분의 원자들은 정확히 이와 반대로 행동한다. 전자는 보호받는 대신, 핵에서 밀려난다. 이상하다는 건 나도 안다.

이 개념을 좀 더 세분화해 보자. 핵(당신의 간과 신장)이 양성이라는 걸 생각하면, 전자(당신의 셔츠와 재킷)는 양성인 중심부에 강하게 끌릴 것이다. 하지만 더 많은 전자들이 원자에 추가되면 전자-전자 반발력이 생길 가능성이 커진다. 다시 말해서 당신의 셔츠가 재킷을 밀어낼 것이다. 따라서 핵이 1개나 2개의 원자가전자를 필사적으로 붙잡는 대신, 내부 껍질이 원자가전자를 원자 바깥으로 밀어낸다(셔츠가 재킷을 몸에서 벗겨버린다).

이런 이유로, 2개의 전자를 가진 대부분의 원소들 역시 반응성이 상당히 높다. 이 원소들은 전자 1개인 원소들보다 좀 더 안정적이긴 하지만 2족 원소들은 대체로 전자를 쉽게 내놓는다. 베릴륨(Be), 마그네슘(Mg), 칼슘(Ca), 스트론튬(Sr)은 모두 1족 원소들처럼 전자-전자 반발력을 겪는, 원자가전자가 2개인 원소들의 좋은 예이다.

탄소(C)와 규소(Si)는 둘 다 4족에 있기 때문에 원자가전자가 4개씩 있다. 이 말은 탄소와 규소가 동일한 환경에서 굉장히 비슷하게 행동할 거라는 뜻이다. 화학자들이 탄소와 규소가 상당히 안정적이라는 사실을 이미 알고 있는 만큼 우리는 4족 원소라면 어떤 것이든 안정적일 거라고 예측할 수 있다. 저마늄(Ge)과 주석(Sn), 납(Pb)의 경우처럼 말이다.

멘델레예프는 선견지명이 있었다. 원소들이 서로 어떻게 반응하는지 미래의 화학자들이 예측하고 싶어 할 거라고 생각한 것이다. 따라서 우리가 오늘날까지 사용하는 주기율표는 원자가전자와 원자량을 기준으로 정리한 것이다(주기율표가 직사각형이 아니라 그릇 모양인 이유 또한 마찬가지다. 주기율표 윗부분의 커다란 공간은 원소의 물리적, 화학적 특성에 따라 원소들을 배치한 결과다).

주기율표의 어떤 세로줄에서든 아래로 내려갈수록 원자는 점점 더 커진다. 대체로 가장 큰 원자는 주기율표의 왼쪽 아래에 있고, 가장 작은 원자는 오른쪽 위에 있다.

표에서 각각의 가로줄 혹은 주기(그래서 주기율표라는 이름이 붙었다)는 그 원자에 추가된 전자 '층'을 의미한다. 주기율표에서 주기를 따라가면(즉 왼쪽에서 오른쪽으로 가면) 원자는 대체로 점점 작아진다. 반대인 것 같지 않은가? 어떻게 헬륨(He)이 수소(H)보다 작을 수 있을까?

주기를 따라서 움직이면 모든 원소는 하나의 양성자와 전자를 추가로 얻는다. 이 말은 원자번호가 커질 때마다 핵의 양전하가 점점 커진다는 뜻이다. 양전하가 크면 클수록 원자가전자들은 원자의 중심부(즉 원자핵)에 점점 더 강하게 끌린다.

예를 들어 수소는 +1의 핵전하를 갖고 있다. 수소는 1족이니까 원자가전자도 1개 갖고 있다고 예상할 수 있다. 이 말은 핵에 있는 +1 전하가 전자에 있는 -1 전하에 끌린다는 뜻이다.

하지만 이제 이것을 헬륨 원자 내의 인력과 비교해 보자. 헬륨은 2족이므로 2개의 양성자와 2개의 전자를 갖고 있을 것이다. 핵의 +2 전하와 원자가전자의 -2 전하 사이의 인력은 수소의 +1과 -1 사이의 인력보다 훨씬 크다. 이 말은 헬륨의 원자가전자들이 수소의 원자가전자들에 비해 원자핵 쪽으로 더 많이 끌려간다는 뜻이다. 그러므로 헬륨의 원자반지름이 수소의 원자반지름보다 더 작다.

전자 사이의 반발력과 양성자와 전자 사이의 인력을 합치면 몇 가지 주기의 경향성을 알아낼 수 있다. 이 족과 주기가 작용하는 방식을 쉽게 기억하는 방법은 "프랑슘(Fr)은 뚱뚱하다"이다. 주기율표에서 가장 큰 원자 중 하나인 프랑슘은 원자번호가 87로 주기율표 왼쪽 아래에 위치한다. 프랑슘은 양성자 87개, 전자 87개, 그리고 중성자는 평균 136개를 갖고 있다. 프랑슘이 사람이라면 '굉장히 많은' 옷을 입고 있는 셈이다.

주기율표를 보는 **것만으로도** 알아낼 수 있는 사실이 하나 더 있다. 원자의 수용성이 어떻게 변하는지다. 원자는 굉장히 쉽게 전자를 얻거나 잃을 수 있다는 사실을 기억하라. 재킷을 벗는 것, 또는 프랑슘처럼 큰 원자의 경우에는 옷을 한 겹 벗는 것과 같다.

원소가 전자를 얻거나 잃으려 하는 자발성을 전자친화도^{electron affinity}라고 한다. 예를 들어 산소(O)와 플루오린(F)처럼 주기율표 오른쪽 위에 있는 원소들 대부분은 전자친화도가 높고, 이는 전자를 굉장히 얻고 싶어 한다는 뜻이다. 7족 원소들(17번 세로줄)은 이웃한 원자에게서 전자 하나를 훔치려 하는 것으로 특히 유명하고, 그중에서도 플루오린이 가장 반응성이 높다.

 음-이온은 무엇인가?

원자가 전자를 얻으면(또는 잃으면) 우리는 이것을 **이온**이라고 부른다. 음이온^{anion}이라는 것은 하나 이상의 전자를 얻은 원자를 부르는 말이고 양이온^{cation}은 하나 이상의 전자를 잃은 원자를 말한다.

우선 음이온부터 보자. 음이온은 항상 음전하를 띠고, 양성자의 수보다 전자의 수가 언제나 더 많다. 또한 같은 원소의 중성원자보다 더 크다. 남편이 나에게 자기가 입던 크고 불룩한 코트를 입으라고 주면 나는 더 커 보일 것이다. 마찬가지로, 전자를 얻은 원자는(이제 음이온이라고 불린다) 더 커진다. 이것의 훌륭한 예가 플루오린이다. 플루오린 원자는 플루오린 음이온(F⁻)으로 변하기 위해서 언제나 전자 하나를 얻고 싶어 한다. 플루오린이 중성일 때는 인체에 아무 쓸모가 없다. 하지만 플루오린이 전자를 하나 얻어 플루오린 음이온으로 변하면 인체에서 건강한 뼈의 성장을 촉진해 골다공증을 방지하는 데 도움을 주는 미량영양소가 된다. 조그만 전자 하나가 원자의 화학적 특성에 이토록 큰 변화를 일으킬 수 있다는 사실이 내게는 굉장히 매혹적이다.

양이온이라는 단어는 하나 이상의 전자를 잃은 원자를 구분하는 데 사용된다. 불룩한 코트 예에서 남편은 자신의 재킷, 즉 전자를 나에게 줌으로써 양이온을 나타낸다. 양이온은 항상 양전하를 띠고, 전자보다 양성자를 더 많이 갖고 있다. 양이온은 또한 원래의 중성원자보다 더 작다. 남편이 재킷을 나에게 주고 난 다음에는 좀 더 작아 보이는 것과 비슷하다.

보통의 음이온과 달리 양이온이 될 가능성이 높은 원자들은 리튬(Li)과 베릴륨(Be)처럼 주기율표의 왼쪽 위에 자리한다. 이 원소들은 쉽게 다른 원자에게 줄 수 있는 1개나 2개의 원자가전자만을 갖고 있다. 그래서 이 원소들이 음이온보다 양이온이 될 가능성이 훨씬 높은 것이다.

이는 1족에 위치한 원소들, 특히 리튬의 경우에 부분적으로만 사실이다. 리튬 양이온 (Li^+)으로 변하기 위해서 리튬 원자는 전자를 딱 1개만 잃으면 된다. 리튬 양이온은 뇌의 이온 민감도를 통제하는 것을 도움으로써 양극성 장애 치료에 사용될 수 있는 반면, 중성 리튬 금속은 인체에 어떠한 이점도 없다. 다시 말하면, 겨우 전자 하나를 추가하거나 끼워 넣는 것이 원자의 물리적 특성을 엄청나게 바꿀 수도 있다.

당신이 알아둬야 하는 마지막 범주는 8족(18번 세로줄)이다. 이 원소들 전부가 불활성, 또는 비활성이라고 불리는 원소들이다. 이것들은 전자를 얻거나 잃고 싶어 하지 않는다. 나는 헬륨(He)과 네온(Ne)처럼 이 족에 있는 원소들을, 토요일 밤 파티에 가는 사람들과 대조적으로 집에서 쉬는 걸 좋아하는 사람들에 비유하곤 한다. 8족의 모든 원소들(헬륨, 네온, 아르곤, 크립톤, 제논, 라돈)은 실제로 다른 원소들과 거의 반응을 하지 않기 때문에 비활성 기체라고 불린다.

주기율표는 우리에게 커닝페이퍼 이상의 역할을 한다. 이걸 볼 때면 우리는 전 세계 수천 명, 혹은 수십만 명의 과학자가 몇 세기 동안 발견한 결과물을 보고 있는 것이다. 우리는 이것을 이용해서 암을 발견하는 촬영기를 만들거나 태양광 패널에서 작동하는 반도체를 발명하는 등 놀라운 일을 할 수 있다. 심지어 당신의 휴대폰과 노트북 컴퓨터에 들어 있는 리튬 이온 배터리도 주기율표에 나와 있는 패턴의 결과이다. 이 배터리는 원자 속에서(그리고 원자 사이에서) 움직이는 전자 덕분에 작동하는 것이다. 원자 구조라는 확고한 기반 덕분에 실제로 오늘날 전자-양성자 반응이 어떻게 나타나는지를 찾아보기가 훨씬 쉬워졌다.

이제 원자와 원자 속의 양성자, 중성자, 전자에 관한 기초, 그리고 원자가 어떻게 원소를 구성하는지를 이해했으니 서로 다른 원소의 원자 2개가 합쳐지면 어떤 일이 일어나는지로 넘어갈 수 있게 되었다. 여기서부터 화학이 정말로 재미있어지기 시작한다. 원자 사이의 인력은 데이트나 새 친구를 만드는 것과 굉장히 비슷하기 때문이다.

거기에 끌림(인력)이 있을까?

둘이 어떻게 반응할까?

그들이 결합할 수 있을까?

2. 모양에 관한 모든 것

✦ **3차원의 원자들**

앞 장에서는 원자가 어떻게 그야말로 세상의 모든 것을 이루는 구성 요소가 되는지를 알아보았다. 그런데 이 구성 요소들이 합쳐져서 어떻게, 예를 들면 컴퓨터를 만들어 낼까? 또는 샐러드드레싱이나 차가운 맥주를 만들까?

바로 전자 덕분이다.

2개 이상의 원자가 합쳐질 때는 결합을 통해서 전자를 공유하거나 이동시킨다. 그리고 결합을 가진 것을 분자 또는 화합물이라고 한다. 원자 하나는 절대로 분자나 화합물이 아니고 언제나 그냥 '원자'다.

화학반응으로 넘어가기 전에, 화학자들은 분자 무리를 화학종species이나 물질substance, 심지어 가끔은 계system라고 부른다는 사실을 알아둘 필요가 있다. 이 단어들은 서로 바꿔 쓰는 경우도 있으며 전부 다 같은 것을 의미한다. 즉, 분자 집단을 이야기하는 것이다. 그러니까 이제 내가 '화학종'이라고 하면 분자 집단을 이야기하는 것이고, '분자'라고 하면 분자 그 자체라는 사실을 알 수 있을 것이다.

멋지지 않은가?

당연히 멋지다.

어디를 봐야 하는지만 알면 우리는 매일 원자들이 결합을 형성하는 것을 볼 수 있다. 이를테면 바다에서 소금이 녹는 것이나, 마스크팩이 블랙헤드를 제거하는 것 등이다. 원자는 인력을 바탕으로 서로 결합한다. 이런 면에서 원자는 우리와 같다! 양성자는 양전하를 갖고 있고 전자는 음전하를 갖고 있기 때문에 결합이 두 원자를 모두 중성화시킨다. 그리고 이게 바로 원자들이 원하는 일이다.

원자들은 물리적으로 가까워지면 서로에게 인력을 느낀다. 전자들은 원자의 바깥쪽에 있고 양성자는 안에 있으니까 실제로는 2개의 인력이 동시에 생긴다.

나와 누군가가 원자 A와 B라고 해보자. 원자 A의 전자들은 원자 B의 양성자들을 잡아당길 테고, 원자 B의 전자들은 원자 A의 양성자들을 잡아당길 것이다. 일반적으로 이를 가로막는 유일한 것은 다른 전자들과 서로 반발하는 전자들이다.

원자들이 지나치게 가까워지면 결합 가능성이 떨어질 수 있다. 커피숍에서 낯선 사람이 너무 가까이 앉으면 물러나는 것처럼 말이다. 모르는 사람이 내 개인 공간에 침입하면 우리는 대체로 다시 편안해지기 위해서 거리를 더 많이 벌린다. 가끔은 그냥 일어나서 나가버리기도 하는데, 이게 바로 원자들 사이에서 일어나는 일이다. 한 원자의 전자가 다른 원자의 전자에 지나치게 가까이 접근하면 전자들은 반발해서 더 멀리 떨어진다.

결국 두 원자는 양성자와 전자 사이의 인력이 전자 사이의 반발력을 압도하는 완벽한 거리를 이루게 된다. 다시 말해서 양성자-전자 인력은 최대가 되고 전자-전자 반발력은 최소가 되는 상태다. 이렇게 될 때 결합이 생길 수 있다.

커피숍에서 당신과 낯선 사람이 편안한 거리를 두고 앉아서 이야기를 나누기 시작했다고 해보자. 두 사람이 서로 끌리면 논리적으로 다음 단계는 좀 더 영구적인 관계를 형성하는 것이다. 즉, 현실에서 당신들은 아마 커피를 한 잔 더 하거나 서로의 전화번호를 물어볼 것이다. 하지만 이는 원자들이 결합할 때 벌어지는 일의 비유일 뿐이니 다음 단계는 손을 잡는 거라고 해두자.

원자들이 '손을 잡을' 때, 실제로는 결합을 형성한다. 화학에서 결합은 본질적으로 두 원자 사이의 합의다. 원자들은 더욱 강하게 끌어당기는 원자가 나타날 때까지 어디든지 함께 다닐 것이다. 예를 들어 나는 처음 만난 멋진 사람과 손을 잡고 있으며, 계속 그러고 있을 생각이다……. 라이언 레이놀즈가 그곳에 나타나기 전까지는 말이다. 이렇게 되면 나는 그 사람의 손을 놓고 더 나은 결합을 향해 다가갈 것이다. 원자 사이에서도 바로 **이런** 일이 일어난다.

하지만 차이점은 이것이다. 나는 라이언 레이놀즈와 멀리 떠날 수 있지만 그렇다 해도 이 커피숍 문을 열고 들어왔던 케이트 비버도프이고, 처음 만난 멋진 사람과 손을 잡고 있었던 바로 그 케이트와 똑같은 사람이다. 라이언이나 그 멋진 사람이 내 팔이나 다리를 가져가지는 않았을 것이다. 그렇지 않은가? 그러나 불행하게도 원자 A와 원자 B의 경우에는 꼭 그렇지만도 않다.

나와 멋진 사람의 경우와는 다르게, 두 원자가 결합하기로 하면 개개의 원자는 더 이상 독립적인 존재로 여겨지지 않는다. 원자들이 결합을 하면 즉시 전자의 교환이 이루어진다. 그러니까 가끔 원자 A와 원자 B가 서로 떨어지고 나서도 원자 A가 원자 B의 전자를 한두 개 갖고 있을 수 있다.

반면 원자들이 함께 있을 때, 결합 내의 두 원자 사이에서 전자가 얼마나 동등하게 공유되고 있는지 분석해 보고자 한다. 그러려면 원자의 조성을 알아봄으로써 원자의 **특성**을 살펴야 한다. 가장 쉬운 방법은 원자가 금속으로 분류되는지 비금속으로 분류되는지를 확인하는 것이다. 다행히 실험실에서든 실생활에서든 이 두 종류의 원소를 눈으로 보고 차이점을 찾는 일은 대체로 쉽다.

대부분의 금속은 특히 제대로 닦아놓으면 굉장히 아름답다. 금, 코발트, 백금처럼 금속으로 규정되는 원소들은 반짝거리고 광택이 난다. 대부분이 빛을 쉽게 반사하기 때문이다. 많은 금속들이 구부릴 수 있고 전성을 갖고 있어서 보석으로 가공하기에 완벽한 소재가 된다('전성'이 있다는 건 두드려서 다른 형태로 만들 수 있다는 뜻이다). 금속은 또한 열을 잘 전도하기도 한다. 스토브 위에 있는 뜨거운 금속 프라이팬을 만져봤다면 진작 깨달았을 것이다.

이 원소들은 또한 훌륭한 전기 전도체로 알려져 있다. 전자가 대부분의 금속을 통해서 아주 빠르게, 거의 저항 없이 이동할 수 있다는 뜻이다. 따라서 천둥번개가 칠 때 우산을 들고 서 있는 건 안 좋은 생각이다. 대체로 손잡이(그리고 우산 꼭지)에 사용된 금속이 번개에 깃든 전기를 끌어당기기 때문이다. 그리고 금속은 전기의 좋은 전도체이므로 이 전자들이 실제로 사람을 감전시키는 범인이다. 한편으로는 휴대폰 배터리처럼, 이런 특성을 유용하게 쓰고 있기도 하다.

금속은 전자를 다른 원자에 주는 것을 좋아하지만, 전자를 얻게 만드는 결합을 형성하는 것은 좋아하지 않는다. 금속은 산타클로스와 비슷하다. 선물을 주는 건 좋아해도 받는 건 싫어한다(불행하게도 산타에게 주는 우유와 쿠키에 비견할 만한 것이 원자에게는 없다). 게다가 금속이 다른 금속과 결합하려면 전자를 얻어야 하기 때문에 이 원소들은 대체로 그런 상황을 피한다.

반대로 비금속은 반짝이지 않고, 전성도 연성도 없다. '연성'이란 물질(대체로 금속)이 가느다란 줄처럼 늘어날 수 있는 성질을 말한다. 비금속 원소를 규정하는 조건은 이것이 금속이 아니라는 사실이다(당연하다는 건 나

모든 것에 화학이 있다

도 안다). 비금속 고체 대부분이 불투명하고 칙칙하다. 비금속 기체는 대체로 색깔이 없다. 즉 이걸로 예쁜 귀금속을 만드는 건 고사하고 이 원소들을 볼 수조차 없다는 뜻이다.

비금속에 관해 알아둬야 하는 건, 전자가 이 물질들을 통해서는 그다지 쉽게 움직이지 않는다는 것이다. 비금속은 열과 전기 전도성이 낮다. 비금속 안에서 전자가 이동하는 것은 꽤 어렵고, 그래서 수많은 비금속이 화학 반응을 하지 않는다(그래서 앞 장에서 배운 모든 비활성 기체가 대체로 혼자 존재하는 것이다). 간단하게 말해서 비금속의 전자들은 금속 사이에서처럼 쉽게 원자에서 원자로 옮겨가지 못한다.

주기율표에서 대부분의 비금속은 오른쪽 위에서 찾아볼 수 있다. 4족의 탄소(C)부터 시작해서 8족까지 쭉 이어진다. 탄소 아래의 각 주기에서 다른 비금속들은 규소(Si), 비소(As), 텔루륨(Te), 아스타틴(At)의 오른쪽에 위치한다.

금속의 숫자가 비금속보다 다섯 배 이상 많지만, 우주의 99%는 수소와 헬륨이라는 2개의 비금속으로 이루어져 있다! 또 다른 비금속인 산소 기체는 인간의 생존에 필수적이다. 비금속의 가장 흥미로운 점은, 일부는 굉장히 안정적인 반면에 어떤 것들은 놀랍도록 반응성이 높다는 것이다.

금속과 비금속에 대해서 이렇게 길게 얘기하는 이유는 원자의 조성이(금속인가, 아닌가?) 분자 내에서 어떤 종류의 결합을 하고 있는지 알아보려고 할 때 제일 처음 던지는 질문이기 때문이다. 화학결합에는 주로 두 종류가 있다. 공유결합과 이온결합이다.

공유결합부터 시작해 보자.

공유결합의 가장 단순한 형태는 단일결합이라는 것이다.

단일결합은 2개의 원자가 2개의 전자를 공유할 경우에 형성된다. 사실 모든 공유결합은 2개의 원자가 전자를 공유할 때 형성된다. 단일결합에서 각 원자는 대체로 1개의 전자를 내놓는다. 앞의 예로 돌아가서, 내가 라이언 레이놀즈와 만든 결합을 살펴보자.

단일결합을 설명하기 위해 라이언이 그의 왼손으로 내 오른손을 잡고 있다고 가정해 보자. 우리 사이에는 2개의 전자가 있고 서로에게서 팔길이만큼 떨어져 있다. 이 거리에서 나는 내 '전자'가 그의 '양성자' 쪽으로 끌리는 느낌을 받기 시작할 것이다.

이제 이중결합을 형성하기 위해 라이언은 비어 있는 오른손으로 내 왼손을 잡는다. 라이언이 이렇게 하려면 나는 그의 오른손을 잡기 위해 내 몸을 돌려야 한다. 이 동작은 라이언과 내 사이의 거리를 좁힌다. 왜냐하면 이제 우리는 마주 보고 서게 되기 때문이다. 우리 사이에 결합이 2개가 생겼기 때문에 우리의 '연결'은 두 배 더 강해진다(그래서 이중결합이라는 이름이 붙었다).

이중결합은 단일결합보다 훨씬 강하고, 전자가 배치되는 방식 때문에 원자들은 약간 더 가까워지는 것을 견딜 수 있다. 이중결합에서는 두 원자 사이에 전자가 4개 있다. 원자 하나가 한 쌍의 손을 내밀어 잡고 있는 것이다.

삼중결합에서는 라이언이 다리로 내 몸을 감아야만 한다(내 남편한테는 말하지 말길 바란다). 삼중결합은 원자들을 이상하리만큼 가깝게 만든다. 이제 라이언 레이놀즈와 나는 둘 사이에 결합을 3개 갖고 있다. 서로 맞잡은 손 2개와 내 몸에 감긴 그의 다리다. 덕분에 전자를 공유하는 부분이 세 군데가 된다.

계산을 좀 해보면, 2개의 전자가 3개의 결합에 각각 있으면 두 원자 사이에는 총 6개의 공유전자가 존재하게 된다. 이것이 단일결합이나 이중결합보다 삼중결합이 훨씬 더 강하고 끊기가 굉장히 어려운 이유 중 하나다. 또한 삼중결합에서 원자 사이의 거리는 굉장히 가깝다. 6개의 전자를 공유하기 때문이다.

모든 것에 화학이 있다

단일, 이중, 삼중결합은 공유결합 분자의 결합 중 가장 흔한 종류다. 당신은 이 결합을 언제나 마주친다. 샴푸와 치약과 모닝커피에서, 심지어는 옷과 화장품, 냄새 제거제에서도 볼 수 있다. 이 책 후반부에서 설명하겠지만, 공유결합은 당신의 생활 어디에나, 당신이 있는 곳 어디에나 있다. 지금 고개를 들어 쳐다보면 당신 주위에 있는 대부분의 것들이 공유결합을 갖고 있다. 나는 당신이 어디에 있는지 전혀 모르는데도 이렇게 말할 수 있다! 그만큼 우리가 사는 세상에서 공유결합은 아주 흔하다.

과학자들은 원자가 전자를 실제로 어떻게 공유하는지를 보고 공유결합을 평가한다. 동등하게 공유하는가? 아니면 한 원자가 모든 전자를 독차지하는 편인가? 2개의 원자가 전자를 완벽히 동등하게 공유한다면 그 결합은 순수 공유결합(무극성 공유결합)이라고 불린다. 이는 원자 A의 전자들이 원자 B의 양성자에 끌리고, 원자 B의 양성자가 원자 A의 전자에 끌리는 경우에만 발생한다. 좀 복잡하다고?

순수 공유결합을 우리가 하는 연애처럼 생각하는 게 더 쉬울지도 모르겠다.

내 마음이 상대의 몸에 끌리고 **상대**의 마음이 **내** 몸에 끌리는 경우에 그 사람과 순수 공유결합을 형성할 수 있다. 그의 내면이 내 외면에 얼마나 절실하게 끌리는가.

끌림이 동등하다면 순수 공유결합이 형성된다.

사랑과 마찬가지로 두 원자 사이에서 끌림이 완벽하게 동등한 경우는 대단히 드물다. 그보다는, 대부분의 끌림이 약간 불균형적이다. 두 원자 사이의 끌림이 동등하지 않으면 더 이상 순수 공유결합이 아니고 극성 공유결합으로 분류된다. 이제 끌림의 전기적 성질을 살펴볼 때가 됐다. 당신이 엄청나게 멋진 사람을 만났을 때 튀는 그 불꽃을 이야기하는 게 아니다. 화학자들이 원자 A의 전자가 원자 B의 양성자에 **얼마큼** 끌리는지 그 양을 측정하는 방법이 바로 전기음성도electronegativity다. 극성 공유결합은 두 원자가 서로 다른 전기음성도를 갖고 있을 때 만들어지고, **순수** 공유결합은 **같은** 전기음성도를 가진 원자들끼리 만든다.

아직까지는 이해가 되는가? 정리해 보면, 순수 공유결합에서는 두 원자가 서로에게 동등하게 끌린다. 하지만 극성 공유결합에서는 원자 중 하나가 다른 것을 더 많이 끌어당긴다. 또는 전기적으로 더 음성이라고 할 수도 있다. 과학자들은 (또다시) 주기율표 덕분에 어떤 원자의 전기음성도가 얼마나 높은지를 대충 알 수 있다. 전기음성도가 높은 원자는 플루오린(F), 산소(O), 질소(N), 염소(Cl)를 포함하여 오른쪽 위에 위치한다. 이 4개의 원자들은 **수많은** 다른 원자들을 끌어당긴다. 반대로 전기음성도가 낮은 대부분의 원자들, 즉 그다지 많은 수의 원자를 끌어당기지 못하는 원자들은 주기율표 왼쪽 위에 위치한다. 리튬(Li), 베릴륨(Be), 소듐(Na), 마그네슘(Mg) 모두 전기음성도가 낮은 원자들이다.

화학자들은 극성 공유결합 내에서 어떤 원자가 더 강한지(또는 전기적으로 더 음성인지) 알고 싶어 했다. 왜냐하면 전자가 어디에 위치하는지 늘 알고 싶었기 때문이다. 결합 내에서 이 전자들의 위치가 분자가 다른 분자와 어떻게 반응하는지를 결정한다. 기억하라, 화학자들은 화학반응의 결과를 예측하는 데 **집착한다**는 것을.

대다수의 과학자들이 전자가 균등하게 배치된 분자를 조금 지루하게 여긴다. 이런 화학종은 반응을 하지 않고, 전자가 균등하게 배치된 다른 분자들과 그저 가만히 있는 편이기 때문이다.

하지만 전자가 불균등하게 배치된 분자들은 반응성이 굉장히 좋은 편이다. 이 화학종들은 나 같은 화학자들에게는 멋지게 보인다. 반응성 높은 다른 분자들과 반응을 일으키기 때문이다.

먼저, 주기율표가 나와의 결합에서 라이언 레이놀즈 쪽이 덜 매력적인

모든 것에 화학이 있다

(전기음성도가 낮은) 파트너라고 알려준다고 가정해 보자. 내가 라이언보다 전기음성도가 높다는 걸 알게 되면, 우리는 그의 원자가전자가 그의 몸에서 떨어져 나와 내 쪽으로 오려고 할 것이라 예상할 수 있다. 전자들은 라이언의 팔을 지나서 우리 손의 공유결합을 통과해 내 어깨 위에 도착할 때까지 계속 내 팔을 따라온다. 그다음에 전자들은 우리의 결합이 깨질 때까지 내 몸에 머무른다. 결합이 깨지면 전자는 라이언의 몸으로 다시 돌아가거나 영원히 나를 떠나는 쪽을 택할 수 있다.

실제로 이 반응이 어떻게 되는지 살펴보자. 탄소와 플루오린 사이에서 결합이 형성될 때(C-F) 과학자들은 우선 어느 원자가 전기음성도가 높은지 확인하기 위해서 주기율표를 본다(이 경우에는 플루오린이 높다). 이는 탄소의 원자가전자가 탄소를 떠나서 공유결합을 통해 플루오린 쪽에 최대한 가깝게 갈 것임을 알려준다.

결합에서 전기음성도가 높은 원자가 전자 대부분을 갖고 있기 때문에 이들에게는 부분적 음성 기호($\delta-$)가 주어진다. 결합에서 전기음성도가 높은 원자는 전자를 끌어당기고, 그래서 부분적 음전하를 띤다. 이는 전기음성도가 낮은 원자, 또는 방금 전자를 잃고 끌림이 약해진 원자가 부분적 양성($\delta+$)이 된다는 뜻이다. **부분적**이라는 말은 대체로 공유결합 내에서(원자의 '손') 전자가 여전히 원자 사이에 공유되고 있음을 가리킨다.

이는 금속과 비금속 사이에 생성되는 결합과 완전히 대조적이다. 공유결합과 마찬가지로, 금속-비금속 결합은 원자가 서로 끌릴 만큼 가까워지면 형성된다. 하지만 이 새로운 종류의 결합은 공유결합과는 다르게 전자가 한 원자에서 다른 원자로 완전히 **이동할** 때에만 생성된다. 좀 더 구체적으로 말하면, 금속이 비금속에게 전자를 준다. 그리고 이렇게 될 때 **이온결합**이 형성된다.

이온결합 물질은 공유결합과는 다르게 전자를 공유하지 않는다는 사실을 이해하는 게 굉장히 중요하다. 이 원자들은 전자를 완전히 주고, 그래서 금속 양이온과 비금속 음이온을 형성하게 된다(공유결합 원자에서 볼 수 있는 부분적 전하와는 다르게). 그리고 반대끼리 끌린다는 것을 기억하라. 그러니까 금속 양이온은 이제 비금속 음이온에 강하게 끌린다.

공유결합이 합의된 관계에서 두 사람이 서로에게 끌리고 사랑을 주고받는 거라고 하면, 이온결합은 한 파트너는 항상 사랑을 주고 다른 한 명은 항상 받기만 하는 관계라고 볼 수 있다. 이온결합은 양이온(전자가 더 적다)이 주는 쪽이고 음이온(전자가 더 많다)은 받는 쪽인 굉장히 일방적인 관계다.

공유결합처럼 이온결합도 우리 주위 세상 어디에나 있다. 예를 들어 식용 소금은 소듐 원자와 염소 원자의 이온결합으로 만들어진다. 소듐(금속)이 전자를 염소(비금속)에게 주면 소듐 원자는 양이온이 되고 염소 원자는 음이온이 된다. 식용 소금의 경우 염소가 받는 쪽이고 소듐이 주는 쪽이다.

이제 원자들이 어떻게 결합하는지(공유결합이나 이온결합) 기초를 알았으니 분자에 관해 아주 재미난 부분으로 넘어갈 것이다.

 비밀 구조식

화학에서 우리는 분자에 들어 있는 원자를 표현하기 위해 분자식을 사용한다. 분자식에는 두 종류가 있다. 축약 구조식condensed formula과 그냥 구조식structural formula이다. 대부분의 사람들이 분자에 어떤 원자들이 있고 그 비율이 어떤지를 정확하게 알려주는 축약 구조식에 익숙하다.

H_2O에 대해 이야기해 보자. 물은 2개의 수소 원자와 하나의 산소 원자를 갖고 있고, 그래서 축약 구조식이 H_2O이다. 아래첨자 2는 수소 다음에 온다. 물에 수소 원자가 2개 있기 때문이다. 축약 구조식에서 아래첨자는 언제나 그것이 가리키는 원자의 **다음**에 온다. 그렇게 분자에 각 원자가 몇 개 있는지를 알려준다.

하지만 축약 구조식은 분자 내의 결합에 관해서는 어떤 정보도 알려주지 않는다. H_2O라는 분자 구조식을 본 당신은 분자가 H-H-O처럼 생겼다고 (잘못) 생각할 수도 있다. 이 분자식은 2개의 수소가 서로 결합하고 있는 것으로 보이지만, 실제로 물은 2개의 수소 원자 각각이 하나의 산소 원자에 바로 결합해서 형성된다. 그러니까 H-O-H 같은 형태다. H_2O를 보고 수소와 산소 원자들이 어떻게 결합했는지를 알 방법은 없다

모든 것에 화학이 있다

(당신이 화학을 많이 공부한 게 아니라면 말이다).

그래서 원자들의 배치를 알려주는 다른 종류의 분자식을 사용한다. 바로 분자 구조식이다. 각 수소 원자가 중앙의 산소 원자에 결합하고 있기 때문에 구조식은 HOH가 된다. 이런 종류의 분자식은 수소 A가 산소 원자에 결합하고, 이것이 다시 수소 B에 결합해서 H-O-H처럼 된다는 것을 나타낸다.

하지만 어느 구조식을 써야 하는지는 어떻게 알까?

솔직히 그건 정말로 상황에 달렸다.

구조식은 우리에게 많은 정보를 주며, 그래서 화학자들 사이에서 선호되는 분자식이기도 하다. 하지만 많은 수의 원자를 가진 분자의 경우에는 구조식이 아주 길고 복잡하기 때문에 구조식으로 쓰는 건 비실용적이다. 따라서 분자를 나타내는 가장 흔한 방식은 축약 구조식이다.

이중결합과 삼중결합은 원자 사이의 거리가 짧다고 이야기한 걸 기억하는가? 이는 분자가 독특한 형태를 가졌기 때문이다. 특정 분자의 형태가 그것을 구성하는 원자들로 결정되는 게 아니라는 사실을 알면 놀랄지도 모르겠다. 오히려 이 형태들은 화학자들이 집착하는 바로 그 물질에 달려 있다.

바로 전자다.

1950년대에 로널드 길레스피Ronald Gillespie와 로널드 시드니 니홀름Ronald Sydney Nyholm이라는 두 명의 화학자가 분자 모양의 패턴을 알아챘다. 당연하게도 그들은 분자의 기하학적 구조가 원자의 종류가 **아니라** 3차원에서 전자의 배치에 따라 결정된다는 사실을 금세 깨달았다. 1957년 길레스피와 니홀름은 VSEPR 이론(원자가껍질 전자쌍 반발 이론)이라는 것을 발표했다. 이는 분자의 3차원 모양을 전자의 개수와 상대적 위치에 따라서 정확하게 예측하는 이론이었다.

예를 들어 우리는 2개의 원자를 가진 분자가 항상 선형linear shape을 띤다는 것을 안다. 2개의 원자를 하나의 결합으로 연결하는 다른 방법은 없다.

2개의 원자만을 갖는 분자는 그것을 구성하는 원자의 종류에 상관없이 모두 선형이다.

일산화탄소(CO)가 원자 2개짜리 분자의 유서 깊은 예다. 탄소와 산소가 원자 사이에 삼중결합을 이루고, 원자가 2개밖에 없기 때문에 늘 선형이다. 냄새도 없고 색도 없는 이 기체는 인화성이 높고 굉장히 위험하다. 이것을 흡입하면 조그만 분자들이 핏속 헤모글로빈과 결합해서 산소 분자들을 몰아낸다. 이것이 과도한 '침묵의 살인자The Silent Killer'가 치명적인 이유다.

길레스피와 니홀름의 광범위한 연구를 통해서, 분자에 든 원자 개수가 얼마나 되건 간에 이 모형을 확장시킬 수 있게 되었다. 이 이론을 적용 가능하게 만든 근본적인 개념은 당신이 이미 배운 것이다. 바로 전자는 항상 다른 전자와 반발한다는 사실이다.

나는 전자가 분자 내에서 자유롭게 움직일 수 있는 공간을 원한다고 생각하곤 한다. 즉 각 결합은 분자 내에 있는 다른 결합과 가능한 한 멀리 떨어져 있어야만 한다는 뜻이다. 특정 분자에서 전자의 위치는 분자 내 전자의 기하학적 구조와 관계가 있다. 이것이 전부 전자에 관한 것임을 기억하자. 즉 분자 모양은 전자가 몇 개나 있는지, 그리고 결합 내에서 어디에 위치하는지에 달려 있다.

길레스피와 니홀름은 분자에서 전자의 배치를 설명하는 다섯 가지 주된 전자 기하학에 대해서 제안했다. 분자 모양이 그렇게 중요하지 않다는 말처럼 들릴 수도 있겠지만, 이는 실제로 전자가 분자 내에 **어떻게** 배치되어 있는지를 결정하는 데 도움이 된다. 전자가 균등하게 배치되었는가? 불균등한가? 분자의 전체적인 모양에 전기음성도라는 요소를 합치면 우리는 마침내 두 분자가 서로 **어떻게** 반응하는지를 결정할 수 있다.

모든 것에 화학이 있다

분자식	모양	구조
AX₂	선형	X —— A —— X
AX₃	평면 삼각형	
AX₄	사면체	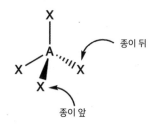
AX₅	삼각쌍뿔	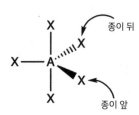
AX₆	팔면체	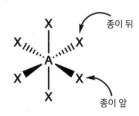

하나의 분자에 하나의 중심원자(A)가 있고, 여러 개의 A에 직접 결합한 끄트머리 원자(X)가 여러 개 있다고 해보자. 이 논의를 위해서, 중심원자는 항상 분자의 가운데에 있고 끄트머리 원자는 늘 그 주위에 있다고 하자. 이 말은 3개의 원자를 가진 분자는 AX_2의 분자식을 가졌다는 뜻이다. 그리고 중앙에 A 원자가 있으며, 분자 바깥쪽에 2개의 X 원자가 있다는 얘기다.

VSEPR 이론에 따르면, 분자에서 2개의 X 원자는 A 원자 주위로 가능한 한 멀리 퍼지려고 한다. 하나의 X 원자는 왼쪽에 있을 테고 또 하나의 X 원자는 결합을 사이에 두고 180도를 이루며 오른쪽에 있을 것이다. 일산화탄소는 선형으로 분류되는 이런 모양의 훌륭한 예다. 이것은 또한 내가 좋아하는 저온 물질 중 하나인 드라이아이스를 구성하는 분자다.

같은 규칙에 따라, 원자 4개로 된 분자는 중앙의 A 원자 주위로 3개의 X 원자가 완벽하게 배열된 AX_3라는 분자식을 갖는다. 이 분자의 기하학적 구조는 평면 삼각형이라고 불린다. 각 결합 사이에 120도의 각도를 이루고 있기 때문이다. '평면'이라는 단어는 이 분자가 종이처럼 평평하다는 의미에서 덧붙여진 이름이다.

포름알데히드(CH_2O)는 평면 삼각형의 훌륭한 예 중 하나이고, 가장 잘 못 알려진 화학물질 중 하나이기도 하다. 이것은 몸에서 자연적으로 만들어질 뿐만 아니라 몸에 아주 좋은 음식인 브로콜리, 시금치, 당근, 사과, 바나나에서도 흔히 발견된다. 하지만 고농도로 장기간 노출되면 안 좋기 때문에, 특정 산업에 종사하는 노동자들은 건강상 좋지 않은 영향을 받을 위험이 아주 높다.

이 평면 분자들은 5개의 원자로 된 분자가 만드는 특이한 형태와 완전히 대조된다. 양쪽 다 똑같은 규칙을 따르고 있다 해도 그렇다. AX_4의 모양은 사면체다. X 원자는 가까운 원자로부터 가장 먼 위치에 배치되고, 결합각

모든 것에 화학이 있다

은 109.5°이다. 사면체는 평면(또는 2차원)이 아니기 때문에 종이에 그리는 게 불가능하다. 2개의 X 원자는 종이에 그려 넣을 수 있지만 규칙에 맞추려면 X 원자 1개는 종이 앞으로 튀어나오고, 다른 1개의 X 원자는 종이 뒤로 들어간다. VSEPR이 원자가 3차원의 결합에서 서로 최대한 멀리 떨어져 있는 것을 조건으로 한다는 사실을 기억하라.

다시 말해서 더 큰 분자의 원자들은 분자 내의 전자들이 서로 반발하는 것을 막기 위해 평면에서 벗어나야 한다. 메테인(CH_4)은 사면체 분자의 전형적인 예이다. 이것은 가스레인지에서 나오는 기체이지만, 가스 누출이 있을 때 우리가 냄새를 맡게 되는 그 기체는 아니다(그 기체는 메테인티올이고 썩은 달걀 냄새가 난다. 텍사스주 뉴런던의 런던 스쿨에서 가스 누출로 약 300명의 학생들과 선생들이 사망한 후 1937년에 이 무해한 분자를 천연가스에 첨가하기 시작했다. 메테인티올의 냄새는 워낙 독해서 사람들의 주의를 **빠르게** 끌 수 있다).

분자식이 AX_5인 원자 6개짜리 분자는 삼각쌍뿔이라는 형태를 갖는다. 이 복잡한 모양은 평면 위쪽에 원자가 하나 있고 아래에 하나가 있다. 그리고 평면을 따라 120°로 펼쳐진 원자들을 상상해 보라. 잘 모르겠는가? 인간의 몸을 이용해서 이 괴상한 모양을 설명해 보겠다.

당신의 몸이 삼각쌍뿔형 분자라면, A 원자는 당신의 상체에 위치한다. 그리고 당신의 머리에 X 원자가 있고, 당신의 발에 X 원자가 있다. 그다음 몸 앞쪽 엉덩이 높이에 해당하는 위치에 X 원자가 하나 있을 것이다. 또 왼쪽 엉덩이에 X 원자가 하나 튀어나와 있고, 오른쪽 엉덩이에서도 X 원자가 하나 튀어나와 있을 것이다. 이것은 예상치 못한 대칭을 많이 가진 복잡한 분자다.

7개의 원자를 가진 분자는 6개의 원자를 가진 분자와 매우 비슷한 모양을 하고 있다. 여전히 원자 하나는 평면 위쪽에, 또 다른 하나는 평면 아래에 있지만 이제는 평면을 따라 4개의 원자가 90° 각도로 떨어져 있다. 또는 4개의 X 원자가 당신의 왼쪽 골반, 오른쪽 골반, 왼쪽 엉덩이, 오른쪽 엉덩이에서 튀어나와 있다고도 할 수 있다. 이런 분자들 모두가 8개의 면을 갖고 있기 때문에 이 모양을 팔면체라고 한다.

팔면체 분자의 가장 좋은 예는 지금으로서는 육플루오린화 황(SF_6)이다. 당신이 이 기체를 마시면 목소리가 훨씬 낮아져서 헬륨 기체를 마셨을 때와 정반대의 효과를 보인다(《웬디 윌리엄스 쇼》의 '방귀게이트fartgate'에 쓰인 기체이기도 하다. 찾아보라. 온라인 동영상에는 나도 나온다).

VSEPR은 과학자들이 전자가 분자의 중심원자 주위에 어떻게 배열되는지 알아내는 데 도움이 된다. 하지만 커피의 카페인이나 맥주의 에탄올, 튀김의 탄수화물 같은 몇몇 분자는 하나 이상의 중심원자를 갖고 있다. 이런 경우에는 커다란 분자의 전체 모양을 알아내기 위해서 내부에 있는 중심원자들의 기하학적 모양을 모두 합친다.

시스지방과 트랜스지방처럼 50개 이상의 원자를 가진 분자에서는 어떻게 하는지 예를 한번 보자.

몇 년 전 미국 식품의약품국에서 모든 식품회사들에 3년 안에 자사 상품에서 트랜스지방을 없앨 방법을 찾으라고 통보했다. 2018년 6월에는 미국의 모든 음식에서 공식적으로 트랜스지방이 금지되었다. 하지만 시스지방에 대한 규제는 없었다. 어떤 사람들에게 이는 놀라운 일일 수 있다. 시스지방과 트랜스지방은 같은 분자식을 갖고 있고, 이 두 분자는 아주 비슷한 과정을 통해 만들어지기 때문이다.

유일한 차이는 분자의 형태다. 트랜스지방은 길고 원통형이며(이쑤시개처럼), 시스지방은 구부러졌다(반으로 부러뜨려 접은 이쑤시개처럼).

모든 것에 화학이 있다

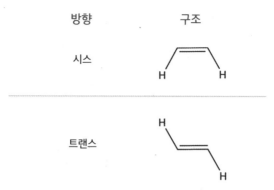

방향	구조
시스	
트랜스	

  트랜스지방이 당신의 동맥으로 들어가면 다른 트랜스지방 바로 옆에 완벽하게 열을 맞출 수 있다. 그렇게 서로의 위에 차곡차곡 쌓여서 천천히 당신의 동맥을 막는다. 가끔은 하도 꼭꼭 겹쳐서 심장에서 나오는 산소가 담긴 피까지 막아버린다. 이렇게 되면 다른 건강상의 악영향에 더불어 심장마비가 일어날 수도 있다.

  이쑤시개 한 뭉치를 잘 포개서 호스 한쪽 끝에 밀어 넣는 게 얼마나 쉬운지를 생각하면 아마 상상할 수 있을 것이다. 이쑤시개들이 아주 촘촘하게 잘 포개져 있으면 물은 이쑤시개 차단벽을 통과하지 못할 수도 있다.

  하지만 이제 그 이쑤시개를 전부 꺼내서 반으로 부러뜨리면 어떤 일이 일어날지 생각해 보자. 다시 깔끔하게 그것들을 제대로 포갤 수 있을까? 힘들 것이다. 아무리 열심히 노력해도 부러진 이쑤시개는 멀쩡한 이쑤시개만큼 호스를 꽉 막을 수 없을 것이다. 시스지방이 트랜스지방만큼 동맥을 막지 못하는 것과 비슷하다.

  이 예를 보고 당신이 화학에서(그리고 당신의 동맥에서) 분자의 모양이 정말로 중요하다는 걸 이해하면 좋겠다. 분자 모양은 전자가 어디에 있고 분자가 3차원에서 어떻게 반응할지를 알려준다. 하지만 더 중요한 점은, 전자의 위치를 알면 분자 안의 원자들 사이에서 전자가 실제로 어떻게 결합을 형성하는지를 분석할 수 있다는 것이다.

하지만 이를 위해서는 원자를 좀 더 자세히 살펴볼 필요가 있다.

우선, 원자의 각 층을 주머니라고 생각해 보자. 당신의 속옷에 달린 주머니, 셔츠 주머니, 재킷 주머니처럼 말이다. 이 작은 주머니 각각은 원자 오비탈atomic orbital이라는 것을 표현한다. 그리고 각각의 원자 오비탈은 한 번에 최대 2개의 전자를 담을 수 있다. 이 주머니에는 결코, 결단코 3개 이상의 전자는 들어갈 수 없다. 왜냐하면 공간이 부족해서이기도 하고, 주머니가 세 번째 전자의 전하를 감당할 수 없기 때문이기도 하다.

기억하라, 전자는 다른 전자와 반발하기 때문에 공간이 필요하다는 것을.

사실 주머니 하나, 즉 오비탈에 겨우 2개의 전자만이 나란히 있을 때도 이 두 전자는 불편함을 느낀다. 각 전자가 느끼는 이 반발력을 최소화하기 위해서 전자들은 서로 반대 방향으로 회전(전자 스핀)하기 시작한다. 하나는 시계 방향으로 돌고 다른 하나는 반시계 방향으로 도는 것이다.

이것을 지금 당신의 손으로 한번 해보라. 왼손은 시계 방향으로 돌리고 오른손은 반시계 반향으로 돌리는 것이다. 나는 매 학기 학생들을 위해서 이걸 하는데, 두 손을 서로 반대 방향으로 돌리려고 애쓰는 모습은 꽤 우스꽝스러워 보인다. 학생들은 항상 나를 보고 웃지만, 여기에 중요한 점이 있다. 말로 설명하면 잘 와닿지 않겠지만, 전자들이 서로 반대 방향으로 회전하면 원자가 안정된다. 놀랍게도 작은 오비탈 안에서 회전하는 동작이 전자들을 가능한 한 멀리 떨어지게 만들어 주는 것이다. 다시 말해서 전자들이 2개의 음전하 사이에서 최대 거리를 확보할 수 있게 된다.

하지만 여기서 당신은 아마 이렇게 생각할지도 모르겠다. 그래서 뭐? 내가 왜 오비탈에(그리고 점유 규칙에 대해서) 신경 써야 하는데? 전자 오비탈이 나의 일상생활에 실제로 어떤 영향을 미치는데?

솔직히 말하면, 나도 당신이 왜 이런 질문을 하는지 이해한다.

전자와 분자의 실생활 적용은 비교적 단순하다. 당신의 옷처럼 간단한 것을 한번 보자. 염료의 분자들이 당신의 셔츠를 빨간색이나 파란색으로 만든다. 분자 사이의 거리가 천이 얼마나 통풍이 잘 되는지, 땀 흡수용 천을 입고 있다면 땀을 얼마나 쉽게 제거하는지를 결정한다.

그런데 오비탈은? 오비탈의 과학적 원리는 더 복잡하고, 내가 보기에는 더 아름답다.

7월 4일(미국의 독립기념일—옮긴이)에 우리는 온갖 불꽃놀이를 통해 전자들이 오비탈에서 오비탈로 옮겨가는 것을 본다. 빨간색 불꽃은 오비탈들 사이에서 전자가 조금 움직인 결과이고, 초록색 불꽃은 훨씬 크게 움직여서 만들어진다.

할로윈에 인광을 볼 때면 우리는 매번 활동 중인 오비탈을 보는 것이다. 인광은 어둠 속에서 물체를 빛나게 하는 화학적 현상이다. 알든 모르든 우리는 오비탈 안에서, 또는 오비탈 사이를 움직이는 전자를 끊임없이 보고 있다. 과학자들이 폭죽이나 야광막대처럼 이런 움직임을 안전하게 조작하는 방법을 찾아내서 다행이다.

이 모든 화학반응은 원자에서 전자들이 머물 수 있는 네 종류의 원자 오비탈에서 기인한다. s 오비탈, p 오비탈, d 오비탈, f 오비탈이 있고, 에르빈 슈뢰딩거 Erwin Schrödinger라는 과학자가 한 번에 모든 원자 오비탈을 제시했다. 이는 정말로 놀라운 일이다. 짧은 논문 하나로 슈뢰딩거는 원자가 어떻게 결합하는지에 관해 굉장히 많은 것을 정립했다. 사실 지난 100년 동안에는 그다지 많은 게 바뀌지 않았다. 나 같은 화학자들은 여전히 4개의 주된 원자 오비탈 종류가 있다는 가정하에 연구한다.

하지만 기억하라. 오비탈이 얼마나 크든, 어떤 모양이든 간에 딱 2개의 전자만 거기에 들어갈 수 있다. 그리고 그 전자들은 서로에게서 최대한 떨어져 있어야 한다(전자-전자 반발력 때문에).

오비탈	모양	합쳐진 오비탈

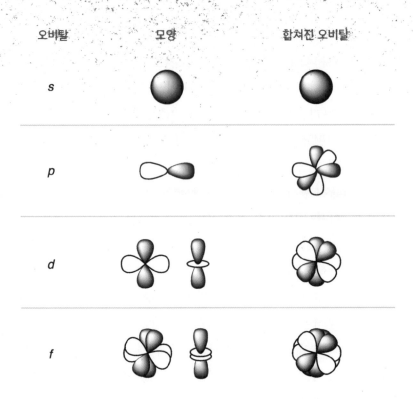

s 오비탈은 커다랗고 둥근 공 모양으로 생겼기 때문에 전자는 s 오비탈에서 움직일 때 가장 자유롭다. 원자에서 이것은 핵 주위를 완벽하게 둘러싸는 단순한 구형이다. 조금 반직관적이지만, s는 'sharp'의 줄임말이다. s 오비탈이 실험실에서 만들어 내는 뾰족한 그래프 때문에 이런 이름이 붙었다.

단순한 예를 보기 위해서 원자에서 가장 낮은 에너지를 가진 오비탈, 1s 오비탈을 살펴보자. 주기율표의 단원자들은 모두 1s 오비탈을 갖고 있다. 이것은 핵에서 가장 가까운 오비탈이고, 앞에서 이야기했듯이 전자가 2개만 들어갈 수 있다. 수소와 헬륨은 전자를 각각 1개와 2개만 갖고 있기 때문에 그들의 다른 원자 오비탈은 완전히 비어 있다. 이런 이유로 수소와 헬륨은 오비탈이 왜 이렇게 중요한지를 보여주는 이상적인 예가 된다.

모든 것에 화학이 있다

우선 헬륨부터 보자. 헬륨은 $1s$ 오비탈에 전자 2개를 가졌고 아주 안정적인 원소로 여겨진다. 비활성 기체에 대한 이야기에서 본 걸 기억하고 있을지 모르겠다. 헬륨은 굉장히 안정적이라서 생일 풍선이나 열기구 등에 흔히 사용한다. 이 원소는 완전히 비활성이라서 안전에 대한 우려가 전혀 없다. 이 말은 바람에 헬륨 풍선이 날려서 생일 케이크 촛불에 떨어지더라도 위험한 일이 전혀 일어나지 않는다는 뜻이다. 풍선은 그저 터질 것이고 헬륨 기체는 대기 중으로 올라갈 것이다.

하지만 이제 $1s$ 오비탈에 전자가 1개밖에 없는 수소를 보자. 수소 원자는 조금도 안정적인 데가 없다. 오비탈에 있는 이 '빈' 공간이 수소 단원자를 굉장히 위험하게 만든다. 수소는 빈 $1s$ 오비탈에 넣을 다른 전자를 계속해서 찾거나 또는 유일한 전자를 없앨 방법을 찾는다. 반응성이 대단히 높아서 수소 단원자는 자연에서 단독으로는 거의 발견되지 않는다. 대신에 또 다른 수소와 짝을 지어 이원자 수소(H_2)를 형성한다. 우리가 실수로 생일 풍선을 헬륨 대신 수소 기체로 채우면, 케이크 촛불의 불길은 그냥 풍선을 터뜨리는 대신 거대한 파이어볼이 될 것이다. 으악, **이거야말로** 파티지.

이 모든 게 원자 오비탈에 있는 빈 공간 하나 때문이다. 원자의 주머니에 있는 빈자리 하나.

지금쯤이면 예상하겠지만, 다음 원자 오비탈인 p 오비탈에 원자가 차거나 없어질 때도 비슷한 반응이 일어난다. 이 경우에 p는 'principal'을 뜻한다. 오비탈은 8자 형태로 생겼고, 종종 아령 모양이라고 설명된다. 이는 p 오비탈에 전자가 들어갈 수 있는 곳이 두 군데 있다는 뜻일 뿐이다. 주어진 원자층에서 똑같은 버전의 p 오비탈이 실은 3개가 있고, 이것이 합쳐져서 핵 주위로 여섯 개의 꼭짓점이 있는 별 모양을 이룬다.

각각의 p 오비탈은 3차원에서 서로 다른 방향을 갖는다. p_x 오비탈은 전자가 원자를 지나 왼쪽에서 오른쪽으로 움직일 수 있게 해주고, p_y 오비탈은 전자가 원자를 지나 앞에서 뒤로 움직이게 해주며, 마지막으로 p_z 오비탈은 전자가 원자를 지나 위에서 아래로 움직이게 해준다.

하지만 원자에서 전자가 움직이는 방식에는, 감히 말하자면 조금 **마술적인** 면이 있다. 전자는 핵 안에는 결단코 존재하지 않지만, 핵을 뛰어넘어 원자의 왼쪽에서 오른쪽으로 갈 수는 있다. 그리고 핵을 통과하지 않고 앞에서 뒤로도 갈 수 있다.

전자는 핵을 거치지 않고 어떻게 원자의 왼쪽에서 오른쪽으로 이동하는 걸까? 솔직히 이 질문에 대한 답은 아직 모른다. 화학자들이 이해하지 못하는 화학작용이 여전히 많고, 이 또한 우리가 아직 알아내지 못한 것 중 하나다. 내가 살아 있을 때 과학자들이 이것이 어떻게 작용하는지 알아내기만 바랄 뿐이다.

3개의 p 오비탈이 겹치면 6개의 전자들(오비탈 3개 × 오비탈당 전자 2개 = 전자 6개)이 최대의 전자-양성자 인력과 최소의 전자-전자 반발력으로 원자 주위를 움직일 수 있는 별 모양 방향을 이룬다. 꼭짓점 6개의 별 모양 p 오비탈의 모습을 보면 구형의 s 오비탈과는 다르게 이 모양에 전자가 존재할 수 **없는** 커다란 틈이 있다는 것을 알게 될 것이다. 전자는 p 오비탈에서 움직일 때보다 s 오비탈에서 움직일 때 훨씬 더 많은 공간(또는 자유)이 있다. 이는 전자에게는 멋진 일이다.

다음 원자 오비탈은 내가 개인적으로 좋아하는 d 오비탈이다. 이 오비탈은 대부분의 무기화학의 기반이 된다. 각각의 d 오비탈은 로브^{lobe}(둥근 돌출부)가 4개, 또는 전자가 존재할 수 있는 각기 다른 공간이 4개 있다. 이 오비탈들은 중앙에 핵이 있고 전자들이 꽃잎을 이루는 작은 꽃 모양과 비슷하다.

d 오비탈은 5개가 있고, 그중 4개가 예쁜 꽃 모양을 이룬다. 이 4개의 꽃 모양 오비탈에서 유일하게 다른 점은 3차원에서의 방향이다. 좀 더 잘 이

해하기 위해서 4개의 로브가 있는 d 오비탈을 살펴보자.

이 책을 책상 위에 놓는다면, d 오비탈은 평평한 수평 방향 표면에 있게 된다(방향 1). 하지만 만약에 당신이 일어선다면 어떨까? 책을 앞에 있는 벽에 대거나(방향 2) 왼쪽에 있는 벽에 댈 수 있을 것이다(방향 3). 칸막이로 방을 사선으로 나눌 수도 있다(방향 4). 책의 위치가 3차원에서 4개의 방향으로 가능하다는 것을 생각해 보라. (1) 평평하게 (2) 수직으로 (3) 90° 돌아서 수직으로 (4) 45° 돌아서 수직으로. 각각의 책의 위치는 d 오비탈이 원자에서 존재할 수 있는 각기 다른 방식을 가리킨다.

다섯 번째 d 오비탈은 나의 예전 교수님이 '도넛을 낀 소시지'라고 설명하곤 했던 굉장히 이상한 모양이다. 설명이 좀 이상하겠지만, 솔직히 독특한 d 오비탈에 완벽한 설명이라는 건 인정해야겠다. 개인적으로 나는 이것이 허리에 튜브를 낀 p_z 오비탈 같다고 생각한다.

p 오비탈이 꼭짓점 6개의 별 모양을 형성하는 것과 마찬가지로 이 d 오비탈 5개는 서로 겹쳐져서 굉장히 복잡한 꽃 모양을 이룬다. 하지만 d 오비탈이 만드는 이 꽃은 전자가 움직이는 훨씬 더 복잡한 네트워크다. d 오비탈의 독특한 모양은 10개의 전자들(오비탈 5개 × 오비탈당 전자 2개 = 전자 10개)이 최대의 전자-양성자 인력과 최소의 전자-전자 반발력으로 원자 주위를 움직일 수 있는 공간을 제공한다.

원자에서 발견할 수 있는 마지막 오비탈 종류는 f 오비탈이고, 지금까지는 가장 복잡한 오비탈이다. 당신이 주변의 현실 세계를 이해하려면 이걸 꼭 알아야만 해서가 아니라 f 오비탈이 진짜 멋지게 생겼기 때문에 이야기하는 것이다.

f 오비탈에는 일곱 종류가 있다. 몇 개는 로브가 6개 있고, 몇 개는 로브가 8개다. 앞의 표에서 가장 괴상한 모양을 찾으면 된다. '도넛 2개를 낀 소시지'라고 하는데, 허리에 2개의 튜브를 낀 p_z 오비탈 같은 모양이다.

원자에서 7개의 f 오비탈은 서로 겹쳐져서 분자가 14개의 전자들(오비탈 7개 × 오비탈당 전자 2개 = 전자 14개) 사이의 반발력을 최소화할 수 있게 해 준다. 하지만 이렇게 하려면 훨씬 더 괴상망측한 꽃 비슷한 모양이 되어야 한다. f 오비탈은 대부분 원자력 공학(일상 화학이 아니라)에 사용되기 때문에 당신이 꼭 알아야 하는 것은 f 오비탈이 복잡한 모양을 가졌다는 사실뿐이다.

모양이야 어쨌든 간에 s, p, d, f 원자 오비탈 각각이 2개의 전자만을 받을 수 있고, 전자는 상호 반발력을 최소화하기 위해 반대 방향으로 스핀한다는 사실이 중요하다. 이제 전자가 원자 안에서 어떻게 움직이는지 알게 되었으니 서로 다른 원자의 오비탈들이 어떻게 겹쳐져서 결합을 형성하고 전자를 공유하는지 더 자세하게 알아보자.

내가 이야기할 첫 번째 결합 종류는 정면 오비랩head on overlap이다. 이것은 2개의 오비탈이 한 군데에서 겹치는 경우에 생긴다.

3개의 원이 있는 전형적인 벤다이어그램을 상상해 보라. 원 하나를 없애면 딱 2개의 s 오비탈이 남는 셈이다. 이 2개의 원이 한 군데에서 겹치는데, 이게 바로 2개의 s 오비탈이 결합할 때 생기는 일이다. 2개의 구가 서로 겹치면서 단일결합을 형성하고, 우리는 이것을 시그마결합이라고 부른다.

시그마결합이 형성되면 원자 A의 전자들이 원자 B의 양성자 쪽으로 가는 직통로가 생긴다(원자 B가 원자 A보다 전기음성도가 더 크다고 가정할 때).

하지만 s 오비탈은 같은 s 오비탈끼리만 결합할 수 있는 게 아니다. p 오비탈과도 정면 오버랩 해서 시그마결합을 형성할 수 있다. s 오비탈이 p 오비탈의 로브 하나와 겹치면 새로운 결합이 형성된다. 원 2개짜리 벤다이어그램에서 하나의 원을 8자 형태로 바꾸면, 이것이 s 오비탈과 p 오비탈의 결합 모형이 된다. 오비탈이 겹치는 부분이 한 군데 있어서 전자들이 하나의 원자에서 다른 원자로 쉽게 이동할 수 있다.

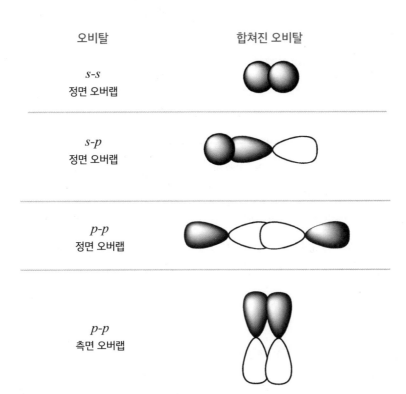

오비탈	합쳐진 오비탈
s-s 정면 오버랩	
s-p 정면 오버랩	
p-p 정면 오버랩	
p-p 측면 오버랩	

2개의 *p* 오비탈 역시 정면 오비탈 오버랩을 만들면 시그마결합을 형성한다. 이 결합에서 왼쪽 8자 모양의 오른쪽 로브가 오른쪽 8자 모양의 왼쪽 로브와 겹쳐야 한다(∞∞). 오비탈은 한 군데에서 겹쳐지며 시그마결합을 만든다.

하지만 2개의 *p* 오비탈은 정면 오버랩뿐만 아니라 **측면** 오버랩도 만들 수 있다. 이것은 문자 그대로의 형태다. 측면 오버랩은 오비탈이 만나는 부분이 두 군데 있거나 나란히 있는 것을 가리킨다(그래서 그런 이름이 나왔다). 이런 종류의 결합을 파이결합이라고 하고, 이중결합이나 삼중결합에서만 형성할 수 있다. 오비탈이 여러 군데에서 겹쳐야 하기 때문이다.

이것이 어떻게 만들어지는지 보려면, 서로의 옆에 붙어 있는 2개의 *p* 오비탈을 상상해 보라(88). 위의 두 로브가 서로 반응하고 아래 두 로브가 서로 반응해서, 전자가 분자에서 움직일 수 있는 통로 2개를 만든다.

당신이 산소아세틸렌 용접을 잘 안다면, 이미 이런 종류의 결합을 아는 것이다. 아세틸렌(C_2H_2)은 탄소 원자 사이에 이러한 아주 강한 파이결합이 하나 있는 작은 탄화수소이다. 이 기체에 불을 붙이면 삼중결합이 반으로 깨지고 이에 딸린 불길은 3,330℃까지 올라간다. 2개의 금속을 접합할 때 고온은 대단히 유용하다.

그러니까 오비탈 오버랩은 실제로 결합이 형성될 수 있게 해주는 것이다. 바로 오버랩 하는 부분에서 원자가 전자를 공유하기 때문이다. 이 결합은 공유결합일 수도 이온결합일 수도 있으며, 분자 내의 원자가 무엇이든 상관없이 지구상의 모든 분자는 항상 원자가 전자 간의 거리를 최대로 만드는 모양을 형성한다.

그것이 분자 안의 결합에 관해서 당신이 알아야 하는 전부다. 어쨌든 시작하는 단계에서는 말이다!

이제 분자 **안에서** 결합이 어떻게 형성되는지 알았으니 분자 **사이에서** 반응이 생길 때는 무슨 일이 벌어지는지 이야기해 보겠다.

2개의 분자가 반응해서 새로운 이온결합이나 공유결합이 형성될까?

아니면 서로를 무시하고 그저 무리 지어 가만히 있을까?

모든 것에 화학이 있다

3. 몸으로 말해요

고체, 액체, 기체

앞의 두 장에서 당신은 화학의 기반인 원자와 분자에 관해서 배웠다. 세상에는 수없이 많은 원자들이 있다. 수조, 수경도 넘는다! 많고 많고 많고도 많은……. 내 말뜻을 이해했으리라고 본다. 하지만 우리는 세상에 그저 존재하는 원자들과 분자들을 거의 보지 못한다. 부분적으로는, 원자와 분자가 굉장히 작아서 사람 머리카락 한 올 지름의 수백만 분의 1쯤 되기 때문이다. 우리 주변의 원자를 실제로 본다는 게 얼마나 이상한 일인지 상상할수 있겠는가? 엄청나게 압도적일 것이다.

설령 우리가 맨눈으로 원자를 볼 수 **있다** 해도 우리는 개개의 원자 대신 집단을 보게 될 것이다. 이는 원자와 분자가 중학교 댄스파티의 학생들처럼 서로 몰려 있는 걸 좋아하기 때문이다. 예를 들어 그릴에 쓸 숯을 본다면 우리는 탄소 원자 덩어리를 보는 것이다. 그리고 탄소 원자와 산소 원자 무리가 한데 모여서 이산화탄소 분자를 형성하면, 우리는 그것을 고체 드라이아이스의 형태로 볼 수 있다.

이 두 가지 예에서 숯의 원자와 드라이아이스의 분자들은 서로 꽉 맞물려 있으며, 원자나 분자들 사이에 틈이 거의 없다. 이 틈이 과학자들이 상 phase을 결정하는 주된 요소 중 하나다.

화학에서는 주로 세 가지 상이 있다. 바로 고체, 액체, 기체다(플라스마와 콜로이드 같은 다른 상도 존재하지만, 지금은 우리가 가장 자주 볼 수 있는 것들에 집중하려고 한다). 어떤 물질이 고체인지, 액체인지, 기체인지 알아보는 아주 쉽고 종종 재미있기도 한 방식은, 그 물체를 떨어뜨렸을 때 무슨 일이 생기는지 확인하는 것이다.

예를 들어 샴페인 잔은 산산조각 나면서 유리 조각이 수백 가지 방향으로 튀어 무작위하게 떨어질 것이다. 이는 유리가 고체 상태이기 때문이다. 유리가 깨지는지 안 깨지는지는 중요하지 않다. 조각은 어쨌든 조각이니까. 유리는 한데 뭉치지 않고(액체처럼) 공중으로 솟아오르지도 않는다(기체처럼).

사실 고체, 액체, 기체의 범주에 딱 들어맞지 않는 중간 상태의 물질도 많다. 유리는 고체다. 하지만 좀 더 정확하게 말하자면 유리는 비결정 고체다. 이 말은 그 물리적 특성이 액체와 고체 사이 어디에 있다는 뜻이다. 하지만 논의의 목적을 위해서 유리가 그냥 전형적인 고체라고 가정하자.

과학자들이 현미경으로 샴페인 잔을 보면 원자들이 통조림 캔에 들어 있는 정어리처럼 서로 아주 가까이 들어차 있는 것을 볼 수 있다. 분자들이 서로 몹시 짓눌려서 움직일 수도 없다. 굴러가거나 위치를 바꾸는 것도 굉장히 어렵다. 고체 상태의 분자는 조카가 아기 때 내 품에서 잠든 일을 떠올리게 만든다. 내 주변에 무슨 일이 일어나고 있는지는 중요하지 않았다. 움직였다가 아이가 혹시 깰까 봐 꼼짝할 수 없었으니까.

미시적 차원에서 고체 상태의 원자들은 액체 상태의 원자들과 매우 비슷하지만, 주요한 차이점이 한 가지 있다. 바로 원자 간 거리다. 액체는 원자 사이에 큰 틈이 있기 때문에 훨씬 자유롭게 움직일 수 있고, 통의 모양대로 바뀔 수도 있다. 우리는 실수로 샴페인 잔을 떨어뜨릴 때마다 이것을 본다. 유리는 타일 바닥에서 조각조각 깨지지만, 액체는 모서리나 가장자리에 도달할 때까지 타일 위에서 흘러간다.

화학에서 우리는 모양과 부피를 살펴봄으로써 고체와 액체를 구분한다. 액체는 모양이 계속해서 변하지만, 부피는 변하지 않는다. 반면 고체는 모양과 부피가 변하지 않는다. 샴페인 잔의 예에서, 샴페인은 잔의 모양대로 있다가 잔이 깨지면 바닥에 퍼진다. 샴페인은 액체이기 때문에 자신만의 명확한 모양이 없다.

내가 무슨 이야기를 하는지, 예를 두어 가지 살펴보자. 고체를 통에 넣으면, 예컨대 감자를 넣는다면 그것은 그냥 통 바닥에 놓여 있을 것이다. 안 그런가? 아무것도 하지 않는다. 그리고 당신이 무슨 약이라도 한 게 아닌 이상 통 안의 감자는 절대로 모양이 바뀌지 않는다. 하지만 같은 통에 액체, 그러니까 물 같은 걸 넣으면 물은 가능한 한 넓게 퍼져서 통 바닥을 덮을 것이다.

중학교 댄스파티 예를 기억하는가? 액체의 분자들은 댄스 플로어에서 천천히 춤을 추고, 고체의 분자들은 확고하게 구석에서 움직이지 않는다. 액체는 옆으로 움직이고 팔을 흔들어 대지만, 고체는 바닥에 발을 딱 붙이고 서 있다. 액체는 움직여서 통을 채우고, 고체는 그 분자들이 춤을 추지 않기 때문에 모양을 유지한다. 사실, 고체의 분자들은 움직이는 일이 거의 없다.

지구상의 대부분의 액체는 분자로 이루어져 있다. 하지만 딱 2개가 예외다. 상온에서 브롬과 수은은 **원자만으로** 이루어진 유일한 액체이다. 다른 모든 액체는 최소한 하나의 분자를 갖고 있다(예를 들어 순수한 물은 단순히 수소나 산소 원자가 아니라 H_2O 분자로 이루어진다. 반면 순수한 액체 수은은

Hg 원자로만 이루어진다).

액체와 기체의 차이는 액체와 고체의 차이와 똑같다. 원자 간 거리 말이다! 중학교 댄스파티로 돌아가 보자.

고체가 가만히 서 있고 액체는 천천히 춤을 춘다면, 기체는 퀵스텝을 밟고 있다. 이 분자들은 가능한 한 멀리 퍼지기 위해서 최대한 빠르게 움직인다. 액체나 고체와는 다르게 기체는 고정된 모양이나 부피가 없다. 대신 기체는 통 전체를 채우려고 한다. 그러니까 액체가 플라스크의 바닥을 덮으려고 하는 반면 기체는 전체를 채우려고 한다.

당신도 아마 산소, 질소, 헬륨 같은 일반적인 기체에 익숙할 것이다. 기체는 지금도 당신 주위를(그리고 당신의 집 안을) 돌아다닌다. 지구의 대기가 기체로 가득하기 때문이다. 우리가 산소를 보거나 질소의 냄새를 맡거나 이산화탄소의 맛을 볼 수는 없다 해도 이 기체들이 존재하지 않으면 살아갈 수가 없다.

그래서 우주비행사들에게 우주복을 입히는 것이다. 달과 외우주에는 지구의 대기에 있는 이런 기체들이 없기 때문이다. 또한 스쿠버다이버들이 등에 산소 탱크를 짊어져야 하는 이유이기도 하다. 산소 기체를 흡입하지 못하면 인간은 대략 3분 내에 죽는다(당신도 잘 알겠지만).

하지만 여기 지구에는 지금 이 순간에도 당신 주위에 수십억 개의 분자들이 떠다니고 있다. 그중 다수는 질소(78%)와 산소(21%)다. 1%라는 엄청난 양을 차지한 것은 아르곤이다. 그리고 여러 가지 다른 기체들도 소량 있고(이산화탄소 같은), 약간의 오염물(일산화탄소 같은)도 있을 것이다. 숨을 깊게 들이켜면 당신은 기체의 혼합물을 마시게 된다. 분자들은 당신의 코를 지나 폐 속으로 들어가고, 그다음 산소의 4%가 이산화탄소로 바뀐다. 숨을 내쉴 때는 질소와 아르곤 분자 전부와 약 17%의 산소, 4%의 이산화탄소를 내뱉는다. 우리가 100% 이산화탄소만 내뱉는다는 것은 흔한 착각이고, 전혀 사실이 아니다.

　우리가 내뱉는 아르곤은 대단히 안정적인 기체이다. 과학자들은 화학반응에서 비활성 환경이 필요할 때면 아르곤을 쓴다. 예를 들어 나는 대학원에 있을 때 위험한 반응을 시키는 플라스크 안에 아르곤 기체를 집어넣곤 했다. 불이 붙지 않도록 하기 위해서였다. 아르곤 기체가 폭발 위험을 최소화해 주긴 하지만, 언제든지 폭발 가능한 실험을 하는 게 짜릿하리만큼 무서운 일이라는 건 인정해야겠다.

　아르곤은 원자번호가 18번이고, 이제는 당신도 이게 아르곤이 핵에 양성자를 18개 갖고 있고 핵 바깥에 전자를 18개 갖고 있다는 뜻임을 알 것이다. 아르곤은 비교적 작긴 해도, 밀도가 굉장히 높다. 또는 작은 공간에 입자들이 아주 조밀하게 들어가 있다.

　텍사스 대학교에서 학생들에게 기체에 관해 가르칠 때 나는 아르곤과 헬륨이 가득 찬 풍선을 이용해서 기체의 밀도가 왜 중요한지를 보여주곤 했다. 평범한 풍선처럼 보이는 아르곤 풍선을 들고 있다가 떨어뜨리면, 아르곤이 공기보다 무겁기 때문에 즉시 바닥으로 떨어진다. 그다음에 헬륨이 든 풍선을 놓으면 그것은 천장까지 곧장 떠오른다. 간단히 말해서 그것이 기체의 밀도다.

　무거운 기체는 정해진 부피에 더 많은 분자들이 들어 있다. 빨랫감이 기체 속의 분자라면 하숙하는 대학생의 빨래 바구니는 더 '빽빽할' 것이다. 왜냐하면 꼭대기까지 더러운 옷으로 가득할 테니까. 반면 곤도 마리에(일본의 정리 전문가—옮긴이)는 기쁨을 불러일으키는 옷만을 갖고 있으니 빨래 바구니가 훨씬 헐거울 것이다(그리고 아마도 대학생보다는 빨래를 자주 처리할 테니까).

　수소나 헬륨처럼 덜 빽빽한(밀도가 낮은) 기체는 공기보다 가볍기 때문에 떠오른다. 이 가벼운 기체들은 우리가 앞 장에서 이야기했던 축하용 풍선에는 완벽하지만, 당신도 잘 알듯이 저 혼자 날아가지 않도록 풍선을 고정할 줄이나 추가 필요하다.

그런데 헬륨 같은 물질이 어떻게 기체에서 액체로, 혹은 액체에서 고체로 변할까? 고등학교 때 배웠겠지만, 이런 종류의 상변화相變化는 당신 주위에서 일상적으로 일어난다. 녹음(융해), 증발(기화), 응결(액화), 얼음(응고)은 전부 다 주어진 물질의 분자 간 거리가 증가하거나 감소한 결과다.

우선 가장 쉬운 상변화는 녹는 것이다. 당신의 경우는 모르겠지만 나는 녹는 현상에 대해 아주 어릴 때 배웠다. 밖에서 아이스크림을 먹고 있었고, 내리쬐는 뜨거운 햇볕에 아이스크림이 녹아 손으로 흘렀다. 손은 엉망이 되었고 이것은 화학의 주요 상변화 중 하나에 관한 끔찍한 첫 경험이었다. 재미있는 건 '녹는다melting'가 실제로 이런 종류의 과학에서 틀린 단어라는 점이다. 정확한 용어는 '융해fusion'지만, 아무도 그렇게 말하지 않는다.

아이스크림이나 다른 물질이 녹으면, 혹은 융해되면, 분자 간 거리가 점점 더 커져서 고체가 액체로 변한다. 그러니까 조금 과장해서 고체 상태에서 분자가 서로 1킬로미터 떨어져 있다면, 액체 상태에서는 분자들이 5킬로미터 떨어져 있는 것이다. 실제로는 고체 안의 원자들이 약 10^{-10}미터 떨어져 있지만, 이 숫자는 상상하기 아주 어렵지 않은가.

기억해야 하는 아주 중요한 사실이 하나 있다. 상이 변한 뒤에도 분자들은 여전히 똑같은 분자라는 것이다. 원자들과 원자 간 거리는 변하지 않았고, 분자들만 서로 더 멀어졌을 뿐이다.

하지만 거리가 어떻게 멀어지는 걸까? 대체로 열 형태의 에너지원이 필요하다. 주위의 온도를 바꾸면 분자가 더 빨라지거나(열 때문에) 더 느려질(추위 때문에) 수 있다. 잠시 후에 보겠지만, 이것은 또한 분자 간 거리에 영향을 미친다.

아이스크림 예를 생각하면 꽤 논리적으로 느껴질 것이다. 아이스크림을

모든 것에 화학이 있다

녹게 만들려면 외부의 열원이 필요하다. 텍사스에서는 밖에서 아이스크림을 먹으면 몇 분 안에 녹기 시작한다. 대기 중의 분자들에서 나온 열이 아이스크림에 있는 분자가 녹기 시작할 만큼의 에너지를 공급해 주고, 결국 분자 간 거리가 넓어지게 만든다. 이 과정이 미세하게 일어날 때 아이스크림이 녹기 시작하면서 융해가 발생한다.

융해의 궁극적인 예는, 초콜릿을 씌운 프레첼을 만드는 과정에서 첫 번째 단계인 초콜릿을 녹이는 것이다. 나는 집에서 이걸 만들 때 초콜릿을 내열 용기에 담고 끓는 물이 담긴 냄비 위에 놔두는 것을 선호한다. 이렇게 하면 증기로부터 나온 열이 그릇 밑바닥을 통해 전달되어 초콜릿 안에 바로 들어간다. 여분의 에너지가 초콜릿 안의 분자들이 꿈틀거리도록 만들고, 근본적으로 분자 서로 간의 거리를 늘린다. 나는 이 사건이 일어나는 정확한 순간을 안다. 초콜릿이 녹기 시작하는 걸 눈앞에서 볼 수 있기 때문이다.

녹은 초콜릿을 냄비에서 꺼내면 또 다른 물리적 변화를 볼 수 있다. 열이 충분히 가해져서 액체 물이 수증기로 변화하기 때문에 냄비 안의 물이 끓는다. 냄비 안의 물이 수증기가 되면 물 분자 사이의 공간이 굉장히 넓어진다. 고체와 액체 안의 분자가 각각 1킬로미터와 5킬로미터씩 떨어져 있다면, 기체 안의 분자는 서로 50킬로미터쯤 떨어져 있는 셈이다. 다시금, 분자는 변하지 않고 그저 액체나 고체일 때보다 기체일 때 서로 훨씬 더 많이 떨어질 뿐이다. 우리는 이미 기체가 명확한 모양이나 부피를 갖지 않는다는 걸 안다. 기체가 된 물 분자, 즉 수증기는 공중으로 떠올라서 사라지는 것처럼 보인다.

액체가 기체로 변하는 이 과정을 기화라고 하는데, 많은 사람들이 이것을 증발이라고 잘못 말한다. 흔한 착각인데, 그 차이점에 대해 얘기해 보자. 융해와 마찬가지로 기화 과정은 분자 간 거리를 늘리는 것이고, 이 말은 열이 필요하다는 것이다. 이 변화는 액체의 끓는점에서 일어나는데, 이는 액체가 기체로 변하는 온도다.

반면에 증발은 직접적으로 많은 열을 가하지 않고서 분자가 액체에서 기체 상태로 변하는 것이다. 이런 상변화는 끓는점 아래에서 이루어진다. 예를 들면 컵에 있는 물이 밤사이에 증발하거나 땀이 몸에서 증발하는 등의 일이다. 이 두 과정 모두 불이 필요하지 않다. 분자들은 그저 기체로 변화할 수 있는 충분한 에너지를 얻었을 뿐이다. 반대로 끓는 물은 기체로 변하는 데 도움이 되는 다량의 에너지를 받았다.

기화에서도 증발에서도 우리는 분자 간 거리를 늘려서 액체를 기체로 변화시킬 수 있다. 제빵사인 독자라면 초콜릿을 녹이는 동안 끓는 물이 기체로 변하면 어떤 일이 일어나는지 겪어봤을 것이다. 하지만 녹은 초콜릿이 당신에게 달라붙은 적이 있는가? 성가신 기체 물 분자는 녹은 초콜릿에 달라붙어서 또 다른 상변화를 일으킨다. 바로 응고다.

물 분자가 **응결하면** 매끄러운 초콜릿을 알갱이투성이 혐오물로 바꾸어 놓는다. 이 과정에서 기체 물 분자(수증기)는 액체 물 분자로 변해, 초콜릿의 분자 레벨에서 일어나는 일을 가로막는다. 이런 상변화는 더운 날 당신의 음료수 바깥쪽에 물방울이 맺히는 것과 똑같은 일이다.

응고와 기화는 똑같지만 정반대 과정이다. 이것은 나의 출퇴근과 똑같다. 거리와 소모 시간이 동일한 것이다. 나는 직장까지 차를 10분 운전하고, 집으로 돌아올 때 10분 운전한다. 다만 다른 것은 내가 가는 방향이다. 이와 비슷하게, 기화는 분자 간 거리를 **늘리고**, 응고는 분자 간 거리를 **좁힌다**. 그런 다음 이웃한 분자들 사이에서 인력이 발생해 기체가 액체로 변하게 된다.

액체는 또한 화학 조성이 바뀌지 않은 채 고체로 변할 수 있다. 이 과정을 응고라 하고, 분자가 가까워져서 액체가 고체로 변화할 때 발생한다. 그

모든 것에 화학이 있다

리고 기화와 액화가 정반대 과정인 것처럼, 응고와 융해(우리가 녹는다고 생각하는 것)도 정반대 과정이다. 융해에서 고체가 액체로 변하려면 분자들이 멀어져서 서로 간의 거리가 늘어나야 한다. 하지만 응고가 일어나려면 분자들이 가까워져서 물질이 액체에서 고체로 바뀌도록 해야 한다.

무언가를 응고시키는 가장 좋은 방법은 그것을 냉동고 같은 차가운 환경에 넣는 것이지만, 압력을 바꾸는 것으로도 가능하다(실험실에서). 낮은 온도는 분자의 속도를 느리게 만들어 결국 분자 간 거리를 줄인다. 초콜릿을 씌운 프레첼을 냉동실에 넣으면 녹은 초콜릿이 굳어져서 단단한 초콜릿 껍질이 된다. 이 과정은 즉시 일어나지 않고 초콜릿 코팅의 두께에 좌우된다. 분자가 많으면 많을수록 고체가 형성될 만큼 속도가 느려지기까지 더 오래 걸린다. 하지만 대체로 모든 분자가 어는점을 가졌고, 그것이 액체가 고체로 변하는 온도다.

융해, 기화, 액화, 응고는 가장 흔한 상변화지만, 좀 덜 흔하면서도 언급할 가치가 있는 물리적 변화가 두 가지 더 있다. 승화다(두 가지 변화 모두 승화라고 한다). 이 변화는 고체가 곧장 기체가 되고, 기체가 곧장 고체가 되는 경우를 말한다. 분자는 승화 과정에서 전혀 액체로 변하지 않고 그냥 고체에서 기체로, 기체에서 고체로 변한다. 이 변화가 일어나려면 분자 간 거리가 빠르고 격렬하게 늘어나거나 줄어들어야 한다. 이 두 상변화는 분자에 따라서 교실에서 자연스럽게 일어날 수도, 실험실에서 고온고압 상태가 되어야만 일어날 수도 있다.

승화는 자연계에서 그리 자주 일어나지 않는다. 분자가 워낙 빠르게 움직여야 하기 때문이다. 사실 우리의 일상생활에서도 별로 많이 겪지 않는다. 우리 대부분은 드라이아이스를 다룰 때만 이 상변화를 본다. 드라이아이스(혹은 고체 이산화탄소)는 고체가 기체로 변화하게 만드는 독특한 특성을 갖고 있다. 즉 상변화 때 분자 간 거리가 빠르게 늘어난다. 이 과정은 대기압과 상온에서 자발적으로 일어나고, 그래서 드라이아이스가 뮤지컬이나 콘서트에서 안개를 만드는 데 흔히 사용되는 것이다. 그리고 내 교실에서도 말이다.

고체의 승화는 공기청정제와 좀약에서도 일어난다. 고체인 이 물질들은 시간이 흐르면서 대기 중으로 소량의 분자를 방출해서 냄새를 만든다. 각 물질은 상온에서 승화하지만, 드라이아이스와 달리 이 과정이 완료되기까지는 며칠, 심지어 몇 주가 걸릴 수 있다. 그래서 자동차 공기청정제는 그 안의 분자들이 공기 속으로 승화하는 것을 멈춘 뒤에, 즉 몇 주에 한 번만 바꾸면 되는 것이다.

고체의 승화의 반대는 기체의 승화다. 기체상의 분자가 곧바로 고체로 변하는 것이다. 여기서는 변화 과정에서 에너지를 아주 많이 잃어 분자가 문자 그대로 그 자리에서 움직임을 멈추고 가만히 있다. 추운 지역에 사는 독자라면 당신이 아는 것 이상으로 기체의 승화를 많이 본다. 매일 아침 밖에서 서리가 덮인 나뭇잎을 볼 때면 승화의 결과를 보는 것이다. 공기 중의 물 분자가 밤사이에 다량의 에너지를 잃고 나뭇잎 위에서 고체화되어 아름다운 얼음의 나라를 만들어 낸다. 밖에 앉아서 서리가 맺히는 모습을 보려고 한다면, 수증기가 액체 물이 되지 않고 곧장 고체 얼음으로 변하는 장면을 보게 될 것이다.

기체의 승화의 또 다른 흔한 예는 굴뚝 안에서 생성되는 그을음이다. 미시간에 살 때 나는 추운 아침 벽난로 앞에 앉아서 열기를 쬐는 것을 좋아했다. 가끔은 따뜻한 코코아를 옆에 두고서 말이다. 당시에는 몰랐지만, 내가 주의를 기울였다면 그을음 분자가 기체상에서 고체상으로 변하며 먼지와 합쳐지는 모습을 관찰할 수 있었을 것이다. 이 그을음/먼지 입자는 벽난로 안쪽에 모이고, 우리 엄마가 질색하는 검은 더께를 남긴다. 이런 상황에서 그을음은 서리의 승화보다 시간적으로 훨씬 더 빠르게 일어나지만, 편견에

모든 것에 화학이 있다

찬 나의 입장에서 말하자면 둘 다 똑같이 매혹적이다.

간단히 정리하면, 다음과 같이 여섯 가지 상변화가 있다. 이 표에 전부 다 요약해 보았다.

이름	상 변화
융해/녹음	고체 → 액체
응고	액체 → 고체
기화	액체 → 기체
액화	기체 → 액체
승화	고체 → 기체
승화	기체 → 고체

대부분의 분자가 6개의 상변화 모두를 거칠 수 있는 특정 온도와 압력을 갖고 있긴 하지만, 이는 분자마다 모두 다르다. 일부는 심지어 분자 간 거리가 대단히 모호해서 물질이 고체, 액체, 기체상 중에서 무엇으로 존재할지 규정할 수가 없는, 즉 전부 다 동시에 존재하는 특정한 온도와 압력을 일컫는 삼중점triple point을 갖고 있다. 물의 경우에 삼중점은 온도 $0.01℃$, 압력 4.58토르이다. 실험실에서 이것을 관찰하는 가장 흔한 방법은 밀폐된 용기에 물을 담고 압력을 낮추기 위해서 공기를 빼내는 것이다.

그런데 혹시 알래스카에서 $-52℃$의 허공에 끓는 물을 뿌리는 사람이 나오는 유튜브 동영상을 본 적이 있는가? 물이 주전자에서 나오자마자 상이 변한다. 물 분자 일부는 순식간에 얼어서 작은 얼음조각이 되고, 나머지 분자들은 기화되어 커다랗고 하얀 기체 구름을 만든다. 꼭 얼음으로 이루어진 불꽃놀이 같다. 땅을 향해 휘어지는 차가운 얼음 조각이 섞인 커다랗고 하얀 기체 무리가 생기기 때문이다. 물의 세 가지 상이 전부 동시에(잠깐이지만) 존재하는 것이다. 삼중점에서 물은 대략 이런 모습으로 보이고, 그 모습은 끝내주게 멋지다.

특정 온도와 압력에서 액체와 기체를 구분할 수 있는 마지막 순간을 가리키는 또 다른 조건들이 있다. 임계점critical point이라는 것을 넘어가면 액체와 기체에서 분자 간 거리가 너무 제멋대로라 액체 또는 기체라고 딱 잘라 구분할 수가 없다. 그래서 우리는 이것을 기묘한 액체-기체 유형의 물질인 초임계 유체supercritical fluid라고 부른다. 초임계 유체는 액체의 특성 약간과 기체의 특성 약간을 함께 갖고 있다(분자 종류에 따라서 특성의 종류도 달라진다).

초임계 유체의 가장 흔한 용도 중 하나는 커피의 카페인 제거이다. 커피콩을 증기로 찐 다음 고온을 견딜 수 있는 특수 용기에 밀어 넣는다. 이때 초임계 이산화탄소가 커피콩에 분사되고, 액체-기체 물질 속에 카페인이 녹아 나온다. 커피콩 자체는 초임계 유체에 취약하지 않기 때문에 이는 카페인을 추출하는 데 완벽한 용매다. 이 공정의 가장 멋진 부분은 초임계 이산화탄소에서 카페인을 제거할 수 있기 때문에 그 용매를 계속해서 재활용할 수 있다는 점이다.

초임계 이산화탄소는 또한 드라이클리닝 전문가들에게도 꽤 선호되는 용매다. 옷을 실제로 '젖게' 하지 않으면서 옷에서 더러움을 쉽게 제거할 수 있기 때문이다(내가 따옴표를 쓴 이유는 초임계 유체가 젖는다는 말의 전통적 정의를 따르지 않기 때문이다. 액체-기체 물질은 명확하게 젖어 있지는 않지만, 그렇다고 건조한 것도 아니다). 가압 상태에서 옷에 물질이 분사되는데, 여기에 한 가지 큰 문제가 있다. 압력을 도로 낮추면 약한 단추 몇 개가 부서지거나 옷에서 떨어진다. 옷의 저온냉각 과정을 완벽하게 만들 수 없었기 때문에 오늘날 대부분의 세탁업자들은 이것 대신 다른 방법을 사용한다.

내가 언급한 이 모든 상변화는 거시적 차원에서 일어나는 일이다. 우리는 액화, 응고, 심지어 초임계 유체까지 맨눈으로 볼 수 있다. 하지만 이 모든 변화가 **어떻게** 일어나는지는 볼 수가 없다. 왜냐하면 이는 미시적 차원에서 일어나기 때문이다.

과학자들이 세상을 '보는' 법 ───────────────

화학자나 생물학자, 지질학자, 또는 어떤 과학 전문가든 세계를 연구할 때는 두 가지 서로 다른 관점을 고려한다. 거시적 관점(눈으로 직접 볼 수 있는 것)과 미시적 관점(눈으로 직접 볼 수 없는 현미경적 관점)이다.

무언가를 보기 위해서 현미경을 가져와야 한다면, 이것은 **미시적** 관점이다.

맨눈으로 볼 수 있다면, **거시적** 관점이다.

───────────────

그렇다면 아주 조그만 분자들 사이에서 무슨 일이 일어나는 중일까? 화학자들이 첫 번째로 찾아보는 것은 전자가 분자 안에서 어떻게 배열되었는지이고, 이것을 결정하는 것은 당신도 이미 추측했겠지만 분자의 모양이다. 왜냐하면 분자의 모양은 나 같은 화학자들에게 각기 다른 분자의 전자들이 서로 어떻게 행동하고, 더 중요하게는 3차원에서 어떻게 배치되는지를 알려주기 때문이다.

어떤 시스템에서는 분자들이 라인댄스 참가자처럼 깔끔하게 줄을 지어 서지만, 어떤 시스템에서는 음양 기호처럼 머리와 발이 만나는 형태에 더 가깝다. 대부분의 흔한 분자 배열 패턴을 구분하는 일은 대체로 쉽고, 이것이 분자 집단이 미시적 차원에서 **어떻게** 상에서 상으로 변화하는지를 마침내 설명해 줄 것이다.

하지만 그러려면 우선 분자 전체의 극성을 찾아봐야 한다.

그리고 그렇게 하려면 당신이 이미 친숙해진 주제로 되돌아온다.

바로 전기음성도다.

전기음성도가 가장 높은 원자 중 하나인 산소를 생각해 보자. 전기음성도가 높다는 말은 산소가 분자 안에 들어 있으면 이웃 원자들의 전자를 전부

다 자기 원자핵 쪽으로 끌어당긴다는 뜻이다. 물 분자(H_2O)에 있는 산소는 모든 전자가 2개의 수소가 아니라 산소 근처에 머무르게 만들 것이다.

분자에서 전자들이 산소 쪽으로 불균형하게 자리하고 있기 때문에 우리는 산소에 부분 음전하를 부여한다. 원자들이 결합 내에서 어떻게 전자를 공유하는지 살펴볼 때 바로 이것이 우리가 하는 일이다. 하지만 이제는 하나의 분자에 여러 개의 결합이 함께 있을 때 무슨 일이 생기는지를 살펴보겠다.

전자들이 분자에서 분포되어 극성 분자나 무극성 분자를 만드는 방법이 두 가지 있다. 분자가 반으로, 대칭적으로 나누어지지 않으면 **극성** 분자로 여겨진다. 이 말은 전자들이 분자 위에서 완벽하게 분배되어 있지 않다는 뜻이다. 그래서 보통의 자석처럼 양전하 쪽과 음전하 쪽으로 나뉜다.

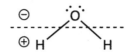

전자들이 물에서 어떻게 분배되는지 좀 더 자세히 살펴보자. 앞에서 말한 것처럼 물의 산소는 부분 음전하를 갖고 있다. 그러니까 2개의 수소는 부분 양전하를 가진다. 이는 지구상의 모든 물 단분자에 대해서 사실이다. 산소는 항상 부분 음전하를 띠고 수소는 항상 부분 양전하를 띤다. 이런 상황에서 우리는 분자를 실제로 반으로 갈라서 양전하 쪽 하나와 음전하 쪽 하나를 얻을 수 있으며, 분자에는 극이 생긴다.

이 극성 분자들은 물 분자 하나의 양전하 쪽과 또 다른 물 분자 하나의 음전하 쪽 사이에서 강력한 인력으로 인한 연쇄반응을 일으킨다. 이런 분자 간의 강력한 인력을 이중극자-이중극자 상호작용^{dipole-dipole interaction}이라고 한다. 이중극자-이중극자 상호작용은 영구적인 전하 불균형이 있는 분자들(예컨대 **극성** 분자들)에 한정된다.

지금 이 순간에도 수백 가지 이중극자-이중극자 상호작용이 당신 주위에서 일어난다. 부엌에 있다면 사과와 배 안에서 일어나고, 심지어 돼지고기, 소고기, 생선 안에서도 일어난다. 물이나 탄산음료, 또는 와인 한 잔이 근처에 있다면, 굉장히 강해서 따로 이름을 붙이기까지 한 특별한 종류의 이중극자-이중극자 상호작용을 보고 있는 것이다. 수소결합이라고 하는 이 힘은 엄청나게 강력하다. 물 분자는 수소결합을 보여주는 완벽한 분자 모형 중 하나다. 왜냐고? 이들은 극성이 아주 강한 결합을 가진 극성 분자이기 때문이다.

하지만 수소결합은 수소와 산소 원자가 한데 모여 H_2O를 만들 때 생기는 공유결합이 아니라는 사실을 기억해야 한다. 수소결합은 물 분자 하나의 수소 원자와 다른 물 분자의 산소 원자 사이에 생긴다. 이 수소결합은 굉장히 강해서 짐을 실은 세미트럭을 지탱하는 데 겨우 두께 15센티미터 정도 얼음밖에는 필요하지 않을 정도다.

15센티미터 두께의 얼음이 수 톤의 트럭을 지탱한다니! 엄청나지 않은가?

예전에 내가 열심히 보던 〈얼음길 트럭운전사들〉이라는 쇼가 있었다. 그것은 수소결합의 완벽한 예였다. 미시간 토박이인 나는 얇은 빙판이 굉장히 위험하다는 걸 아주 잘 알기에, 이 용감한 트럭운전사들이 몇 킬로미터나 뻗어 있는 얼음 위를 운전해 가는 걸 지켜볼 용기가 없었다. 하지만 수소결합은 이상할 정도로 강해서, 짐을 가득 실은 트럭도 캐나다의 얼어붙은 호수 위를 지나갈 수 있었다.

다행히 트럭운전사들은 끔찍한 사고를 피하기 위해서 얼음의 견고함을 파악하는 복잡한 방법을 갖고 있다. 하지만 그들은 자신들이 실제로 물 분자 간에 존재하는 인력의 강도를 확인하는 거라는 사실은 아마 모를 것이다. 자, 이 수소결합이 깨지면 분자는 상변화를 할 수 있다.

수소결합의 일부가 깨지면 얼음은 액체 물로 녹아서 얼어붙은 호수에서 까불던 사람에게 심각한 문제를 안겨줄 수 있다. 하지만 수소결합이 **전부** 깨지면, 액체 물은 수증기로 변화할 수 있다. 그러니까 얼음이 녹거나 냄비 속의 물이 끓는 것을 보면 실제로는 수소결합이 실시간으로 깨지는 것을 보고 있는 셈이다.

반대로 얼음이 얼거나 액체 물이 고체 물(얼음)로 변하는 것은 수소결합이 생성되는 과정을 보는 것이다. 나는 천둥구름이라는 나의 가장 큰 실연實演 중 하나를 할 때 이 상변화를 이용한다. 뜨거운 물을 액체 질소 통에 넣어서 통 바닥에서 물을 얼린다. 이 과정에서 뜨거운 물의 열이 액체 질소에 전달되면서 액체 질소(N_2)가 거대한 질소 기체 구름을 형성한다.

물과 마찬가지로 질소 분자 간 인력이 깨진 다음에야 질소가 액체에서 기체로 변할 수 있다. 하지만 물과 달리 질소는 수소결합을 형성하지 못한다. 이 인력은 극성이 아주 높은 분자에만 한정된 힘이기 때문이다. 대신에 질소 분자는 서로 간에 분산력을 형성한다.

분산력은 주어진 표본에서 분자 간에 비교적 약한 상호작용이 발생할 때 생긴다. 우리가 앞 장에서 이야기했던 성가신 트랜스지방을 기억하는가? 이들이 그렇게 서로 잘 겹치는(그래서 우리 동맥을 틀어막는) 이유는 이들이 분자끼리 딱 맞물리는 데에 분산력을 사용하기 때문이다. 이것은 모든 무극성 분자에 해당된다.

그러면, **무극성** 분자란 정확히 무엇을 뜻할까?

무극성 분자는 양전하 쪽도, 음전하 쪽도 없다. 모든 전자가 분자 전체에 대칭적으로 퍼져 있다. 쿠키 전체에 초콜릿칩이 고르게 분배되어 있는 완벽한 초콜릿칩 쿠키와 마찬가지다. 한쪽에 초콜릿칩이 더 많이 있도록 쿠키를 반으로 나누는 것은 불가능하다. 무극성 분자도 마찬가지다. 전자들은 분자 전체에 고르게 분배된다.

하지만 무극성 분자에서 정말로 멋진 점은 이거다. 이들은 아주 잠깐 동안 극성 분자가 될 수 있지만, 그다음에 곧장 원래대로 돌아간다. 내가 스티커 사진기 앞에서 잠깐 동안 가장을 하다가 우스꽝스러운 모자와 안경을 벗고 보통의 나로 되돌아올 수 있는 것과 같다.

그러면 분자는 어떻게 전자가 한쪽으로 몰리게 '가장'할 수 있을까? 음, 크기에 상관없이 모든 원자와 분자는 전자들이 원자 안에서 불균형하게 몰리는 순간이 있다. 예를 들어 질소 분자(N_2)는 2개의 질소 원자 간에 공유하는 전자 14개가 있다. 여기서 아주 잠깐 동안 6개의 전자가 분자 왼쪽으로 가고 8개의 전자는 분자 오른쪽으로 가는 순간이 있을 수 있다. 그 순간 질소 분자는 분자 왼쪽에 아주 작은 부분 양전하를 갖고 분자 오른쪽에 부분 음전하를 띤다.

나의 천둥구름 실험을 보면, 하나의 질소 분자(분자 A)가 다른 질소 분자(분자 B) 옆에 아주 가까이 위치한다. 8개의 전자가 갑자기 분자 A의 오른쪽에 나타나면, 분자 B의 전자들은 음전하를 느끼고 거기서 물러난다. 이것은 친구들과 유령의 집에 갔다가 갑자기 해골이 나타나는 것과 비슷하다. 당신은(그리고 당신 친구들은) 뒤로 펄쩍 뛰어서는 반대편으로 도망칠 것이다. 안 그런가? 분산력의 경우에도 그런 일이 일어난다. 하나의 분자에 순간적으로 생긴 불균형한 전하(또는 친구 여럿을 무섭게 만드는 해골 하나)가 분자 무리 전체에 전하의 도미노 효과를 일으킨다.

하지만 분자는 전자 간에 가장 먼 거리를 찾는다는 지속적인 임무를 달성하기 위해서 가능한 한 전자들을 재배치하려고 한다. 그 효과는 1초도 가지 않고, 다시 전체적으로 도미노 효과가 일어난다. 전자의 이런 연속적인 효과는 아주 흔하고, 그래서 무극성 분자가 대기 중으로 흘러가는 대신 무리 지어 한데 있을 수 있는 것이다. 이런 상호작용이 없으면 각각의 액체 질소 분자들은 이웃한 분자로부터 떨어져서 기화하고 그다음에 외우주로 흘러가 버려서 결국 나의 거대한 실험을 망칠 것이다.

분자 간의 이 인력은 아주 흔해서(그리고 중요해서) 따로 자신만의 이름도 생겼다. 바로 분자간력IMF, intermolecular force이다. 수소결합, 이중극자-이중극자 힘, 그리고 분산력은 전부 다 IMF의 일종이다. 이 인력이 분자 사이에서 형성되면 기체가 액체로, 액체가 고체로 변화할 수 있다. 반대로 이 인력이 깨지면 고체는 액체로, 액체는 기체로 변할 수 있는 것이다.

천둥구름 실험에서 물이 얼 때는 물 분자 간에 수소결합을 형성하는 것이고 질소가 기화할 때에는 질소 분자 간의 분산력을 깨뜨리는 것이다. 이 두 가지 물리적 변화는 (좁은 공간에서) 굉장히 빠르게 일어나서 3층 높이에 이르는 화려한 구름을 만들 수 있다.

당신도 눈치챘는지 모르겠지만 나는 상변화와 IMF가 굉장히 매혹적이라고 생각한다. 분자 간 거리와 그것에 관련된 IMF가 물질이 어떤 상을 갖게 할지를 결정하는 방법에 관해 며칠씩 글을 쓸 수도 있다. 하지만 아마 당신은 이제 다음으로 넘어가고 싶을 것이다. 그러니까 뭔가를 좀 폭발시켜 보는 건 어떨까?

4. 결합은 깨지게 마련이다 ·°◦ 화학반응

지금까지 원자와 분자, 상변화에 대해서 알아보았다. 물이 2개의 수소 원자와 1개의 산소 원자로 만들어지고, 고체(얼음), 액체(수도꼭지에서 나오는 것), 기체(수증기)가 될 수 있다는 사실도 알았다. 하지만 다른 분자, 완전히 다른 분자가 다가와서 H_2O를 만드는 수소와 산소 사이의 결합이 깨지면 어떤 일이 벌어질까? 원자들이 재배열되어 새로운 분자를 형성할까? 새로운 분자가 만들어지면 이 반응을 역전시켜서 원래의 분자들을 되살릴 수 있을까? 아니면 〈백 투 더 퓨처〉의 마티 맥플라이의 경우처럼 사소한 변화 하나가 모든 걸 바꿔놓을까?

이런 질문들은 화학에서 내가 아주 좋아하는 부분이다. 이 답이 화학반응의 근간이기 때문이다.

반응으로 넘어가기 전에 당신이 알아야 하는 개념이 두 가지 있다. 첫 번째는 화학반응식과 화학반응의 차이다. 이 둘을 헷갈리는 것은 과학자들에게 칠판을 못으로 긁는 소리 같다. 당신의 대학 교수에게도 그렇고(에헴).

다행히, 차이는 굉장히 간단하다.

화학반응은 실험실에서 일어나는 것이다.

화학반응식은 종이에 써놓은 것이다.

실험실에서 나는 2개의 화학물질을 플라스크 안에서 섞어서 화학반응을 일으킬 수 있다. 나는 대체로 실험복을 입고 화학반응의 각 단계를 신중하게 관찰한다. 이 과정에서 반응은 색깔이 변하거나 심지어는 상이 변하는 것(예컨대 고체에서 액체로)일 수 있다. 분자 차원에서 어떤 일이 일어나기 때문이다.

원자들이 재배열되는 것이다.

반면 어떤 화학물질이 사용되었고 각각 얼마나 사용되었는지를 강조해서 그저 실험을 기록하길 원한다면 나는 이것을 화학반응식이라는 것으로 표현할 수 있다. 화학반응식은 세 부분으로 이루어진다. (1) 반응물질 쪽, (2) 화살표, (3) 생성물질 쪽이다. 반응물질은 항상 화살표 왼쪽에 있고 생성물질은 항상 화살표 오른쪽에 있다. 일반적인 화학반응식은 이렇게 생겼다.

$$\text{반응물질} \to \text{생성물질}$$

또는 이런 식이다.

$$A + B + C \to D$$

A, B, C, D는 물이나 이산화탄소처럼 각기 다른 분자를 의미한다. 하지만 좀 더 흥미로운 것, 말하자면 디저트 같은 것으로 치환해서 생각해 보자. 내 화학반응이 케이크를 만드는 과정이라면, 반응물질은 내가 케이크를 만드는 데 필요한 모든 화학물질(또는 재료)일 것이다. 그래서 내 화학반

응식에서는 모든 재료(예를 들어 밀가루, 설탕, 달걀)가 식의 왼쪽에 위치한다. 생성물질은 화학반응에서 만들어지는 모든 화학물질, 즉 케이크다! 그러므로 케이크를 만드는 화학반응식은 대략 이렇게 될 것이다.

$$밀가루 + 달걀 + 설탕 → 케이크$$

위에 쓴 것 같은 화학반응식은 케이크 만드는 법이 밀가루 부분, 달걀 부분, 설탕 부분으로 이루어진다는 것을 가리킨다. 아니면 밀가루 한 컵, 달걀 1개, 설탕 한 컵일 수도 있다. 당신이 빵을 만들 줄 안다면 아마 끔찍한 조리법이라고 비명을 지르고 있을지도 모르겠다. 왜냐하면 이것은 전통적인 케이크로서는 끔찍한 비율이고, 이 화학반응식은 형편없는 맛이 나는 생성물을 만들 것이기 때문이다.

화학반응식에서 화학물질의 비율이 틀렸다면 그 식이 불균형하다고 말한다. 식이 불균형하다는 것은 우리가 형편없는 조리법을 갖고 있으며, 따라서 끔찍한 생성물질이 나올 거라는 사실을 의미한다. 화학에서 불균형한 반응식은 쓸모가 없다. 이런 상황에서는 화학반응식의 균형을 맞춰야 한다. 그러려면 반응식에 계수를 넣어야 한다. 이 계수들은 화학반응식의 분자 앞에 넣어서 생성물질을 만드는 데 필요한 적절한 비율을 알려준다. 케이크를 만들기 위해서 밀가루 세 컵, 달걀 4개, 설탕 한 컵이 필요하다면, 우리의 화학반응식이 이 양을 알려줄 수 있도록 고친다.

$$3밀가루 + 4달걀 + 설탕 → 케이크$$

화학반응식에서 숫자 1은 쓰지 않는다는 점을 유념하라. 모든 계수 1은 암시만 할 뿐 어떤 화학반응식에도 넣지 않는다.

반응물질인 코코아 파우더만 하나 더 넣음으로써 간단하게 초콜릿 케이크를 만드는 조리법으로 바꿀 수도 있다.

3밀가루 + 4달걀 + 설탕 + 코코아 파우더 → 초콜릿 케이크

이 반응식 역시 균형이 맞지 않는다. 코코아 파우더가 굉장히 쓰기 때문이다. 그 말은 필요한 설탕의 양을 조절해야 한다는 뜻이다. 그래서 그 부분을 고쳐서 반응식의 균형을 맞춘다. 새로운 조리법은 이렇게 될 것이다.

3밀가루 + 4달걀 + 2설탕 + 코코아 파우더 → 초콜릿 케이크

초콜릿 케이크 조리법을 간단히 고쳐서 브라우니나 초콜릿 쿠키를 만들 수도 있다. 왜냐하면 밀가루, 달걀, 설탕은 수많은 디저트의 주요 구성 요소이기 때문이다. 원자와 분자가 화학의 주요 구성 요소인 것처럼 말이다.

우리의 보편적 반응식으로 다시 돌아가 보자.

$$3A + 4B + C → D$$

이 화학반응식은 귀중한 정보로 가득하다. 이것은 나에게 정확히 하나의 생성물질 D를 만들기 위해 따라야 할 절차, 또는 조리법을 알려준다. 그리고 내가 오로지 D를 1개만 만들고 싶다면, A 세 조각, B 네 조각, C 한 조각을 플라스크에 넣을 것이다. 그것을 몇 시간 동안 흔들거나, 아마도 열을 좀 가하면 결국에 D 한 조각이 형성된다.

하지만 D '한 조각'이라는 게 무슨 뜻일까? 한 컵? 1그램? 1킬로그램?

실제로는 1몰^{mole}이다.

모든 것에 화학이 있다

몰이 도대체 뭐냐고 생각할지도 모르겠다. 화학에서 몰은 털이 복슬복슬한 귀여운 동물도, 맛있는 초콜릿 소스도 아니다. 이것은 얼마나 많은 분자들이 반응하고 있는지 알 수 있게 해주는 아주 특정한 숫자다. 여기서 당신이 화학반응을 이해하기 위해 알아야 하는 두 번째 개념이 나온다. 바로 몰이 무엇인지, 그리고 왜 중요한지다.

몰이라는 개념은 1811년에 이탈리아 과학자인 아메데오 아보가드로가 처음 제안했다. 하지만 처음 '몰'이라는 단어를 쓴 사람은 독일의 화학자 빌헬름 오스트발트Wilhelm Ostwald이다. 'mole'은 독일어 'Molekül'을 줄인 말이다.

아보가드로는 몰이라는 단어를 쓰지 않고서, 두 종류의 기체가 똑같은 온도, 압력, 부피를 가졌다면 둘은 정확히 똑같은 개수의 분자를 갖고 있을 거라고 주장했다. 세 가지 조건이 **맞다면** 기체의 종류는 아무 상관이 없다.

예를 들어 교실에 산소 기체가 든 풍선과 질소 기체가 든 풍선이 있다고 해보자. 둘 다 같은 온도이고, 크기도 정확하게 똑같다. 풍선의 부피가 변하지 않으니까 이는 풍선 안의 압력이 풍선 바깥의 압력과 똑같다는 뜻이다. 두 풍선의 압력이 똑같다는 뜻이기도 하다. 풍선의 온도, 부피, 압력이 동일하다면 풍선 안에 정확히 같은 수의 분자가 있을 거라고 아보가드로는 주장했다. 다시 말해서 질소 풍선에 산소 풍선과 똑같은 개수의 분자가 들어 있다는 것이다. 유일한 차이는 각 풍선에 들어 있는 분자의 종류뿐이다.

오스트리아 화학자 요제프 로슈미트Josef Loschmidt는 1865년에 수밀도 방정식, 또는 주어진 부피 안에 있는 분자 개수를 계산하는 법을 제시하며 기체상 표본에 든 분자의 개수를 나타내는 방법을 찾았다. 로슈미트는 아보가드로가 1800년대 초반에 처음 제안한 모든 것을 뒷받침하는 아주 특별한 상수를 발견했다. 그렇게 해서, 1909년 프랑스 물리학자 장 페랭Jean Perrin은 로슈미트의 '마법'의 수를 이용해 표본의 질량을 분자와 관련된 숫자로 바꾸었고, 여기에 이 주제와 관련해 처음 작업했던 아메데오 아보가드로를 기리는 의미로 '아보가드로수'라는 이름을 붙였다.

나는 로슈미트가 이 유명한 숫자에 붙은 이름을 보고 무시당했다는 기분을 느꼈을지 어땠을지 항상 궁금했다. 어쨌든 페랭은 6.022×10^{23}을 아보가드로수로 규정했고, 이는 32g의 이원자 산소 표본에 들어 있는 분자의 정확한 개수를 의미한다.

페랭의 발견은 당시로서는 어마어마한 일이었다. 하지만 2019년에 몰은 재정의되었다. 국제 순수 응용 화학 연합은 몇 가지 기본 단위들에 좀 더 간단한 정의를 도입하고 싶어 했다. 따라서 몰의 새로운 정의를 제안했고, 이것은 쉽게 받아들여졌다. 더 이상 원자의 개수를 탄소나 산소 같은 특정 표본과 비교할 필요가 없어졌기 때문이다.

새로운 정의에서 몰은 정확히 6.022×10^{23}개의 개체를 가진 표본이라고 규정된다. 화학 교수로서 나는 이 새로운 정의를 듣고 춤을 추다시피 했다. 우리 학생들에게 아보가드로와 로슈미트, 페랭에 관한 역사 전체를 외우게 하는 대신 몰이 그냥 특정 숫자라고 가르치는 게 **훨씬** 쉽기 때문이다.

새로운 정의에서 몰이라는 용어는 6.022×10^{23}이라는 숫자를 가리킨다. 그게 끝이다. 그냥 숫자일 뿐이다. 한 다스가 12를 뜻하고, 한 세기가 100을 의미하고, 1그로스는 144를 의미하는 것처럼 말이다. 몰은 6.022×10^{23}이다.

앞 장에서 우리가 볼 수 있는 세계(거시적)와 우리가 볼 수 없는 세계(미시적)에 관해 했던 이야기를 기억하는가? 몰은 그 틈을 채워준다. 우리는 거시적 세계의 질량을 미시적 세계의 분자 개수로 바꿀 때 몰을 사용한다.

나 같은 과학자들이 케이크를 만들거나 폭발을 일으키기에 앞서, 주어진 표본에서 분자의 개수를 결정해야 할 때 몰이 등장한다.

화학에서 몰은 엄청나게 크다. 참고할 만한 예를 제시하자면, 10^8

은 억이고 10^{12}은 조고 10^{16}은 경이다. 1몰의 실제 값은 6,022해垓, 또는 602,200,000,000,000,000,000,000이다.

602,200,000,000,000,000,000,000!

 몰은 그램이 아니다(티스푼이나 테이블스푼이나 파이도 아니다) ─────────

A 3몰, B 4몰, C 1몰이 A 3그램, B 4그램, C 1그램과 똑같은 게 아니라는 사실을 유념해야 한다. 몰은 그런 식으로 계산되지 않는다. 주기율표에서 원자량을 기억하는가? 원자량은 양성자와 중성자의 평균 개수를 알려줄 뿐만 아니라 1몰에 각 원소들이 몇 그램 존재하는지도 알려준다.

코발트를 예로 들어보자. 이 책 뒤쪽에 있는 주기율표를 보면 코발트(Co) 1몰에 58.93g의 코발트가 들어 있다는 사실을 알 수 있다. 그러니까 내 화학반응식에 코발트 3몰이 필요하다면, 실험실에서 176.79g(58.93 × 3 = 176.79)의 코발트를 측정해야 한다. 반응에 코발트를 3g만 넣으면 시작 물질이 173.79g이나 모자란 셈이라 반응이 잘 되지 않을 것이다.

우리는 화학반응에 필요한 원자의 완벽한 비율을 확보하기 위해서 화학반응식에 몰을 사용한다. 안 그러면 생일 케이크를 만들려고 밀가루 여섯 양동이에 설탕 한 컵을 섞을 수도 있다. 이래선 절대 제대로 만들어질 리 없다.

───────

소아 전염병 전문가인 대니얼 듀렉Daniel Dulek은 몰에 관한 테드TED 교육 강연을 하면서 몰에 관해 내가 들어본 것 중에서 최고의 비유를 했다. 당신이 태어난 날에 1몰의 10원짜리 동전을 받았고 100살이 될 때까지 **매초** 100만 원씩 버린다고 해도, 100번째 생일에는 당신 돈의 99.99%가 여전히 남아 있을 것이다.

100년 동안 **매초** 100만 원씩 쓴다 해도 당신이 가진 돈을 겨우 0.01%밖에 쓸 수 없다.

믿을 수 있겠는가?

1몰은 어마어마하게 큰 숫자다.

하지만 원래의 주제로 돌아오면, 우리는 화학반응에 필요한 분자의 비

율을 알려주기 위해서 단위 몰을 사용한다. 몰수는 화학반응식에서 계수로
표시된다.

D 1몰을 생산하기 위해서 A 3몰, B 4몰, C 1몰이 필요하다고 가정하
면, 실제로는 D 분자 6.022×10^{23}개를 생성하는 데 A 분자 1.807×10^{24}개,
B 분자 2.409×10^{24}개, C 분자 6.022×10^{23}개가 필요하다는 뜻이다(기억
하라. 1몰이 분자 6.022×10^{23}개니까 A 3몰은 분자 1.807×10^{24}개 또는 $6.022 \times$
$10^{23} \times 3$개이다).

하지만 아래의 화학반응식에 이 정보를 전부 나타내는 쪽이 훨씬 더 쉽다.

$$3A + 4B + C \rightarrow D$$

화학에서 특수한 몰과 반응식에 관해 이해했다면, 이제 정말 재미있는
것을 할 차례다. 여러 종류의 화학반응을 알아보는 것이다.

전형적인 화학반응이란 에너지를 흡수하고 방출하는 것과 직접적으로
관련 있는 과정인 결합을 깨거나 잇는 것이다. 화학의 이 분야를 열역학이
라고 한다. 온열이나 냉방 기술과 관련되어 당신도 이전에 들어본 적이 있
을 것이다. 하지만 이 장의 목적을 위해서 당신이 알아야 하는 것은 열역학
이 화학반응의 에너지 흐름에 관한 내용이라는 것이다.

에너지의 흐름은 양성이거나 음성이다. 화학자들은 모든 결합을 깨는
데 필요한 총 에너지와 모든 결합이 형성될 때 방출하는 총 에너지를 보고
에너지의 흐름을 계산한다. 가장 쉽게 기억하는 법은 다음과 같다.

총 에너지 = 깨진 결합 - 형성된 결합

방출된 에너지보다 반응에 들어간 에너지가 더 많으면 반응의 총 에너

지는 양성이다. 이 개념을 좀 더 자세히 이해하기 위해서 말이 안 되는 숫자 몇 개를 넣어보자. (이 예를 위해 줄joules을 사용할 것이다. 줄은 가장 흔하게 쓰이는 에너지 단위 중 하나다. 화학에서 에너지 값의 범위에서는 대체로 측정 단위로 킬로줄kJ을 사용한다. 앞의 '킬로'는 1,000줄을 가리킨다.)

가령 우리가 이전 결합을 전부 깨뜨리는 데 500kJ의 에너지가 필요하고 새 분자를 형성할 때는 250kJ의 에너지를 방출한다고 해보자. 반응식은 다음과 같다.

$$총\ 에너지 = 500kJ - 250kJ$$
$$총\ 에너지 = +250kJ$$

총 에너지 전하는 양성, 또는 250kJ이다. 이 예에서는 새 결합을 형성할 때 방출하는 에너지보다 결합을 깰 때 필요한 에너지가 더 많다. 아마도 원래 분자의 결합이 새로 생긴 것보다 더 강했을 것이다. 반응물질(이전 결합)이 생성물질(새 결합)보다 더 안정적이거나 양성이기 때문에 에너지 변화는 **흡열**endothermic로 규정된다.

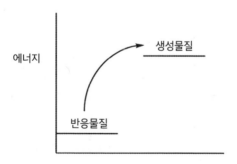

화학반응에서 결합을 깰 때면 언제나 에너지를 주입해야만 한다. 이 말은 결합을 깨는 과정이 항상 흡열반응이라는 뜻이다. 보통의 공유결합 A-B가 깨져서 원자 A와 원자 B를 만드는 아래의 반응식에서 이것이 어떻게 작용하는지 살펴보자.

$$A\text{-}B + 에너지 \rightarrow A + B$$

이것이 흡열반응이라는 것을 보여주기 위해서 '+에너지'라는 것을 덧붙였다.

이 화학반응은 어릴 때 하던 레드 로버Red Rover라는 게임과 똑같은 방식으로 이루어진다. 그 게임을 기억하는가? 한 팀은 나란히 손을 잡고 있고, 상대 팀의 한 명이 두 사람 사이로 달려가서 그들의 손을, 또는 결합을 끊어버리려고 한다. 그 두 사람(A와 B)은 게임을 하는 동안 서로의 손을 절대로 놓아서는 안 된다. 누군가가 충분한 에너지를 갖고 달려가서 A와 B가 잡은 손을 끊어버려야 한다. 이는 원자 A와 B 사이의 결합을 끊는 방식과 비슷하다. 우리는 원자들이 서로 떨어지게 만들 만한 일을 해야 한다. 결합이 저절로 깨지지는 않기 때문이다.

이 과정 전체를 이해하려면 위층으로 올라갈 때 어떤 일이 생기는지를 생각해 보라. 계단 맨 밑에서 맨 꼭대기까지 가려면 다리를 들어서 다음 계단으로 옮기기 위해 에너지를 써야 한다. 우리가 계단을 오르는 데 들이는 노력이 원자 A와 B 사이의 결합을 깨기 위해서 가해야 하는 열/에너지와 같다.

반응에 충분한 열(다시 말해 에너지)을 가하면 원자들이 떨어지게 만들 수 있다. 이것이 분해반응에서 생기는 일이다. 그리고 반응이 일어나게 만들기에 충분한 열과 그것을 다 태워버릴 정도의 열은 구분하기가 상당히 어렵다는 점을 유념하라. 내가 실험실에서 표본을, 그리고 집에서 쿠키를 얼마나 많이 태워먹었는지는 다 셀 수가 없을 정도다. 음식을 태울 때처럼 분해반응 역시 분자를 검게 만든다. 심지어 악취까지 난다.

수산화알루미늄 같은 분자들은 시스템에 충분한 열이 가해지면 정말로 빠르게 분해된다. 결합이 즉시 깨지고, 원자는 결과적으로 분리된다. 분해반응에서 수산화알루미늄은 굉장히 많은 열을 흡수해서 그 아래 있는 것을 보호해 준다. 그래서 이것은 대체로 내연성 물질의 충전재로 사용된다(열이 수산화알루미늄 층을 뚫지 못하기 때문에). 예상했겠지만 그 강력한 흡열성 때문에 나는 이 물질의 열혈 팬이다.

다른 분자들은 화합물 안의 결합을 깨기 위해서 더 많은 에너지를 요구할 수 있다. 예를 들어 산소 같은 분자가 UV 방사선 같은 고에너지와 상호작용을 하면 분자 안의 결합은 깨진다. UV 에너지는 굉장히 강해서 분자는 즉시 여러 개의 조각으로 나누어진다. 우리가 숨을 쉬는 산소 기체(이것을 이원자 산소, O_2라고 부른다)에서 일어날 때는 이중결합이 깨지고, 아래처럼 2개의 단원자 산소(O)가 방출된다.

$$O=O \rightarrow O + O$$

이러한 산소의 분해는 들어온 에너지를 분자가 흡수했을 경우에만 발생한다. 이것은 이중결합을 깨뜨리고 2개의 산소 원자가 더 높은 에너지 상태로 옮겨가게 만든다. 이 반응이 성층권에서 일어나면, 2개의 산소 원자는 상황에 대단히 불만족하고 곧바로 다시 이중결합을 형성하기 위해 움직인다. 몇 개의 단원자 원자는 심지어 세 번째 산소를 붙잡아 오존(O_3)을 생성한다. 원자들은 이웃한 원자와 결합을 만들기 위해서 그야말로 무슨 짓이든 다 할 것이다.

그러면, 이 과정은 어떻게 생기는 걸까? 결합을 만드는 화학적 원리는 무엇일까?

이 질문에 대답하기 위해서 아까의 말도 안 되는 숫자로 다시 돌아가 보자. 현재 있는 결합을 깨려면 +500kJ이 필요하다는 사실을 알지만, 반응이 새 분자를 형성할 때 750kJ의 에너지를 방출한다고 가정해 보자. 총 에너지 변화는 이번에는 -250kJ이고, 이는 이 화학반응에서 흡수되는 에너지보다 방출되는 에너지가 더 많다는 뜻이다.

총 에너지 = 깨진 결합 - 형성된 결합

총 에너지 = 500kJ - 750kJ

총 에너지 = -250kJ

새로운 결합이 원래의 결합보다 더 강하면 이 반응은 **발열**exothermic이다. 그리고 음 에너지 반응의 근사한 점은 이것이 종종 자발적으로 일어난다는 것이다.

고체 바륨 금속과 염소 기체 사이의 발열 화학반응을 보면 두 화학종이 어떻게 합쳐져서 새로운 결합을 형성하는지 알 수 있다. 이 경우에 바륨 금속은 염소 기체와 이온결합을 형성해 새로운 이온결합 분자인 염화바륨을 만든다. 이 화학반응은 아래의 화학반응식으로 표현할 수 있다.

$$Ba + Cl_2 \rightarrow BaCl_2$$

이 반응식이 그것을 직접적으로 보여주지는 않지만, 바륨과 염소 둘 다 서로 이온결합을 형성하면 더 낮은 에너지 상태가 된다는 내 말을 믿길 바란다. 결합이 형성되면 에너지는 방출된다. 반응물질이 생성물질보다 더 높은 에너지에 있기 때문이다.

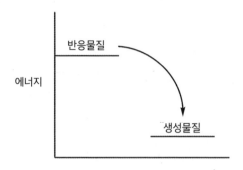

이것을 다음과 같은 화학반응식으로 표현할 수 있다.

$$Ba + Cl_2 \rightarrow BaCl_2 + 에너지$$

아니면 좀 더 보편적으로,

$$A + B \rightarrow A\text{-}B + 에너지$$

두 원자 사이에 결합이 형성되면 그 원자들 내의 에너지는 낮아진다. 자연은 항상 더 낮은 에너지 상태로 가려고 한다. 우리가 긴 하루를 보낸 끝에 윗몸일으키기를 하는 게 피곤한 것처럼, 원자도 화학반응에서 높은 에너지로 올라가는 걸 싫어한다. 화학에서 낮은 에너지는 좋은 것이다. 결과물인 분자가 원래의 원자들보다 훨씬 더 안정적이기 때문이다.

기억하라. 화학에서 안정적이라는 것은 분자가 다른 분자와 반응할 가능성이 더 낮아진다는 뜻이다. 더 중요한 것은 분자의 전자들이 각 원자의 핵에 있는 양성자 쪽으로 끌린다는 점이다. 전자와 양성자 사이의 이 강한 인력은 원자가전자가 더 '보호되고 있다'는 뜻이고, 그래서 **다른** 분자들과 반응하는 것이 더 어려워진다.

이것이 전체 에너지 변화가 음성일 때 벌어지는 일이다. 원자는 쉽게, 기꺼이 더 낮은 에너지 상태로 가기 위해 재배열된다. 즉 생성물질이 반응물질보다 더 안정적이다. 분해반응과 반대인 분자 생성 반응에서 일어나는 상황이 바로 이것이다. 분자들이 비욘세와 댄서들이 대형을 만드는 것처럼 움직인다고 생각하면 된다. 분자 생성 반응은 2개의 원자나 분자가 합쳐져서 새로운 결합을 형성하는 것이다. 비욘세와 댄서들이 한 몸처럼 움직이는 것과 똑같다.

보편적인 발열반응은 분자 생성 반응의 전형적인 예이다. 반응물질 A가 반응물질 B와 상호작용을 해서 생성물질 A-B를 만든다. 반응이 일어나게 만들려면 A와 B 사이에 결합이 형성되어야 하고, 이는 두 화학종이 서로에게 끌려야 한다는 뜻이다. 분자 생성 반응은 2개의 원자, 2개의 분자, 혹은 1개의 원자와 1개의 분자 사이에서 일어날 수 있다.

A와 B 사이에 형성된 결합은 이온결합일 수도 있고 공유결합일 수도 있다. 대체로 이 반응은 새 분자가 원래의 반응물질보다 더 안정적이기 때문에 순반응이다. 실제로 이 새로운 결합이 덜 안정적인 경우에는 애초에 형성되지도 않는다. 이 상호작용은, 완벽한 커플이 따로 있을 때보다 함께 있을 때 더 낫다고 여겨지는 경우와 비슷하다. 각각의 파트너가 상대에게서 최상의 것을 끌어내기 때문에 각각이 상대방과 결합하고 있을 때 더 행복한 것이다. 분자 생성 반응에서 원자들 역시 서로 결합하고 있을 때 더 낫다.

철과 산소의 반응이 이런 완벽한 예이다. 고체 철이 다량의 산소에 노출되면 녹이 슨다. 이 반응에서 철과 산소는 분자 생성 반응을 해서 다음의 식에 나오는 것처럼 산화철을 형성한다.

모든 것에 화학이 있다

$$2Fe + \frac{3}{2}O_2 \rightarrow Fe_2O_3 + \text{에너지}$$

이것은 발열반응이고, 다시 말해 산화철은 철이나 산소 각각일 때보다 훨씬 더 안정적이다. 이것이 그렇게 쉽게 녹이 스는 이유 중 하나다. 철은 혼자 있는 것보다 산소와 결합하는 쪽을 더 선호하기 때문이다.

화학에서 두 가지 기본 반응인 생성반응과 분해반응은 비교적 단순한 반응이다. 분해반응에서는 에너지를 주입해서 결합을 깨뜨리고, 생성반응에서는 새로운 결합이 만들어지면서 에너지가 방출된다. 하지만 불행한 사실은 대부분의 화학반응이 그렇게 단순하지 않다는 점이다. 대체로 여러 개의 결합이 깨진 다음에 여러 개의 결합이 형성된다. 이 말은 반응물질에서 꼭 깨뜨려야 하는 결합을 깨고 원자를 재배열해서, 생성물질의 새로운 결합을 형성하는 데 필요한 에너지가 충분히 공급되어야 한다는 뜻이다.

예를 들어 2개의 분자 A-B와 C-D를 가정해 보자. 아래의 화학반응식에서 A와 C는 양이온이고 B와 D는 음이온이다.

$$A\text{-}B + C\text{-}D \rightarrow A\text{-}D + B\text{-}C$$

이 반응이 진행되려면 내 플라스크에 A와 B 사이의 결합, **그리고** C와 D 사이의 결합을 깨뜨릴 만큼의 열을 가해야 한다. 이렇게 하자마자 원자들이 재배열되어 A와 D, **그리고** B와 C 사이에 새로운 결합을 형성한다(기억하라. A와 C는 둘 다 양전하를 띠기 때문에 서로 반발한다. B와 D의 경우도 마찬가지로, 둘 다 음전하를 띠고 있다).

왜 원래의 파트너에게 돌아가지 않고 A와 D, B와 C가 새로운 분자를 형성하기로 한 건지 의아할 수도 있다. 답은 간단하다. 새 결합이 더 선호되기 때문이다. A와 D 사이에는 A와 B 사이에서보다 더욱 강한 인력이 존재한다.

라이언 레이놀즈와 블레이크 라이블리가 어떻게 만났는지 들은 적 있는가? 이 이야기를 하는 이유가 있다. 정말이다.

라이언과 블레이크는 2대2 소개팅으로 만났지만, 원래는 다른 사람과 짝이었다. 라이언은 다른 여자와, 블레이크는 다른 남자와 만날 예정이었다는 뜻이다. 당연하게도 둘은 원래의 상대에게 별로 끌리지 않았고, 말하자면 아래 반응식처럼 탁자 맞은편에서 서로 사랑에 빠졌다.

라이언-여자 + 블레이크-남자 → 라이언-블레이크 + 여자-남자

그들의 불편한 소개팅은 화학반응에서 흔히 일어나는 이중 치환과 거의 같다. 반응물질 쪽에서 2개의 결합이 깨지고, 생성물질 쪽에서 2개의 결합이 형성된다. 새로운 결합은 원래의 결합보다 훨씬 강하다. 라이언과 블레이크의 아주 사랑스러운 결혼 생활이 증명하듯 이제 원자 사이에 더 강한 인력이 존재하기 때문이다.

만약 이 커플이 깨지면 나는 엄청나게 괴로울 것이다. 그들의 이야기는 이중 치환 반응에 대한 **완벽한** 비유이기 때문이다. 일단 지금은 그들의 관계가 탄탄하고 그들이 정말로 이상적인 결혼 생활을 하고 있다고 가정할 생각이다.

라이언과 블레이크가 이중 치환 반응을 표현한다면, 〈섹스 앤 더 시티〉의 캐리와 빅은 연소 반응이다. 그들의 만났다 헤어졌다 하는 관계는 고반응성에, 폭발적이고, 대체로 굉장히 강한 열기(와 에너지)로 둘러싸여 있다. 간단히 설명하기 위해서, 내가 좋아하는 반응 중 하나인 수소의 연소 반응으로 분석해 보겠다(내가 뭔가를 폭발시킬 거라고 이미 말했던 것 같은데. 안 그런가?).

모든 것에 화학이 있다

이 화학반응에서 수소와 산소 기체는 다음처럼 반응해서 물을 형성한다.

$$H_2 + O_2 \rightarrow H_2O + 에너지$$

하지만 이 화학반응식에는 중대한 문제가 있다. 반응물질 쪽에 산소 원자가 2개 있고 생성물질 쪽에는 산소 원자가 1개뿐이다. 이 말은 이 장 앞쪽에서 내가 설명했던 것처럼 이 화학반응식이 균형이 맞지 않다는 것이다. 그러니까 반응에서 원자의 개수가 똑같이 유지되도록 계수를 더해 균형을 맞춰야 한다. 균형을 맞춘 화학반응식은 이런 모습이다.

$$2H_2 + O_2 \rightarrow 2H_2O$$

이제 왼쪽에는 수소 원자가 4개 있고(각 수소 분자당 2개), 오른쪽에도 수소 원자가 4개 있다(각 물 분자당 2개). 또한 왼쪽에 산소 원자가 2개 있고(산소 분자에 2개), 오른쪽에도 산소 원자가 2개 있다(각 물 분자당 1개).

매번 내가 수소 풍선에 불을 붙이면 기체에 불이 붙으면서 커다란 펑 소리가 난다. 이 폭발음을 들을 때 우리는 수소와 산소 원자들이 2개의 새로운 물 분자로 재배열된 결과를 듣는 것이다. 이 반응은 미시적인 규모로 일어나기 때문에 생성된 물 분자를 실제로 느낄 수는 없다.

미시적인 측면에서 이는 물 2몰을 생성하는 데 수소 2몰과 산소 1몰이 필요하다는 뜻이다(혹은 1.204×10^{24}개의 수소 분자와 6.022×10^{23}의 산소 분자가 반응해서 1.204×10^{24}개의 물 분자를 형성한다). 이 화학반응이 일어나려면 모든 수소-수소결합과 산소-산소 결합이 깨져야 한다. 그래야 수소와 산소 사이에 새로운 결합이 만들어질 수 있기 때문이다.

이것을 단순하게 하기 위해, 계수를 쓰지 않고 화학반응식을 한번 보자.

이 화학반응식은 여전히 정확하지만, 일반적인 방식은 아니다.

$$H_2 + H_2 + O_2 \rightarrow H_2O + H_2O$$

여기서 우리는 2개의 새 분자를 형성하기 위해서 깨뜨려야 하는 분자가 3개 있음을 알 수 있지만, 분자 안의 결합을 보는 것은 여전히 어렵다. 그래서 화학반응식을 우리에게 좀 더 유용한 방식으로 바꿔 쓸 수 있다.

$$\text{H-H} + \text{H-H} + \text{O=O} \rightarrow \text{H-O-H} + \text{H-O-H}$$

이 버전의 화학반응식을 통해 반응에 있는 모든 원자들 사이에서 생기는 결합에 관해 더 잘 이해할 수 있다. 결합을 만들거나 깨뜨리는 데 필요한 에너지인 결합 에너지 표를 이용하면(교과서를 포함해 많은 화학책에 들어 있다) 실제로 이것이 발열반응일지 흡열반응일지 예측할 수 있다. H-H와 O=O, 그리고 H-O의 평균 결합 에너지는 각각 432, 495, 467kJ이다. 이것을 우리의 반응식에 집어넣으면 수소의 연소 반응의 에너지 변화가 양성인지 음성인지 결정할 수 있다.

총 에너지 = 깨진 결합 - 형성된 결합

총 에너지 = [H-H + H-H + O=O] - [H-O-H + H-O-H]

깨진 결합 형성된 결합

물에는 똑같은 수소-산소 결합이 2개 있기 때문에 형성된 결합 쪽의 반응식은 이렇게 고쳐 쓸 수 있다.

$$총 에너지 = [H\text{-}H + H\text{-}H + O\text{=}O] - [H\text{-}O + H\text{-}O + H\text{-}O + H\text{-}O]$$

수소-수소 결합 2개와 수소-산소 결합이 4개 있다는 것은 이 반응식을 이렇게 단순화할 수 있다는 뜻이다.

$$총 에너지 = [2(H\text{-}H) + O\text{=}O] - [4(H\text{-}O)]$$

앞에서 알려준 결합 에너지를 이용하면 마침내 수소의 연소 반응에 관한 총 에너지 변화가 음성임을 알 수 있다.

$$총 에너지 = [2(432) + (495)] - [4(467)]$$
$$총 에너지 = -509kJ$$

이는 이 반응식이 발열반응이고, 반응물질이 생성물질보다 더 높은 에너지를 가졌다는 뜻이다.

하지만 그것이 우리에게 실제로 무엇을 말해주는 걸까? 이 숫자가 첫 번째로 의미하는 바는 이 반응이 자발적이라는 사실일 것이다(즉 혼자서도 일어날 수 있다). 대부분의 사람들이 수소가 폭발성을 가졌고 빠르게 연소된다는 사실을 알고 있으니 이는 그리 놀랄 일이 아니다.

이 숫자에서 우리가 알 수 있는 두 번째 사실은 반응이 뜨거울 거라는 점이다. 발열반응은 **언제나** 뜨겁다. 발열반응은 열의 형태로 에너지를 방출하고, 우리가 그 반응에 너무 가까이 있으면 물리적으로 그것을 느낄 수 있다.

과학자들이 반응으로부터 이동하는 연관 에너지를 제대로 예측하면 손난로 같은 근사한 기술을 만드는 데 화학반응을 이용할 수도 있기 때문에 이는 대단히 중요하다. 내 남편은 최근 11월 중순에 둘이서 세쿼이아 국립공원을 여행할 때 손난로 가져오는 걸 잊지 않아서 나에게 엄청나게 점수를 땄다. 아침 하이킹은 정말 얼어 죽을 지경이었고, 난 그 '화학적 주머니 난로'에 완전히 중독되었다.

전에 손난로를 써본 적이 없다면, 검은 가루가 가득 든 조그만 티백을 떠올려 보라. 철로 만들어진 이 가루가 공기 중의 산소에 노출되면 몇 시간 동안 열을 방출해서 근사하게도 내 손을 따뜻하게 유지해 준다. 하지만 정말로 근사한 점은, 집에서 작은 방들을 데울 때나 열대어를 새로운 장소로 옮기는 동안 따스하게 유지하는 데도 이와 똑같은 과학적 원리가 이용된다는 것이다. 하나의 화학반응이 온갖 종류의 창의적 방법으로 사용될 수 있다.

반대로 흡열반응은 만지면 차갑다. 예를 들어 당신이 목이 아플 때 어머니가 소금물로 가글을 하게 한 적이 있었나? 우리 엄마는 그랬다, 언제나. 물에 소금을 녹여서 소금물 용액을 만든 다음 최소한 1분 동안 젓는다. 그런 다음 소금물로 목의 통증을 모조리 씻어낸다. 하지만 내가 이상하게 생각한 건 소금물이 **항상** 차갑다는 사실이었다. 매번 물에 소금을 타고서 소금 용액을 휘저을 때마다 물의 온도는 떨어졌다. 언제나 이런 일이 벌어졌다. 한번 직접 시도해 보라!

대부분의 소금이 물에 들어가면 흡열반응이 일어난다. 그 결과물인 용액은 원래의 액체 물보다 더 차가워진다. 이것은 모든 흡열반응의 한 가지 공통점이다.

순간 냉각팩을 써본 적이 있다면 아마 당신은 인생의 어느 시점에서 이 과학적 원리에 고마워했을 것이다. 순간 냉각팩에는 2개의 봉투가 들어 있다. 첫 번째 봉투에는 질산암모늄 같은 염이 들어 있고, 두 번째 봉투에는 그냥 물이 들어 있다. 질산암모늄은 물에 녹을 때 강한 흡열반응(냉각)을 일으키기 때문에 이런 종류의 팩에 종종 사용된다.

축구장에서 의료적 도움이 필요할 때면 코치 선생님은 언제나 순간 냉각팩을 집어 들고 즉시 주먹으로 두드렸다. 나는 나이를 더 먹은 뒤에야 그냥 꽉 쥐기만 해도 냉각팩이 활성화된다는 사실을 알게 되었다. 두 가지 방법 모두 냉각팩 안에 있는 2개의 주머니를 터지게 해서 두 물질이 상호작용하도록 만든다. 염이 물에 닿자마자 빠르게, 그리고 차갑게 녹기 시작하면서 다친 선수의 고통을 즉각적으로 경감시킨다.

손난로와 순간 냉각팩은 야외용 구급함에서 종종 찾을 수 있는 귀중한 물품 두 가지다. 기본적인 두 가지 화학반응으로 우리가 이렇게 강력한 인명 구조 용품을 만들어 낼 수 있었다는 사실이 참으로 굉장하다.

축하한다! 이제 당신은 일반화학의 6주짜리 입문 수업에서 내가 가르치는 모든 것을 **거의** 다 배웠다. 당신은 나에게 원자의 구조와 원자 간 결합이 어떻게 형성되는지 말해줄 수 있을 것이다. 또 이온결합과 공유결합을 구분할 수 있고, 분자 간 결합이 어떻게 형성되는지도 설명할 수 있다. 물리적, 화학적 변화를 비교할 수도 있을 것이다. 그리고 마지막으로, 화학반응이 일어날 때 에너지 변화를 설명하고, 흡열반응과 발열반응의 차이를 간단히 이야기할 수도 있다.

이제 화학의 기초를 끝냈으니까 이 책의 두 번째 파트를 시작할까 한다. 화학의 기반을 충분히 쌓았으니 우리는 이제 아침 식사에 숨어 있는 과학이나 당신이 샴푸를 사용할 때 **실제로** 무슨 일이 일어나는지 같은 훨씬 더 재미있는 주제를 이야기할 수 있다. 화학은 당신 주위에서 일상적으로 일어나고 있으며, 화학이 어디에 있고 당신이 그걸 얼마나 자주 사용하는지 알면 아마도 감탄할 것이다. 그러니까 이제 앞치마를 챙겨라. 우리는 곧장 부엌으로 향할 것이다!

* 2부 *

여기, 저기,
모든 곳에 있는 화학

5. 아침에 일어나는 게 좋은 이유   ✲⁂✦ 아침 식사

화학의 기초 원리를 다 익혔으니, 조금 바쁘긴 해도 이제 당신을 데리고 전형적인 하루를 살펴볼까 한다. 그러는 동안 나는 과학적인 부분을 지적하면서 내가 아주 좋아하는 현실 세계의 사례를 알려줄 것이다. 하지만 기억하라. 앞의 네 장에 나왔던 단어나 개념을 재빨리 떠올릴 필요가 있다면, 기억을 자극하기 위해서 책 뒤쪽의 '용어 설명'을 이용하라. 자, 말을 해뒀으니 이제 제일 처음부터 시작하자. 바로 아침 식사다.

    아침에 일어나서 커피를 마시기 전까지 짜증만 난다는 사람들에 대해 들은 적이 있는가? 어쩌면 그게 당신일 수도 있겠다. 아니면 당신의 직장 상사가 아침에 에스프레소를 마시고 나면 훨씬 더 상냥해진다는 걸 알아챘을지도 모르겠다. 커피가 우리 기분에 영향을 미친다는 확실한 증거가 있다. 이것은 대체로 사람들이 카페인 분자에 쉽게 의존하게 되고, 몸이 적극적으로 카페인을 더 원하면서 짜증을 느끼게 되기 때문이다. 여기에 대해서 안 좋게 여길 건 없다. 나도 그러니까. 매일. 아침. 항상.

흔히 카페인이라고 불리는 트리메틸크산틴은 쓴맛을 가진 무향의 하얀 가루다. 커피콩과 찻잎에 자연적으로 존재하기 때문에 가루 형태로는 거의 볼 일이 없다. 카페인은 섭취하면 향정신성 약물(니코틴이나 모르핀처럼)로 작동하는데, 이는 뇌가 작동하는 방식에 간섭해서 당신의 행동에 영향을 미친다는 의미다. 어떤 향정신성 약물은 기분만을 바꾸지만, 강력한 약물들은 실제로 의식에 영향을 미친다. 모든 면을 고려할 때 카페인의 약효는 경미한 편이다. 중추신경계(척수와 뇌가 포함된 부분)에 약간의 영향만을 미치기 때문이다.

그러면 이 모든 것이 어떻게 작동할까? 카페인이 몸에 들어가면 어떤 일이 생길까? 어떻게 단순한 분자 하나가 우리에게 이렇게 많은 '에너지'를 줄 수 있을까? 그리고 왜 이것이 사람들이 활동하는 방식에 영향을 미칠까?

우선, 카페인은 $C_8H_{10}N_4O_2$라는 분자식을 갖고 있고 퓨린이라는 작용기functional group를 가졌다. 이 말은 이 분자가 육원자 고리에 오원자 고리가 합쳐진 것이고, 각 고리에 2개의 질소 원자가 들어 있다는 뜻이다(내가 오원자 고리라고 하면 이것은 5개의 원자가 일렬로 결합한 것이 아니라 고리 모양으로 합쳐져 있다는 뜻이다. 마찬가지로 육원자 고리는 6개의 원자가 고리 모양으로 결합된 것이다).

분자 구조는 대단히 중요하다. 이 구조 때문에 카페인이 당신 뇌의 특정 수용체와 결합할 수 있는 것이다. 이 수용체는 대체로 우리 몸에 자연적으로 존재하는 아데노신이라는 분자와 결합하려 한다. 하지만 수용체가 혼란을 일으켜서 실수로 대신 카페인과 결합하는데 이는 인체에 문제가 된다. 아데노신은 인간의 생명에 필수적인 더 큰 분자(RNA)를 생산하는 데 사용되기 때문이다. 다행히 카페인과 형성된 결합은 수명이 짧아서 아데노신이 자기 임무를 하는 것을 영구적으로 막지는 않는다.

대체로, 아데노신이 우리 뇌에서 수용체와 상호작용을 하면 졸리거나

모든 것에 화학이 있다

나른해진다. 그러므로 아데노신이 뇌의 수용체와 결합하지 못하는 경우, 즉 카페인이 투입될 경우 나른해지는 걸 막을 수 있다. 이 말은 카페인이 실제로 '에너지를 주는' 게 아니라 그저 다른 분자가 당신을 졸리게 만드는 것을 막는다는 의미다.

나이트클럽의 경비원처럼 말이다. 물론 당신의 뇌에서.

시간이 지나면 사람들은 카페인 중독을 일으킬 수 있다. 하루에 카페인을 1~1.5g씩 정기적으로 섭취해서 아데노신 수용체를 혹사할 경우에 생기는 상태이다. 이런 사람들은 대체로 알아보기가 쉽다. 종종 짜증을 내고, 초조해하고, 자주 두통을 느끼기 때문이다. 하루에 카페인을 10g(또는 10,000mg) 이상 섭취하면 실제로 카페인 과다 섭취가 된다. 하지만 24시간 동안 몸에 그 정도로 많은 카페인을 축적하려면 굉장한 의식적인 노력이 필요하다. 이것은 커피 50잔이나 다이어트콜라 200캔에 필적하는 양이기 때문이다.

커피와 차는 탄산음료보다 훨씬 더 강력한 카페인 공급원이다. 커피 한 잔으로 약 100mg의 카페인을 섭취하게 되지만, 알맞은 커피콩과 기술이 있으면 175mg까지 올라갈 수도 있다. 만약 당신이 전에 대단찮게 생각하고 있었다면 말이지만, 커피콩(그리고 커피)을 만드는 과정 전체는 굉장히 매혹적이다. 예를 들어 에스프레소 머신과 퍼컬레이터는 마일드 로스트 빈에서 더 많은 카페인을 뽑아내지만, 드립법은 다크 로스트 빈에서 트리메틸크산틴을 추출하는 최상의 방법이다. 하지만 마일드 로스트도, 다크 로스트도 커피 한 잔에 대체로 같은 수의 카페인 분자가 들어 있다(에스프레소는 제외).

왜 그런지 알아내기 위해서 로스팅 과정을 살펴보자. 커피콩이 처음에 열을 받으면 우리가 흡열반응이라고 부르는 것을 통해 에너지를 흡수한다. 하지만 175℃ 정도에서 이 과정이 갑자기 발열반응으로 바뀐다. 이는 커피콩이 너무 많은 열을 흡수해서 이제 로스팅 기계의 공기 속으로 열을 방출하게 된다는 뜻이다. 이렇게 되면 콩을 과하게 로스팅하지 않기 위해서(이러면 가끔 탄 맛 나는 커피가 된다) 기계의 세팅을 바꿔줘야 한다. 어떤 로스터는 심지어 콩을 흡열반응과 발열반응 사이에서 몇 번 오가게 만들어 새로운 풍미를 낸다.

시간이 지나며 로스팅된 커피콩은 천천히 초록색에서 노란색으로, 그 다음에는 여러 등급의 갈색으로 변한다. 우리는 콩의 색깔 정도를 '로스트'라고 말하며, 다크 로스트 커피는 마일드 로스트 커피보다 색깔이 훨씬 더 진하다(참 놀랍지 않은가!). 이 색깔은 로스팅되는 온도에 좌우된다. 밝은 색의 콩은 200℃ 정도에서 가열되었고, 짙은 색깔로 로스팅된 커피는 225~245℃ 정도에서 가열된 것이다.

하지만 콩이, 말하자면 마일드 로스트 상태가 되기 직전에 먼저 첫 번째 '크랙crack'이 생긴다. 이것은 196℃ 정도에서 소리가 나는 과정이다. 이 과정 중에 콩은 열을 흡수해서 크기가 두 배가 된다. 하지만 고온에서는 콩에서 물 분자가 기화하기 때문에 실제로 질량은 15%가량 줄어든다.

첫 번째 크랙 다음에 커피콩은 바싹 말라서 금방 열 흡수를 멈춘다. 대신에 모든 열에너지가 이제 커피콩 바깥쪽에 있는 당분을 캐러멜라이즈한다. 이는 열을 이용해서 수크로스(당분)의 결합을 깨뜨려 훨씬 작은(그리고 더 향긋한) 분자로 바꾸는 것이다. 시나몬 로스트나 뉴잉글랜드 로스트 같은 가장 가벼운 로스트는 첫 번째 크랙이 지날 때까지만 가열했다가 커피 로스터에서 꺼낸 것이다.

로스팅 과정에서 두 번째 크랙이 일어나는데, 이것은 훨씬 고온에서 생긴다. 224℃에서 커피콩은 구조적 완전성을 잃고 콩 자체가 쭈그러들기 시작한다. 이렇게 되면 대체로 두 번째로 '펑' 소리가 들린다. 일반적으로 두 번째 크랙이 지날 때까지 가열한 콩을 다크 로스트로 분류한다. 프렌치 로스트나 이탈리안 로스트 같은 것 말이다. 보통 더 뜨거운 온도 때문에 진한 색의 콩은 더 많은 당분이 캐러멜라이즈된 반면, 밝은 색깔 콩은 덜 된 것이다. 이 방법으로 인해 맛의 다양성은 굉장히 넓어지지만, 이것이 몸속에서 반응하는 방식에 영향을 미치는 건 아니다. 그저 맛만 달라질 뿐이다.

완벽하게 로스팅된 커피콩을 샀다면 나머지 화학은 집에서도 할 수 있다. 비싸지 않은 커피 그라인더를 이용해 커피콩을 몇 가지 각기 다른 크기로 갈 수 있다. 이는 당신의 모닝커피 맛에 확실하게 영향을 미칠 것이다. 작고 미세한 가루는 표면적이 넓어서 이 소형 커피콩에서는 카페인이(그리고 다른 풍미가) 쉽게 추출될 수 있다. 하지만 이렇게 되면 종종 카페인이 너무 많이 추출되어 커피가 써지기도 한다.

반대로 커피콩을 굵게 갈 수도 있다. 이 경우에는 커피콩의 내부가 미세하게 간 커피콩만큼 많이 노출되지 않는다. 그 결과물인 커피는 종종 신맛이 나고, 심지어 가끔은 조금 짭짤하다. 하지만 알맞은 크기의 커피 가루와 적절한 브루잉 방법을 짝지우면 당신 손으로 세계 최고의 커피를 내릴 수 있다.

커피를 내리는 가장 단순한 방법(그리고 가장 쉬운 방법)은 굵은 커피 가루에 굉장히 뜨거운 물을 붓는 것이다. 가루가 몇 분 동안 물에 푹 잠기게 놔뒀다가 액체를 용기에서 따라낸다. 전출식decoction, 煎出式이라는 이 방식은 뜨거운 물을 이용해서 커피콩 안의 분자들을 용해시킨다. 오늘날 커피를 추출하는 방법 대부분은 전출식의 이런저런 버전으로, 그 덕택에 우리가 로스팅한 콩을 우적우적 씹어 먹는 대신 따뜻한 커피 한 잔을 마실 수 있는 것이다. 하지만 이 방식에는 여과 과정이 없어서, 애정을 담아 카우보이 커피라고도 하는 이 버전의 커피는 커피콩 부유물이 떠 있는 편이다. 그런 이유 때문에 브루잉 방법으로 별로 선호되지 않는다.

그런데 내가 '끓인다boiling'는 말을 하지 않는다는 것을 알아챘는가? 대충이라도 괜찮은 커피를 만들려고 한다면 뜨거운 물은 절대 진짜로 끓어서는 안 된다. 물의 이상적인 온도는 96℃ 정도로 끓는점(100℃) 바로 아래이다. 96℃에서 커피에 향을 내는 분자들이 용해되기 시작한다. 불행하게도 물 온도가 딱 4도 더 높으면 커피에 쓴맛을 주는 분자도 녹아 나온다. 그래서 커피광들과 바리스타들이 물 온도에 그렇게 집착하는 것이다. 우리 집에서는 무려 원하는 물 온도를 고를 수 있는 전기 주전자를 사용한다.

얼마큼 맛이 진한 커피를 원하느냐에 따라 또 다른 추출법인 프렌치프레스를 선호할지도 모르겠다. 카우보이 커피와 마찬가지로 이 추출법 역시 커피 가루를 뜨거운 물에 담그지만, 이 가루는 좀 더 작다(굵은 가루 vs 더 굵은 가루). 몇 분 뒤에 플런저로 커피 가루를 모두 도구 밑바닥까지 누른다. 가루 위에 남은 액체는 이제 완벽하게 말끔하고 굉장히 맛있다. 이 방식에는 (카우보이 커피와 비교하면) 덜 굵은 커피 가루가 사용되기 때문에 커피 용액에 더 많은 분자가 녹을 수 있고, 그래서 더 강렬한 맛을 선사한다.

또 다른 추출법도 있다. 뜨거운 물을 커피 가루 위로 떨어뜨리면 물이 커피 잔으로 떨어지기 전에 향긋한 분자들을 흡수한다. 드립법이라고 부르는 이 방식은 손으로 하거나 커피 퍼컬레이터 같은 최신식 기계로 할 수 있다. 하지만 가끔 이 방식에 차가운 물을 사용하기도 한다. 그러면 향기가 나는 분자들(당신의 커피에 그 독특한 향을 부여하는 분자들)이 물에 녹지 못한다. 그 결과물을 더치 아이스커피라고 하는데 얄궂게도 일본에서 인기 있는 편이고 준비하는 데 두 시간쯤 걸린다.

가장 인기 있는 방법 중 하나인 가압법은 이탈리아에서 처음 사용되다가 거의 모든 커피숍의 주된 방식이 되었다. 곱게 간 커피에 거의 끓는점에 가까운 물을 압력을 주어 통과시키는 브루잉 방법이다. 이 커피 가루는 굉장히 많은 표면적을 가져서(프렌치프레스나 카우보이 커피법에 쓰이는 커피 가루와 비교할 때) 물에 훨씬 많은 분자가 녹을 수 있다. 이런 이유로 결과물

모든 것에 화학이 있다

인 끈끈한 액체에는 훨씬 **많은** 카페인이 들어 있다. 사실 에스프레소 용액에는 굉장히 많은 트리메틸크산틴 분자가 들어 있어서(120~170mg) 잘 모르는 고객들이 카페인 과다가 되지 않도록 작은 컵에 내놓는다.

내 남편은 44%의 다른 미국인들과 마찬가지로 모닝커피의 열렬한 추종자이기 때문에 푸어오버Pour-over(드립법)와 에어로프레스(가압법)를 번갈아 사용한다. 나는 개인적으로 커피 맛을 그렇게 좋아하지는 않아서 다른 사람들이 아침에 대체로 뭘 마시는지 궁금했다. 알고 보니 두 번째로 인기 있는 아침 음료는 물(16%)이고, 그다음은 14%를 차지하는 주스였다.

가장 몸에 좋은 주스 두 가지는 크랜베리 주스와 토마토 주스지만, 대부분의 미국인은 아침에 전통의 오렌지 주스를 마신다. 가장 순수한 상태에서 대부분의 과일 주스는 항산화물질과 비타민이 많고 당은 적다. 하지만 그 조성은 제조 과정에서 적잖이 달라진다.

오렌지 주스를 예로 보자. 당신이 직접 오렌지 주스를 만든다면 액체에는 구연산, 비타민 C, 그리고 몇 가지 천연당의 혼합물이 들어 있을 것이다. 이 모든 분자들은 오렌지 주스(대부분 물로 이루어져 있다) 안에 용해 가능하고, 그래서 당신이 컵에 짜낼 때 신선한 오렌지에서 그저 **빠져나올 뿐**이다.

하지만 제조업체들이 당신을 대신해서 주스 만드는 과정을 수행할 때에는 보존제(박테리아의 성장을 막기 위한)부터 비타민과 미네랄(비타민 D와 칼슘 같은)에 이르기까지 뭐든 더할 수 있다. 오렌지 주스는 자연적으로 비타민 C가 풍부하지만, 제조업체는 건강한 **뼈**의 성장을 촉진하기 위해 비타민 D를 첨가한다.

게다가 제조업체에서는 대체로 비타민이나 미네랄을 첨가하는 것보다 더 중요하다고 주장하는 저온 살균이라는 단계를 거친다. 이 과정에서 높은 온도가 오렌지 주스에 자연적으로 존재하는 위험한 효소들을 깨뜨린다.

이 분자들(펙틴에스터 가수분해효소 같은)은 고온에서 살아남을 수 없기 때문에, 주스는 92℃에서 40초 동안 가열되었다가 안전하게 포장되어 우리 동네 식품점으로 배송된다.

이 저온 살균 과정은 대부분의 과일 주스 생산에서 굉장히 흔하다. 하지만 온도와 노출 시간은 과일(또는 채소)의 종류에 따라 굉장히 다를 수 있다. 내가 좋아하는 주스(사과)의 경우 제조업체는 주스를 71℃에서 6초 동안 가열하거나 82℃에서 0.3초 가열한다. 사과는 자연적으로 강한 산성이므로, 혼합물에서 대장균이나 작은와포자충의 성장을 막는 데는 이 짧은 저온 살균 과정이면 충분하다. 그리고 오렌지 주스와 마찬가지로 사과 주스도 빠르게 포장되어 동네 식품점으로 배송된다.

하지만 아침으로 커피나 물이나 주스를 마시지 않는다면? 흔히 마시는 또 다른 아침 음료는 뭐가 있을까? 최근 연구에 따르면 11%의 미국인이 (나처럼) 아침에 탄산음료를 마시고 나머지 15%는 우유나 차를 마신다.

당신도 이미 알겠지만 우유는 대부분 물로 이루어져 있고, 거기에 지방과 단백질, 미네랄이 조금 섞여 있다. 지방은 고체이고 우유와 물은 액체이기 때문에 이 독특한 상들의 조합물은 에멀션emulsion이나 콜로이드colloid로 판매된다. 에멀션은 다른 액체 안에 섞여 있는 액체이고, 콜로이드는 액체 안에 퍼져 있는 고체다. 양쪽 모두 지방과 단백질이 물속에 부유하고 있어서 진하고 밀도 높은 액체의 특성을 만든다.

균질화한 우유는 에멀션의 훌륭한 예이다. 작게 분해된 지방은 물속에서 쉽게 부유하기 때문이다. 조그만 기름 입자는 액체 형태로 우유 안에 분포된다.

반대로 전유全乳(지방을 제거하지 않은 온전한 우유—옮긴이)는 물 전체에 분산되어 있는 고체 지방의 높은 퍼센티지 때문에 콜로이드로 여겨진다. 이 지방 입자들은 심지어 크기까지 해서, 전유는 균질화된 우유처럼 에멀

모든 것에 화학이 있다

선화할 수 없다. 하지만 현미경 기준으로 크다는 뜻이지, 이 입자들을 맨눈으로 보는 건 역시 아주 어렵다.

이것을 상상하기가 어렵다면, 부엌으로 가서 비네그레트 소스(식초 또는 레몬 주스에 오일, 소금, 후추를 섞어서 만든 소스—옮긴이)를 살펴보라. 냉장고에서 꺼내면 물층 위에 기름층이 떠 있는 것을 볼 수 있을 것이다. 이제 그것을 흔들어 보자. 완벽하게 거시적인 관점에서 콜로이드를 볼 수 있을 것이다. 기름층과 물층이 섞여서 에멀션(액체 안의 액체)을 만들지만, 온갖 건더기와 기타 등등은 액체 안에 섞여서 콜로이드를 만든다(액체 안의 고체).

하지만 당신의 우유가 에멀션이든 콜로이드든 간에 아침에 시간이 좀 더 있다면 화학적인 요소가 풍부한 아침 식사를 재빨리 만들 수도 있을 것이다. 문제를 간단하게 하기 위해서 세 가지 재료, 달걀과 고기와 채소로 만드는 오믈렛을 살펴보자.

처음에 프라이팬을 달굴 때는 프라이팬의 모든 부분을 같은 온도로 데우는 것이 중요하다. 이는 균일하게 익은 오믈렛을 만드는 데 도움이 된다. 프라이팬을 구성하는 원자들이 레인지나 스토브 위에서 다량의 열에너지를 흡수하기 때문이다.

가스스토브를 사용한다면 열은 프라이팬 바로 아래서 일어나는 연소 반응으로부터 방출된다. 전기레인지나 인덕션 쿡탑에서는 전기와 자석의 복잡한 구조로 열에너지가 생성된다. 대부분의 경우 쿡탑 표면 아래 구리선이 장착되고 전류가 선을 통과한다. 철로 된 프라이팬을 이런 쿡탑 위에 올리면 구리선이 프라이팬으로 전류를 유도한다. 기술적으로 강자성 물질로 만들어졌다면 어떤 프라이팬이든 괜찮다. 그렇지 않다면 아무리 전기를 높게 설정해도 프라이팬은 절대로 데워지지 않을 것이다. 하지만 올바른 조리 도구를 사용하면 철제 프라이팬에서 전류가 저항가열이라는 것을 발생시킨다. 이 과정은 금속의 전자들이 수많은 철 원자들 사이를 밀치고 가려고 하면서 발생한다.

저항가열을 상상해 보고 싶다면, 한쪽 끝에서 반대편으로 달려가려 하는 풋볼 선수를 상상해 보자. 이 선수에게는 불행하게도 풋볼 경기장은 수백 명의 상대편 선수들로 가득하고, 그는 그 모든 방어막을 뚫기 위해 엄청나게 애를 써야만 한다. 불쌍한 선수가 경기장 반대편에 도착하면 그는 그 힘겨운 노력 때문에 열을 발산하게 될 것이다. 인덕션으로 요리를 할 때 전자에도 정확히 똑같은 일이 벌어진다. 전자가 프라이팬의 철 원자 사이를 지나가기 위해 엄청난 노력을 기울이면서 열의 형태로 에너지를 방출한다.

이 부분에서 몇 분이 걸리기 때문에 나는 프라이팬이 적당하게 가열될 때까지 달걀을 준비하곤 한다. 이 말은 달걀 3개를 섞어서 균일한 혼합물을 만든다는 뜻이다. 이럴 때 나는 거품기를 사용하는 편이다. 왜냐하면 거품기는 다른 도구들보다 달걀 세포막 안의 분자들을 상대로 부드럽게 움직이기 때문이다. 반직관적인 말처럼 느껴질지 모르겠으나 거품 내기는 실제로 달걀 막에 '부드럽게' 여겨진다. 그래서 포크나 숟가락보다 거품기를 쓰는 것이다. 거품기는 달걀흰자와 달걀노른자를 가르는 2개의 주머니를 깨뜨려서 달걀 세포막 안의 모든 단백질 분자가 서로 섞이게 한다. 휘어진 거품기 형태 덕분에 분자내력intramolecular force을 형성함으로써 달걀흰자와 달걀노른자는 단백질을 손상시키지 않고 합쳐질 수 있다.

화학적으로 말하자면, 단백질은 2개 이상의 아미노산으로 만들어진 커다란 분자인 폴리펩타이드다. 알려진 아미노산은 500개가 넘고, 그중 20개가 우리의 유전자 부호 안에 있다. 하지만 그중 9개만이 필수적인 것으로 여겨진다. 필수 아미노산은 우리 몸에서 합성할 수 없기 때문에 우리가 섭취하는 음식에 포함되어야 한다.

아미노산은 온갖 종류의 음식에서 흔히 발견되지만, 특히 고기에 많다.

분자 차원에서 모든 아미노산 분자는 하나의 중심 탄소 원자에 연결된 4개의 특정 집단을 갖고 있다. 화학에서는 분자의 활성에 영향을 미치는 이 소수의 원자 집단을 설명하기 위해 작용기라는 것을 사용한다. 다시 말해서 과학자들이 작용기라고 말하면, 당신의 관심을 분자의 한 부분에 집중시키려는 것이다. 또한 분자의 다른 부분은 별로 중요하지 않다는 뜻이기도 하다(지금의 예에서).

아미노산의 4개의 작용기에 집중해 보자. 첫 번째는 간단하다. 그냥 수소 원자(H)다. 그리고 아민(NH_2)과 카복실산(COOH)도 있다. 500가지 아미노산 중에서 어떤 것을 보든 간에 이 3개의 원자 집단은 항상 있을 것이다.

네 번째 작용기가 아미노산에 그 독자성을 부여한다. 예를 들어 네 번째 집단이 그저 수소 원자 하나라면, 우리는 글리신을 보는 것이다. 하지만 네 번째 집단이 탄화수소와 아민으로 된 엄청나게 긴 사슬이라면, 우리는 그것을 아미노산 라이신이라고 부른다.

모든 종류의 아미노산은 결합해서 단백질을 형성한다. 한 아미노산의 아민(NH_2)이 이웃 아미노산의 카복실산(COOH)과 반응하면 탄소-질소 결합을 통해 디펩타이드를 형성한다. 달걀에서 볼 수 있는 것처럼 더 큰 단백질들은 굉장히 큰 분자이고, 따라서 이 반응이 계속해서 여러 번 반복된다.

달걀 단백질이 열과 상호작용을 하면 접힌 형태에서 펴진 형태로 변한다. 사람이 태아처럼 웅크리고 있다가 몸을 대大 자로 쫙 '펴는' 것과 똑같다. 이렇게 되면 달걀 단백질은 길이가 두 배가 되고 더 많은 원자들이 노출되면서 액체 달걀이 고체 달걀로 변한다.

달걀흰자는 63℃ 정도에서 응고되기 시작하는 반면에 달걀노른자는 70℃쯤에서 상변화를 시작한다. 하지만 두 종류의 단백질을 뒤섞으면 분자 간에 형성된 IMF가 실제로 액체 달걀 혼합물을 더 안정적으로 만든다. 이 말은 달걀흰자와 달걀노른자 모두를 가진, 섞어놓은 달걀이 우리가 먹을 수 있는 것으로 응고되려면 73℃ 정도의 열을 가해야 한다는 뜻이다.

온도는 또한 달걀의 최종 질감과 모양에 영향을 미친다. 저온으로 가열하면 흔한 달걀프라이처럼 하얗게 되지만, 고온으로 가열하면 스크램블드에그와 비슷하게 보인다. 다행히 어느 쪽이든 달걀에 자연적으로 존재하는 박테리아를 모조리 다 없애준다.

모든 단백질에 대해서 똑같이 말할 수는 없기 때문에, 날고기는 어떤 것이든 오믈렛에 넣기 전에 선조리하는 것이 필수다. 동물의 단백질은 평균적으로 약 75%의 물과 25%의 단백질을 지니고 있지만, 차이가 아주 다양하다. 동물들은 근육에 나름의 단백질 조합을 갖고 있어서 단백질 농도가 종마다 천차만별이다. 특정 종류의 소고기는 30%에서 40%에 가까운 단백질을 가진 반면 어떤 생선은 20% 정도로 낮다. 고기의 종류와 상관없이 모두 한 가지만은 공통적이다. 전부 단백질의 하위 범주인 효소를 가졌다는 것.

효소는 반응의 경로를 바꾸는 자연적인 촉매, 혹은 분자다. 촉매는 대체로 반응물질이 상호작용하는 속도를 더 빠르게 만든다. 반응이 뒷골목이 아니라 고속도로를 타게 만들기 때문이다. 이 특별한 단백질 집단은 동물이 살아 있을 때 근육 기능에 핵심적인 역할을 한다. 하지만 이제 이 효소들은 조리되지 않은 고기와 채소 안에서 반응하여 결국 음식을 썩게 만든다. 다행히 이런 활동은 저온에서는 멈추기 때문에 음식을 차가운 냉장고에 보관하는 것이다.

하지만 단백질은 차가운 환경에서 벗어나자마자 반응하기 시작해서 음식을 상하게 한다. 이런 이유로 날고기는 조리할 준비가 될 때까지 냉장고에 놔둬야 한다. 그다음에는 고기를 뜨거운 프라이팬에 넣고 온도를 빠르게 올려야 한다. 되도록 피하는 게 좋은 위험한 중간 지점이 있는 것이다.

왜냐고? 효소가 열에 반응하는 방식 때문이다. 달걀의 경우와 똑같이 프라이팬의 열은 단백질을 진동시켜서 펴지게 만든다. 효소가 더 넓은 표면

모든 것에 화학이 있다

적을 갖게 되면 이것을 비활성화시키기 전까지 음식에 훨씬 큰 해를 입힐 수 있다.

효소를 비활성화시키는 최상의 방법은 고기에 빠르게 열을 가해서 효소를 확실하게 완전히 부수는 것이다. 각 동물 단백질은 자신만의 특수한 효소를 가졌기 때문에 각각의 고기에 맞는 최저 온도가 있다. 예를 들어 대부분의 소고기는 내부 온도가 63℃에 도달하고 최소 3분 이상 지난 이후에는 안전하게 먹을 수 있다. 미국 농무성(USDA)은 이 두 가지 조건을 만족시킬 경우 소고기의 효소(그리고 모든 박테리아)가 사멸되고, 이 점이 무엇보다 중요한데, 인간이 섭취해도 안전한 소고기라는 것을 보증한다.

반면에 닭고기의 경우 모든 효소가 비활성화되려면 내부 온도가 최소한 74℃는 되어야 한다. 생닭은 장난거리가 아니라는 걸 명심하시길. 생닭에서는 살모넬라와 캄필로박터 둘 다 발견되지만, 적절한 전처리를 하면 사람에게 해를 입히지 못한다. 예를 들어 살모넬라는 55℃에서 90분 동안, 또는 60℃에서 12분 동안 가열하면 살아남지 못한다. 그러니까 어림잡아 닭고기의 내부 온도가 74℃가 되도록 만들어야 한다. 그런 열에서 살모넬라 종이 살아남을 방법은 없다.

내 남편은 사실상 음식점에서 자랐기 때문에 우리 집에서는 날고기(특히 닭고기)를 놓는 곳에 관해서 굉장히 엄격하다. 우리 집에는 날고기용 도마와 채소만을 쓰는 도마가 따로 있다. 날고기는 스토브 오른편 조리대에 놔두고 생채소는 스토브 왼편에 놓는다. 처음에는 솔직히 좀 이상했지만, 이제는 우리 집에서 오른쪽에는 절대로 채소가 놓여 있지 않고 왼쪽에는 날고기가 없다는 사실에 굉장한 안도감을 느낀다.

날고기와 다르게 채소는 선조리를 하지 않고도 오믈렛에 넣을 수 있다. 그날 아침 기분에 따라 잘게 썬 다음 프라이팬에 넣어라. 내가 좋아하는 것은 시금치, 피망, 할라페뇨, 양파다. 버섯도 아주 좋아하지만, 정확히 말하자면 버섯은 채소가 아니라 균류다.

소고기가 생명의 구성 요소인 아미노산을 듬뿍 공급해 주는 반면, 채소는 생명에 필수적인 미량영양소인 비타민과 미네랄을 적절히 섭취하는 데 중요한 역할을 한다.

우선 비타민부터 이야기해 보자. 비타민은 지용성 또는 수용성으로 분류할 수 있는 커다란 분자다. 이는 굉장히 중요한 특성이라서 처음에는 모든 비타민을 이 두 범주로 나누었다. 초기에 발견된 비타민들은 지용성인 A와 수용성인 B로 이름 붙였다. 둘 다 종종 탄소, 수소, 산소 원자를 갖고 있지만 분자 안에서 이 원자들의 위치가 그 비타민이 수용성인지 지용성인지를 결정한다. 주로 탄소와 수소 원자를 가진 비타민은 무극성이라서 다른 무극성 분자(지방)에 용해된다. 여러 개의 산소 원자를 가진 비타민은 흔히 극성이다. 그래서 극성 분자(물)에 용해되는 것이다.

전에 A군(비타민 A, D, E, K)이라고 부른 비타민은 전부 지용성 비타민이고 각각 시금치, 버섯, 브로콜리, 케일에서 발견된다. 예전에는 비타민 F~I도 있었는데 몇 가지는 사실 비타민이 아니라 그냥 평범한 분자라는 게 밝혀졌다. 그리고 시간이 흐르면서 비타민 몇 가지가 실제로는 비타민 B의 변이일 뿐이라는 사실도 알아냈다. 비타민 G(비타민 B_2, 즉 리보플라빈으로 바뀌었다)와 비타민 H(비타민 B_7, 비오틴으로 개명되었다)처럼 말이다. 이들이 처음에 잘못된 범주에 들어가 있었다 해도, 두 분자 모두 인간의 기본 기능에 꼭 필요하다는 사실을 알아낸 과학자들은 옳았다.

우리가 시금치와 브로콜리(또는 다른 채소들)를 먹으면 특정 비타민이 몸속의 지방에 녹아서 특정한 생물학적 기능에 필요할 때까지 대기한다. 지용성 비타민과 달리 수용성 비타민은 소변으로 우리 몸을 떠난다. 그래서 아플 때 비타민 C를 왕창 섭취해도 되는 것이다.

같은 이유로 비타민 C는 정기적으로 섭취해야 하는 수용성 비타민이다.

신선한 식재료를 얻을 수 없는 사람들에게 이는 심각한 문제다. 특히 장기간 잠수함이나 배를 타고 일해야 하는 사람들에게 말이다. 1800년대 초반에 영국 왕립해군은 해병들이 마시는 럼에 레몬이나 라임즙을 타면 괴혈병을 막을 수 있다는 사실을 발견했다. 처음에 그들은 그 이유를 몰랐다. 그저 원인과 결과만을 관찰했을 뿐이다. 하지만 결국 라임이 끔찍한 질병을 막아줄 만큼 많은 비타민 C(아스코르브산)를 공급해 준다는 사실을 알게 되었다. 얄궂게도 이런 이유로 영국인을 부르는 미국식 은어인 '라이미^{limey}'란 말이 생겼다.

배 위에서 살지 않는 우리들은 비타민 C 결핍을 정당화할 만한 변명거리가 없다(다른 모든 비타민 결핍도 마찬가지지만). 우리 식단에 과일과 채소를 넣는 일은 어렵지 않고, 선택 사항이 매우 적다 해도 당신에게 필요한 비타민은 전부 섭취할 수 있다.

하지만 우리는 단지 비타민을 얻기 위해서만 채소를 먹는 게 아니다. 채소는 하루 필요 미네랄도 공급해 준다. 미네랄은 비타민보다 훨씬, 훨씬 더 작다. 이것은 그저 전하를 띤 원자(이온)일 뿐이지만, 전부 다 수용성이다. 우리 몸이 필요로 하는 미네랄의 종류는 굉장히 많기 때문에 이것을 3개의 주요 범주로 나누었다. 다량무기질^{macromineral}, 소량무기질^{micromineral}, 미량무기질^{trace mineral}이다.

다량무기질은 인간의 생존에 필수적이다. 당신은 매일매일 다음의 이온 전부를 1, 2g씩 섭취해야 한다. 칼슘, 염소, 마그네슘, 인, 포타슘, 소듐, 황이다. 대부분의 사람들은 여러 종류의 채소와 균형 잡힌 식사를 통해서 자연스럽게 이것을 섭취한다. 예를 들어 브로콜리에는 엄청난 양의 칼슘이 들었고, 양상추와 토마토에는 염소가, 아보카도에는 마그네슘이 들어 있다.

우리가 채소를 먹으면 소화 과정을 통해 미네랄이 채소에서 빠져나와 기본적인 인체 기능을 하기 위해 몸 전체로 퍼진다. 예를 들어 칼슘 이온은 뼈와 치아를 생성하는 데, 심지어는 근육을 수축하는 데 사용된다. 칼슘의 가장 중요한 기능 중 하나는 신경이 뇌에 신호를 전달하는 일을 돕는 것이다. 다시 말해서 칼슘이 든 음식을 먹지 않으면 당신의 몸은 팔다리와 제대로 된 의사소통을 유지할 수가 없다.

우리 몸에는 소량무기질도 필요하지만, 양은 훨씬 더 적다(그래서 '소량'이라는 말이 붙는다). 소량무기질에도 수많은 종류가 있지만, 우리가 필요로 하는 세 가지 공통 이온은 구리, 철, 아연이다. 혈액에서 산소를 포획하기 위해 헤모글로빈을 만드는 데는 철이 필요하고(동물 단백질에 존재한다), 더 많은 적혈구 세포를 만들기 위해서는 구리가 필요하고(버섯이나 녹색 채소, 대부분의 견과류에 있다), DNA를 위한 유전물질을 만드는 데는 아연이 필요하다(달걀이나 단백질, 콩류에 있다).

우리가 필요로 하는 소량무기질의 양은 몸의 크기에 비례한다. 예를 들어 미국 농무성은 소아에게는 하루에 아연 5mg이 필요한 반면 유아에게는 3mg만 필요하다고 말한다. 어른 역시 마찬가지로, 몸집이 작은 성인 여성은 하루에 아연이 겨우 8mg 필요한 반면에 몸집 큰 성인 남성은 하루에 3mg이 추가로 더 필요하다(총 11mg).

인간 삶에 필수적인 마지막 미네랄 범주는 미량무기질이라고 한다. 이 미네랄은 겨우 몇 마이크로그램 정도만 있으면 된다. 미량무기질에도 수많은 종류가 있기 때문에, 아주 멋진 역할을 하는 붕소 같은 것들만 이야기해볼까 한다. 붕소(건포도에 있다)는 에스트로겐과 테스토스테론 수치 통제를 돕고 뼈 건강을 유지하는 데도 관련되어 있다. 코발트(우유에 있다)는 몸이 비타민 B_{12}를 흡수하고 적혈구 세포를 형성하도록 돕는다. 크롬(브로콜리에 있다)은 지방과 당분을 분리하고, 망간(굴에 있다)은 효소로 화학반응을 발동시키는 데 필요하다.

당신의 주의를 집중시키고 싶은 마지막 미량무기질은 아이오딘이다. 당신의 식단에 미량무기질 아이오딘이 충분히 들어 있지 않으면 갑상샘 기능 저하증이 생길 수 있다. 1990년 아동을 위한 세계정상회담World Summit for Children에서 아동운동가들과 과학자들은 특정 공동체에서 아이오딘 결핍을 줄이기 위한 방안을 결의했다. 당시에는 아이오딘 결핍이 예방 가능한 아동 장애의 원인 1위에 올라 있었고, 그래서 이 불필요한 발달 및 지능 장애를 막기 위해 놀라운 계획을 세웠다. 전통적인 식용 소금(NaCl, 염화소듐)의 염소 이온 일부를 아이오딘 이온으로 바꾸기로 한 것이다(NaI, 아이오딘화소듐).

이 전례 없는 변경은 놀랍도록 성공적이었다. 미국에 국한된 경우지만, 염화소듐을 아이오딘화소듐으로 교체한 것이 특정 공동체의 전체 IQ에 엄청난 영향을 미쳤음을 여러 개의 장기 연구로 증명할 수 있다. 뿐만 아니라 그 공동체 성인들의 평균 수입도 11%나 증가했다. 갑상샘에 있는 분자 농도가 지적 능력 전반에 직접적으로 영향을 미쳐 결국 당신의 직업과 봉급에 좋은 방향으로 작용한다는 건 얼마나 놀라운 일인가! 그리고 이 심각한 전 세계적 건강 문제의 답이 그저 **소금**이었다는 게 얼마나 어이없는가!

아이오딘은 갑상샘 기능 저하증을 가진 사람뿐만 아니라 그 반대 상태인 갑상샘 기능 항진증을 가진 사람들을 치료하는 일에도 쓰일 수 있다. 이는 뇌하수체가 갑상샘 자극 호르몬(TSH)이라는 호르몬 생성을 지나치게 잘해서 생기는 질환이다.

TSH는 갑상샘에서 생성되는 다른 두 호르몬의 활동을 통제하기 위해 뇌하수체에서 분비된다. 이 두 호르몬은 기본적으로 체내 모든 세포가 신진대사를 시작하도록 돕는다. 반응 과정 초반에 TSH는 뇌하수체를 나와서 혈액을 타고 갑상샘까지 간다. 갑상샘은 목 아래쪽에 위치하고 뇌하수체는 코 근처에 위치하기 때문에 분자에게 이것은 짧은 거리다.

갑상샘에 도착하면 TSH는 티록신 호르몬을, 그다음에는 트리아이오딘티로닌을 방출하게 만든다. 이 분자 둘 다 호르몬으로, 몸의 다른 부분에서 중요한 반응을(다시 말해 신진대사를) 일으킨다. 이 호르몬들은 아미노산 티로신과 수많은 아이오딘 원자를 가진 흥미롭고 복잡한 분자다. 그리고 물론 인간의 생존에 필수적이다.

갑상샘 기능 항진증에 걸리면, 티로신과 트리아이오딘티로닌의 농도가 증가할 경우 불면증, 떨림, 불안, 설사, 안구돌출을 포함해 여러 가지 증상이 나타날 수 있다. 이것은 근본적으로 당신의 시스템 전체를 엉망으로 만든다. 몸에 티로신과 트리아이오딘티로닌이 너무 많으면 갑상샘 독성 발작이 일어날 수 있다. 이는 갑상샘 기능 항진증 때문에 생길 수 있는 생명이 위급한 상황이다. 이 발작이 일어나면 엄청난 고열이 나고(40℃ 이상), 심장박동이 빨라지고, 혈압이 높아진다. 이로 인해 심장마비나 간부전이 일어날 수 있으며 이는 둘 다 죽을 수도 있는 증상이다. 갑상샘 독성 발작이 드물기는 하지만, 갑상샘 기능 항진증을 치료하지 않고 놔두면 얼마든지 일어날 수 있다.

다행히 해결책이 있으며, 이는 우리의 미량무기질 아이오딘과 관계가 있다. 갑상샘 기능 항진증의 가장 흔한 치료 방법은 방사성 아이오딘-131 알약의 형태로 아이오딘을 섭취하는 것이다. 갑상샘 세포가 이미 아이오딘이 있는 분자에 선택적으로 결합하는 성향이 있기 때문에 이들은 방사성 아이오딘과 적극적으로 결합을 형성한다. 시간이 지나 방사성 아이오딘이 숙주 세포를 파괴하면 갑상샘에서 갑상샘 호르몬의 농도를 조정하는 데 도움이 된다. 이 말은 갑상샘 호르몬과 결합을 형성할 갑상샘 세포가 줄어들어서 결국에 갑상샘 독성 발작을 방지한다는 뜻이다.

1학년 화학 수업 시간에 아이오딘에 관해 배운 나는 거기에 약간 집착하기 시작했다. 미량무기질 하나가 우리 몸에 그렇게 엄청나게, 다른 여러 가지 방식으로 영향을 미칠 수 있다는 사실을 그냥 넘겨버릴 수가 없었다. (갑상샘 호르몬 안에) 아이오딘이 너무 많으면 갑상샘 독성 발작이 일어날 수 있는데 이것을 방사성 아이오딘이 고칠 수 있다니. 그리고 아이오딘이 너무 적으면 뇌 기능이 저하된다니. 이것은 균형을 맞추기가 굉장히 어려운 일이고, 그래서 음식을 잘 선택하는 것이 아주 중요하다.

그렇다, 카페인에서부터 달걀 조리, 적절한 과일과 채소를 고르는 것에 이르기까지, 우리는 하루를 이미 근사하게 시작했다. 다음 파트에서는 아침 식사를 한 후에 무슨 일이 생기는지 살펴볼 것이다. 우리의 몸이 음식을 어떻게 가공하고 헬스장에서 운동할 수 있는 에너지로 바꿔주는지 설명할 것이다.

미리 경고한다. 나는 예전에 피트니스 강사였고 운동과 관련해서 꽤 흥분하는 경향이 있다. 실은, 잠깐만 기다려 달라. 내 안의 제인 폰다를 깨우기 위해서 에어로빅용 마이크를 가져올 테니.

6. 불타는 근육

⟡ 운동

나는 아드레날린 중독자다.

　나는 시끄럽고, 빠르고, 다소 위험한 것을 사랑한다. 하지만 아침 8시에 시작되는 화학 강의 전에 스카이다이빙을 하러 갈 수는 없으니까 대체로 새벽 운동으로 중독을 해결한다.

　사실 이건 우리 할아버지 탓이다. 할아버지는 매일 아침 "차가워지기 전에"(할아버지의 말이다) 조깅을 하곤 하셨다. 그리고 내가 기억하는 한 우리 아빠도 매일 아침마다 운동을 했다. 심지어는 휴가 때도 그랬다. 실제로 우리 부모님 집 지하실에는 중고로 구매한 운동 기구가 하도 많아서 누가 보면 우리 가족이 비밀 운동 클럽 같은 거라도 운영하는 줄 알았을 것이다.

　자, 나도 가능한 한 이런 성향과 싸우려고 해봤지만, 결국 이틀에 한 번씩 운동을 하기 시작했다. 아빠는 내가 좀 더 나이 들면 하루에 한 번씩 하게 될 거라고 장담하셨고, 아빠가 옳았던 것 같다. 나는 정말로 운동하는 게 좋다.

대학원 시절 나는 실험실 밖에서 할 수 있는 재미있는 일들을 찾다가 피트니스 강사가 되기로 결심했다. 몇 년 동안 스텝을 가르치고 새벽 부트 캠프 수업을 이끌었지만, 내가 가장 좋아했던 수업은 터보 킥(예를 들어 다이어트 킥복싱 같은 것)이었다.

피트니스 강사로서 내 이력의 거의 마지막 즈음에 나는 나이키 트레이닝 클럽 강사로 고용되었다. 이것은 당시 나에게 아주 귀중한 기회였다. 나는 땡전 한 푼 없었고, 나이키는 우리에게 가을과 봄마다 장비가 가득한 더플백을 선물로 주었기 때문이다. 그 대신 제공되는 의상을 입어야 하고(딱히 이의는 없었다) 몇 가지 정보 세션에 참석해야 했다. 내 피트니스 동료들은 세미나에 참석하는 걸 그리 좋아하지 않았지만, 나는 그들의 운동용 장비에 숨겨진 온갖 과학 정보를 듣고 싶어 안달이 났었다.

우리가 들은 정보 중 몇 가지는 비교적 단순한 것이었다. 예를 들어 러닝화가 크로스 트레이닝 운동화보다 더 푹신한 밑창을 갖도록 디자인되었다는 것 등이다. 달리기 선수는 지면에서 더 높이 올라가야 하고, 그래서 측면 동작에 러닝화를 쓰는 것은 적당하지 않다. 러닝화는 오로지 달리기 선수의 관절에 가해지는 힘을 최소화하도록 디자인되었고, 반면 크로스 트레이닝 운동화는 측면의 안정성을 제공한다. 선수가 지면에 더 가까이 있기 때문이다.

그들이 자사 유일의 드라이핏Dri-FIT 천에 대한 설명을 시작하자 나는 귀가 쫑긋했다. 흔히 드라이핏이라고 불리는 수분 흡수 천은 운동하는 동안 선수가 적절한 체온을 유지하도록 설계되었다. 면 같은 몇몇 천은 체온 유지에 전혀 걸맞지 않다. 그래서 "면은 사절!"이라는 말이 나온 것이기도 하다. 그런데 이유가 뭘까?

보통 사람의 몸은 땀을 흘려서 몸을 식힌다. 물 분자가 땀구멍 밖으로 나오며 우리 피부 표면에서 방울 형태를 만든다. 여기에서 가장 중요한 과정이 일어난다. 물 분자가 기화하는 것이다. 물이 액체에서 기체 상태로 변할 때 가장 가까운 에너지원(당신의 몸)에서 열을 흡수하고, 그래서 결국 온몸의 체온이 떨어진다.

나이키는 이 정보를 갖고 운동선수의 몸에서 물방울을 흡수할 수 있는 혼합 폴리에스터를 사용하기로 했다. 분자들이 천의 특수 실에 흡수되고 나면 물 분자는 천 위에서 미끄러질 수 있다. 이 과정은 당신의 몸이 내는 열에 더 많은 물 분자를 노출시켜서 기화가 더욱 빨라지게 만든다. 결국 천에 더 많은 물 분자가 흡수될수록 당신의 몸에서 더 많은 열을 가져가고, 그래서 몸 전체의 체온이 더 빠르게 떨어진다.

반면에 면은 반대의 효과를 낸다. 실이 서로 대단히 **빽빽**하게 짜여 있어서 물 분자가 대기 중으로 쉽게 기화하지 못하기 때문이다. 분자는 피부와 천 사이에 물리적으로 구속되어 있는 탓에 훨씬 오랫동안 액체 상태로 남아 있을 수밖에 없다.

요즘은 더 이상 나이키가 장비를 대주지 않기 때문에 나는 대체로 폴리에스터와 나일론, 혹은 스판덱스가 섞인 운동복을 주문한다. 이 세 종류의 천은 통기성이 있고, 물 분자가 선수의 몸에서 기화할 수 있는 공간이 실 사이에 널찍하게 존재한다.

나는 기분에 따라서 아침 운동 복장을 바꾸곤 한다. 기분이 안 좋을 때는 INKnBURN(미국의 운동복 브랜드—옮긴이)에서 산 로봇 바지를 입는다. 즐거울 때는 아마존에서 산 핫핑크 바지를 입을 수도 있다. 어쨌든 수분 흡수용 옷으로 갈아입고 나면 나는 재사용 가능한 물병을 들고 부엌에 잠시 들른다.

조성이 어떻든 간에 모든 음식에는 칼로리가 있다. 하지만 나는 영양소 정보 라벨에 적힌 것을 말하는 게 아니다. 칼로리(대문자 C를 쓴다)는 에너지의 **영양학적** 단위이고, 칼로리(소문자 c를 쓴다)는 에너지의 **과학적** 단위이다. 1Cal는 1,000cal이다. 즉 1Cal=1,000cal=1kcal인 셈이다. 우리는 영양소 라벨에서 영양학적 칼로리를 사용한다. 피넛버터 프레첼 8개에 140Cal라고 쓰는 게 140,000cal라고 쓰는 것보다 훨씬 간편하기 때문이다.

하지만 그 숫자는 실제로 무엇을 의미할까? 이걸 생각하는 방식은 여러 가지가 있지만, 내 경우에 140Cal는 우리의 몸이 8개의 프레첼을 140,000 칼로리의 에너지원으로 바꿀 수 있다는 뜻으로 여겨진다. 다시 말해 우리가 한 시간쯤 스트레칭을 하거나 러닝머신 위를 아주 느린 속도로 걸을 수 있을 만큼의 에너지를 준다는 뜻이다.

8개의 프레첼은 우리 몸을 한 시간 정도 천천히 움직일 수 있을 만큼의 에너지로 전환되고, 16개의 프레첼은 가벼운 자전거 타기를 할 정도의 에너지를 준다. 굉장하지 않은가? 특히 우리가 전혀 생각도 하지 않은 채 이런 일을 한다는 걸 고려하면 말이다.

음식을 에너지로 전환시키는 일은 산화적 인산화라는 길고 고된 과정이다. 이 반응은 산소가 있어야 이루어지고 간편한 3단계로 단순화할 수 있다.

1단계는 당연하게도 위가 음식을 소화하는 단계다. 당신의 위와 대장 속의 효소들이 음식의 분자들을 공격해서 훨씬 조그만 물질로 쪼갠다. 음식 분자들이 진짜 크다면 이 과정에도 오랜 시간이 걸린다.

큰 분자들이 모두 훨씬 작은 분자들로 나누어지면, 이 과정의 2단계인 당분해가 일어난다. 당분해를 할 때는 포도당이 반으로 쪼개져서 피루브산이라는 더 작은 분자를 형성한다. 그다음 이 피루브산은 이산화탄소(우리가 호흡으로 내보낸다)와 아세틸 작용기(H_3CCO)를 가진 2개의 다른 분자로 전환된다. 이 새로운 분자 2개는 조효소 A와 결합해서 아세틸 CoA를 생성했다가 옥살로아세테이트라는 다른 분자로 변이된다.

이렇게 되면 아세틸 분자들은 시트르산 사이클로 들어갔다가 이산화탄소(다시금 우리가 호흡으로 내보낸다)로 변화한다. 이 과정에서 NADH 분자

모든 것에 화학이 있다

가 생성되면서 ATP를 만드는 과정이 시작된다.

독자 여러분, 그리고 이거야말로 이 소화 과정 전체의 핵심이다. 바로 ATP를 만드는 것 말이다.

아데노신삼인산(ATP)은 우리 몸에서 가장 중요한 분자 중 하나이다. 우리의 세포에 에너지를 공급하기 때문이다. 이 에너지는 신경이 뇌로 신호를 보내는 것을 돕고, 심지어는 근육이 수축하는 것도 돕는다. ATP는 굉장히 중요해서 '분자의 화폐 단위'라고도 부른다. 하지만 당신도 이미 깨달은 것처럼 ATP는 위나 대장에 머무를 수 없다. 그러면 어디로 가는 걸까?

에너지는 인체 전체의 세포 안에 작은 에너지 꾸러미 형태로 저장된다. 이 기술을 통해서 우리 몸은 에너지가 필요할 때 그걸 필요로 하는 곳에 즉각 방출할 수 있다. 예를 들어 버스를 따라잡기 위해 달리거나 탁자에서 떨어지는 물건을 향해 본능적으로 손을 뻗을 때, 당신의 몸은 일상 활동 속에서 **잽싸게** 움직일 수 있도록 에너지를 **빠르게** 방출한다. 그리고 그 직후에 동면에 들어가지도 않는다.

우리가 하루 동안 할 수 있는 즉각적인 움직임의 횟수는 몸에 저장된 ATP의 양에 비례한다. 어느 순간이든, 당신 몸 어느 곳에 있는 어떤 세포든, ATP 분자를 대략 10억 개쯤 저장하고 있을 거라고 생각해도 된다. 당신 몸의 **어떤** 세포든 **10억** 개씩.

그리고 2분이 지난다.

그러면 그 시간 동안 그 ATP 분자 **전부가** 사용되고 **다시** 생산된다.

이 말을 잠깐 생각해 보자. 지금 당신 몸속에 있는 세포 각각에서 10억 개의 에너지 분자가 움직이고 있다. 하지만 2분 있으면 그 전부가 다른 분자(ADP나 AMP)로 전환되었다가 다시 ATP로 돌아온다. 그런 다음 다시 ADP나 AMP가 되고, 또다시 ATP로 돌아온다. 이 과정은 세포가 죽을 때까지 절대로 멈추지 않는다. 세포의 죽음은 여러 가지 이유로 일어날 수 있다.

그러니까 프레첼 예로 다시 돌아가 보면, 8개의 프레첼이 우리에게 140,000칼로리(140Cal)를 제공한다고 이야기했었다. 하지만 이게 ATP와 무슨 상관이라는 걸까? 자, 프레첼을 먹으면 우리의 몸은 그 음식을 ATP 19몰로 쪼개고, 이것이 연소되어 140,000칼로리의 에너지를 방출한다 (ATP 1몰=7.3kcal).

그리고 앞에서 이야기한 것처럼 140,000칼로리는 내가 산책할 정도의 에너지밖에 안 된다. 사실 30대 중반의 활동적인 여성인 나는 하루에 약 2,200Cal를 섭취해야 한다. 그 칼로리 중 얼마만큼이 나를 살아 있게 만드는 데 쓰이는지 아는가?

모르겠으면 찍어보라.

1,300이라고? 아니면 60% 미만? 만약 그랬다면, 맞았다. 나는 이 지구에서 계속 살아가기 위해서 1,300Cal를 필요로 한다. 이것이 매일 내 심장을 뛰게 하고, 폐를 움직이게 하고, 뇌가 생각하게 만들고, 중심체온이 37℃가 되게 만드는 데 필요한 최소한의 에너지이다. 1,300Cal보다 적으면 내 몸은 자연스럽게 에너지를 어디에 쓸지 우선순위를 정하려 할 것이다. 나는 피로감을 느끼기 시작할 것이다. 내 몸이 나에게 낮잠을 자라고 말한다. 내부 장기들이 멈추지 않도록 내 몸이 예비 에너지를 사용하고 있기 때문이다. 이론상 내 몸은 에너지를 보존하며 3주 정도 버틸 수 있고, 그 후에는 장기가 고장 나기 시작한다.

1,300Cal가 그저 나를 살아 있게 만드는 데만 쓰인다면, 남은 900Cal는 나의 아침 운동에 사용될 수 있다는 뜻이다! 예를 들어 한 시간 동안 수영을(또는 힘든 정원 일을) 하는 데 500Cal가 필요하고 한 시간 동안 줌바를 하려면 330Cal가 필요하다.

보통 아주 활동적인 사람들은 매일 섭취한 칼로리의 남은 40%를 모두 연소한다. 하지만 주로 앉아서 생활하는 유형의 사람들은 하루가 끝나도

모든 것에 화학이 있다

남은 칼로리가 있다. 이런 경우에 이 칼로리들은 긴급 상황에 사용되기 위해서 지방의 형태로 저장된다. 잘 생각해 보면 당신이 내일 2,200Cal를 다 섭취하지 못할 경우에 대비해 당신의 몸이 여분의 에너지를 저장함으로써 당신을 도우려고 하는 것이다. 당신이 정기적으로 2,200칼로리(혹은 그 이상)를 먹는다면 당신의 몸은 지방 저장고에서 에너지를 끄집어 낼 이유가 없을 것이다. 당연히 이것은 결국 비만으로 이어진다.

하지만 아침에 헬스장에 가면 실제로 어떤 일이 생길까? 처음에 우리 몸은 탄수화물이나 단백질을 찾기 전에 지방세포에 저장된 ATP를 먼저 꺼낸다. 이는 지방 1g이 에너지 9Cal를 방출하는 반면에 탄수화물이나 단백질 1g은 겨우 에너지 4Cal를 방출하기 때문이다. 지방은 단순히 우리 몸에 더 좋은 연료 공급원이다.

왜 그럴까? 지방은 실제로 지방세포라는 것 안에 저장되어 있다. 지방세포는 오로지 지방을 저장하는 기능만 하는 세포다. 당분해가 포도당을 피루브산으로 쪼개는 것처럼, 지방분해는 지질(지방)을 3개의 지방산과 1개의 글리세롤 분자로 분해한다. 지질이 쪼개지면 지방산은 지방세포를 떠나 혈액으로 들어간다. 여기서 지방산은 알부민 단백질에 실려서 근육세포로 가고, 근육세포에서 우리의 모세혈관을 지나 곧장 근육으로 들어갈 수 있다.

운동을 할 때면 이 단백질들이 근육의 세포막 바깥에 나타나고 그다음에 지방산은 ATP로 전환된다. 포도당 분자가 ATP로 전환되는 방식과 똑같다. 두 과정 모두 지방산과 포도당 분자에서 공유결합을 깨기 위해서 열이 필요하고, 궁극적으로 ATP를 생산한다. 이 과정 전체를 호기성 대사라고 한다.

'호기성aerobic'이라는 단어는 산소를 좋아한다는 뜻이고, 그래서 우리가 헬스장에서 하는 그 운동을 에어로빅이라고 부르는 것이다. 지방을 연소하는 과정은 산소가 있어야만 일어나기 때문이다. 열성적인 운동을 하면 호흡이 가빠진다는 사실을 알고 있는가? 이것은 운동을 끝내기에 충분한 에너지를 공급하는 많은 ATP를 연소시키기 위해 다급하게 산소를 들이켜고 있기 때문이다.

이것을 염두에 두면 운동을 열심히 할수록 산소를 더 많이 마시고, 당신의 산소 소비량이 당신이 연소하는 지방/탄수화물 양과 비례한다는 게 그리 놀랄 일도 아니다. 예를 들어 25~60%의 산소 소비에서 산소는 당신의 혈액 안에 있는 지방을 연소시키는 데 사용된다. 이것은 당신이 먹은 음식에서 나온 지방이다. 하지만 60~70%의 산소를 소비하기 시작하면 당신의 몸은 혈액에 있는 지방을 연소하는 것에서 이제 근육에 있는 지방을 이용하는 쪽으로 바뀌기 시작한다. 70% 이상이 되면 당신의 몸은 일종의 패닉을 일으키고 연료 공급원으로 탄수화물을 쓰기 시작한다.

고등학교 생물 시간에는 이 부분이 도저히 이해가 가지 않았다. 왜 우리 몸은 산소 소비량이 70% 이상이 되면 연료 공급원을 지방에서 탄수화물로 바꾸는 걸까? 지방을 모조리 다 사용했기 때문은 아닐 것이다. 아직 우리 몸에는 지방이 남아 있으니까. 그러면 왜 우리 몸은 지방을 다 쓴 것처럼 구는 걸까?

음, 이것은 지방의 위치와 관계가 있다. 고강도의 운동을 할 때 우리 근육에는 그다지 많은 혈액이 들어가지 않고, 따라서 에너지를 얻기 위해 연소시킬 지방산이 부족해진다. 실제로 몸은 혈액을 지방 조직으로부터 다른 곳으로 돌린다. 이는 지방산이 여전히 모세혈관으로 방출되긴 하지만, 거기서 멈춘다는 의미다. 더 이상 세포막을 통과해 근육세포 안으로 들어가지 못하고, 그래서 고강도 트레이닝을 할 때는 에너지원으로 사용될 수 없다.

이는 당신의 모든 지방산이 뒷마당에서 꼼짝 못 하게 된 것과 비슷하다. 창문으로 그것들을 볼 수 있고 거기 있다는 것도 아는데, 뒷문이 열릴 때까지는 그것들을 가져올 수가 없다. 그래서 그사이에 식료품 저장실로 달려

모든 것에 화학이 있다

가서 예비 연료 공급원을 찾는다. 바로 탄수화물이다. 당신의 몸은 낮은 에너지 공급원을 갖고서도 어떻게든 버틴다. 원래대로 지방 연소로 되돌아갈 때까지.

적당한 운동의 훌륭한 점은 우리 몸이 운동이 끝난 뒤에도 계속해서 지방을 연소시킨다는 것이다. 이것을 운동 후 초과산소소비량excess post-exercise oxygen consumption(EPOC)이라고 하는데, 고강도 인터벌 운동high intensity interval training(HIIT)이 높은 EPOC를 가진 것으로 악명 높다. 왜냐고? 크로스핏이나 나이키 운동 클럽 같은 수업은 운동 중에 근육 조직을 꽤 많이 망가뜨려서, 당신의 몸이 상처 입은 근육세포들을 전부 고치기 위해 초과 작업을 해야 하기 때문이다. 근육세포를 운동 전 수준으로 되돌리기 위해서 당신의 몸은 상처 입은 세포를 모두 고치는 것에 더해 근육의 글리코겐도 교체해야 한다.

이쯤에서, 대단한 선입견을 가진 사실에 대해서 이야기하고 싶다. 나는 예전에 피트니스 수업을 진행했고 오늘날까지도 매주 인터벌 트레이닝 세션에 참여하고 있다. 나는 다른 지구력 강화 훈련(달리기나 자전거 타기)보다 고강도 인터벌 운동을 선호한다. 네 번의 무릎 전십자인대 수술을 받았기 때문이다. 나는 더 이상 달리기 같은 고강도 운동을 할 수가 없고, 오랫동안 자전거를 타자니 집중력이 금방 떨어진다. 하지만 달리기와 자전거 타기 모두 당신의 심장과 콜레스테롤 수치에 굉장히 좋다. 운동을 하는 **동안** 다량의 지방산을 연소시키기 때문이다. 또한 이런 운동들은 운동 후에도 지방 연소를 촉진하지만, 고강도 인터벌 운동 수업만큼 많이 하지는 않는다.

운동의 종류와 상관없이 어떤 운동 프로그램이든 시간이 지나면 점점 쉬워진다는 걸 혹시 알아챘는가? 이것은 당신이 근육을 단련하기 시작했기 때문이다. 다시 말해서 어떻게 제대로 작동하고 기능하는지를 근육에게 가르치기 시작했다는 뜻이다. 지방세포가 방출되는 건, 앉아서 생활하는 사람들이나 굉장히 활동적인 사람들이나 똑같을 것이다. 차이점은, 단련된 근육은 지방산을 쉽게 활용해서 빠르게 에너지로 전환할 수 있다는 것이다. 강한 운동선수들은 근육의 단위량당 미토콘드리아 수치가 더 높고 미토콘드리아 **안에서** 연소되는 ATP도 더 많다. 미토콘드리아가 많으면 많을수록 지방은 더 많이 연소된다.

자, 이제 100만 달러짜리 질문이다. 실제로 어떻게 몸무게를 줄일 수 있을까? 연소되고 난 다음에는 어떻게 되는 걸까? 주의를 기울였다면 당신은 우리가 매번 ATP를 연소할 때마다 이산화탄소를 방출한다는 사실을 알아챘을 것이다. 이 말은 운동할 때 연소하는 모든 지방, 단백질, 탄수화물이 당신의 몸에서 호흡을 통해 방출된다는 뜻이다.

믿을 수 있겠는가? 당신은 지방을 호흡으로 뱉어낸다. 그렇게 살을 빼는 거다. 화장실에 가거나 땀을 흘릴 때 살이 빠지는 게 아니라, 문자 그대로 운동하는 동안(그리고 그 후에) 입에서 내뱉는 호흡을 통해서 분자가 빠져나간다.

운동을 하면 잘 다듬어진 몸과 건강한 심장을 얻게 되지만, 내가 생각하는 운동의 최고 장점은 이미 말한 것처럼 힘겨운 운동 그 자체에서 느껴지는 아드레날린의 급류다. 흔히 아드레날린이라고 하는 에피네프린은 분자식 $C_9H_{13}NO_3$을 가진 아미노산 유래 호르몬이다. 이것은 분자 전체에 육원자 고리 1개와 3개의 알코올 작용기를 갖고 있으며, 몸 안에서 독특한 특성을 지닌다. 인간에게는 신장 바로 위에 자리한 부신에서 분비되는 분자다.

아드레날린과 관련해 특히 훌륭한 점은, 혈관 안으로 분비될 때 우리의 신체 조직과 상호작용할 수 있지만, 각각의 내장 기관에 서로 다른 영향을 미친다는 점이다. 예를 들어, 아드레날린은 대체로 당신의 호흡 속도를 증가시키고 혈관을 확장시킨다. 하지만 신체의 다른 부분에서는 혈관을 수축

모든 것에 화학이 있다

시키고 근육 역시 수축시킨다.

이런 특성 때문에 아드레날린은 구명용 약물로 사용될 수 있다. 가령 누군가가 갑자기 뭔가에 심각한 알레르기 반응을 보인다면 우리는 그 사람에게 아드레날린을 투약하기 위해서, 아나필락시스 쇼크에 빠진 사람의 허벅지 바깥쪽에 빠르게 에피네프린 자기주사기(에피펜)를 놓을 수 있다. 에피네프린 용액은 근육으로 들어가서 혈관에 빠르게 흡수된다. 약물은 그 후 혈관 수축을 일으키고 (혈압을 높이기 위해) 폐를 확장시켜서 그 불쌍한 사람이 다시 숨을 쉴 수 있도록 만들어 준다.

이런 아드레날린 급증은 헬스장에서도 자연스럽게 일어날 수 있다. 힘겨운 운동이 끝나면 우리 몸은 에피네프린을 분비하지만, 도파민이라는 호르몬 역시 방출한다. 이 분자는 어떤 목표(격렬한 운동 한 시간)가 달성되면 몸에 보상처럼 작용한다.

도파민 분자는 아드레날린 분자와 아주 비슷하지만, 2개의 알코올기(OH)만 갖고 있다. 이들은 수용성 분자라서 쉽게 몸을 지나 도파민 수용체로 갈 수 있다. 수용체와 결합하면 우리 몸은 도취감에 완전히 사로잡힌다. 어떤 사람들의 경우(나 같은)에 이 기분은 굉장히 중독적일 수 있다. 무척 강력해서, 헬스장에서 더 열심히 운동하는 운동선수나 스튜디오에서 더 오랜 시간 연습하는 댄서처럼 보상 심리적 행동을 일으킬 수도 있다. 보상이 곧 온다는 사실을 아는 것만으로도 도파민의 방출을 촉발하기 충분하다. 그런 이유에서 과학자들은 아드레날린 중독자들이 정말로 '아드레날린'을 찾는 사람들이라고 말하기를 망설인다. 대신 과학자들은 어떤 사람들은 신체적, 사회적 안전을 무시하고 큰 위험을 감수하려 한다고 믿는다. 그들의 몸이 도파민이라는 보상을 원하기 때문이다. 사실 이런 사람들은 '도파민 중독자'라고 불려야 한다.

아드레날린은 매우 강력한 분자라서 사람들에게 발작성 힘hysterical strength

이라는 초능력 같은 힘을 주기도 한다. 2019년 16세의 오하이오 출신 풋볼 선수는 이웃 사람이 도움을 요청하는 소리를 들었다. 이웃집 남자가 약 1,350kg이나 되는 자동차에 깔려 있는 것을 본 그는 곧바로 달려가서 엄청난 힘으로 자동차를 들어 올려 이웃집 남자를 구해주었다. 이 모든 게 아드레날린이 솟구친 덕분이다.

같은 이유로 어떤 운동선수들은 아드레날린 수치를 높이는 능력 향상 약물을 사용한다. 아드레날린이 체력과 지구력을 높여주고 더 강한 물리적 힘을 제공하기 때문이다. 몇몇 스포츠에서는 반응시간을 줄임으로써 경쟁자들에 비해 아주 유리하게 만들어 주기도 한다.

하지만 아드레날린은 몸에서 단독으로 발견되는 일이 드물다. 게다가 신체는 또 다른 호르몬인 코티솔을 생산한다. 이 분자는 지방을 에너지로 바꿀 준비를 시킬 뿐만 아니라 혈압과 혈당을 증가시킨다. 근육은 기본적으로 코티솔의 존재를 느끼고 버피나 스쿼트 점프처럼 빠르고 강력한 활동을 할 대비를 한다.

코티솔은 스테로이드 호르몬으로 4개의 탄소 고리가 서로 결합된 전형적인 스테로이드 구조를 가졌다. 분자의 한쪽 면에는 고리에 연결된 케톤($C=O$)이 있고, 반대편에는 몇 개의 알코올기(OH)가 있다. 산소 원자들이 같은 거리를 두고 분자에 배치되어 있기 때문에 코티솔은 대략 무극성이다. 그러므로 이웃한 분자들과 분산력을 형성할 가능성이 높다.

이 호르몬은 당신의 몸에 여러 가지 일을 할 수 있다. 코티솔은 어디에 있느냐에 따라 그 부분의 몸이 어떻게 작동하는지에 영향을 준다. 예를 들어 혈당 농도를 높이거나 신진대사가 기능하는 방식을 바꿀 수 있다. 아드레날린이나 다른 아미노산 호르몬과 다르게 스테로이드 호르몬은 무극성 분자이기 때문에 지용성이다(수용성이 아니다).

호르몬 코티솔은 비당류로부터 포도당 분자를 형성하는 과정인 포도당

모든 것에 화학이 있다

신생합성gluconeogenesis에서 핵심적인 역할을 한다. 앞에서 이야기했듯이 포도당은 우리 몸의 아주 훌륭한 에너지원이다. 몸에 당분이 '떨어지면' 포도당신생합성을 이용해서 지방이나 단백질을 포도당으로 화학적 전환 할 수 있다.

이런 이유 때문에 아드레날린과 코티솔은 스트레스원에 대한 대응으로 몸에서 방출하는 두 가지 주요 호르몬이다. 모닝 킥복싱 수업을 듣든 악당들로부터 도망치든 간에 당신의 몸은 똑같은 생리학적 반응을 보인다.

하지만 아드레날린이 수용성이고 코티솔은 지용성이라고 말한 걸 기억하는가? 이는 두 분자가 서로 다른 극성을 가졌기 때문이다. 아드레날린은 극성 분자라서 혈액을 강처럼 타고 목표 장기까지 갈 수 있다. 코티솔은 무극성 분자이기 때문에 부표처럼 운반체 단백질을 이용해서 그들이 작동을 시작할 수 있는 지방세포까지 가야 한다.

수업 중에 내가 이 호르몬 이야기를 하면 운동선수인 학생들은 항상 그다음에 논리적인 질문을 던진다. "아드레날린과 코티솔이 러너스하이Runner's high(달릴수록 느끼는 쾌감—옮긴이)의 원인인가요?" 나는 마지못해 전형적인 과학자식의 대답을 한다. "맞아요, 하지만……." 인간의 몸은 굉장히 많은 변수들을 갖고 있다. 예를 들어 당신의 몸이 크로스컨트리 경기나 풋볼 경기처럼 어떤 종류의 스트레스를 받고 있다면, 당연히 다양한 정도의 아드레날린과 코티솔을 분비할 것이다. 하지만 동시에 엔도르핀도 분비할 것이다.

엔도르핀은 1960년대에 생화학자 리초하오李卓皓가 낙타 500마리의 건조 뇌하수체를 연구하다가 처음 분리했다. 그는 지방의 대사를 하는 특정 분자를 찾고 있었지만, 낙타에서 그것을 찾아내지는 못했던 것 같다. 대신 나중에 베타-엔도르핀이라고 알려지는 폴리펩타이드를 발견했다. 하지만 당시에는 그것을 쓸 데가 없어서 신중하게 싸서 잘 보관해 두었다.

15년 후에 리는 생화학자 한스 코스털리츠$^{Hans\ Kosterlitz}$와 신경과학자 존 휴즈$^{John\ Hughes}$가 진행한 연구에 관해 듣게 된다. 그 두 사람은 5개의 아미노산이 연결된 분자인 펜타펩타이드 엔케팔린을 발견했다. 이 발견에 대해 들은 리는 자신의 베타-엔도르핀을 꺼내서 그것도 엔케팔린인지 살펴보았다. 정말 그랬고, 그는 옥시코돈이나 헤로인과 비교해서 진통제로서의 효과를 시험해 보기로 했다. 그것을 뇌에 투약하자, 투약 위치에 따라 전통적인 모르핀보다 18배에서 33배 강한 효과를 내는 것을 본 리는 대단히 흥분했다. 불행하게도 엔케팔린이 모르핀보다 중독성이 **훨씬** 강한 걸로 판명되었기에 그는 이것을 의약품으로 만들려던 생각을 버렸다.

시간이 흐르며 과학자들은 엔케팔린과 다른 체내 신경펩타이드 모두를 포괄적 이름인 '엔도르핀'이라고 부르기 시작했다. 오늘날의 분류에 따르면, 분자에 진통鎭痛 특성이 있고 쾌감을 유발하면 그 물질을 엔도르핀이라고 부를 수 있다.

대체로 사람은 몸에서 자연적으로 세 종류의 엔도르핀을 생성한다. α-엔도르핀(알파), β-엔도르핀(베타), γ-엔도르핀(감마)이다. α-엔도르핀 분자는 연결된 16개의 아미노산으로 만들어진 사슬이다. γ-엔도르핀 분자도 거의 똑같다. 그저 사슬 끝에 류신 아미노산이 더 붙어 있을 뿐이다.

β-엔도르핀은 31개의 아미노산이 연결되어 만들어진 훨씬 큰 분자다. 역시 처음 16개의 아미노산은 α-, γ-엔도르핀과 똑같다. 뒤의 15개의 아미노산은 몇 가지만 예로 들자면 류신, 페닐알라닌, 라이신, 글루탐산 등의 혼합이다. 하지만 여타 엔도르핀과 달리 β-엔도르핀은 인체에 몇 가지 다른 효과를 보여주었다. 예를 들어 사람들이 고통이나 굶주림을 느낄 때 그로 인한 스트레스를 감소해 주는 역할을 한다는 연구 결과가 나왔다. 또 보상 시스템과 몇 가지 성적 행동을 활성화한다.

1980년대에 과학자들은 β-엔도르핀을 러너스하이라고 알려진 현상과 연결시킬 수 있었다. 과학자들은 고강도 운동을 하면 몸이 β-엔도르핀을 방출해서 고통을 통제하는 것을 도와준다는 사실을 알아냈다. 대체로 우리가 고강도 운동으로 인해 통증을 느끼면 통증 수용체는 P 물질이라는 분자를 이용해서 척수를 통해 뇌로 신호를 보낸다. 하지만 이런 일이 생길 때 몸은 전장의 위생병처럼 β-엔도르핀도 보내 통증을 경감시키는 것을 돕는다. 엔도르핀은 척수에 있는 오피오이드 수용체와 결합해서 P 물질이 같은 수용체와 결합하는 것을 막는다. 이 화학반응은 통증을 최소화하는 데 결정적인 단계이다.

단거리 달리기나 웨이트를 최고 무게로 한 다음처럼 정말로 고강도 운동을 했을 때는 우리 뇌에서 오피오이드 수용체에 고농도의 엔도르핀이 결합할 수도 있다. 이 뇌 화학반응은 우리가 활동을 멈춘 직후에 경험하게 되는 놀라운 쾌감을 선사한다. 어떤 사람이 인생에서 특히 괴로운 상황에 있을 때 이 엔도르핀 방출은 그 사람이 강력한 감정적 폭발을 일으키게 만들 수도 있다. 2012년 올림픽에서 체조선수 앨리 레이즈먼이 마루운동을 마친 이후의 동영상을 한번 보라. 앨리는 마루운동에서 금메달을 딴 최초의 미국인이 되었다는 걸 잘 알기에 마지막 동작을 마치며 울음을 터뜨린다.

2012년에 나는 앨리의 반응이 오피오이드 수용체에 결합된 고농도 엔도르핀 때문이라고 설명했을 것이다. 하지만 그러다가 2015년에 독일 과학자 그룹이 엔도르핀은 혈액-뇌 장벽을 통과할 수 없다는 사실을 알아냈다. 엔도르핀이 불안을 경감하고 통증을 최소화하긴 하지만, 실제로 힘든 운동을 마친 뒤에 느껴지는 쾌감을 제공할 수는 없다. 이 결과에 호기심을 느낀 그들은 더 많은 실험을 해서 아난다미드라는 분자가 혈액에서 뇌로 이동해 기분을 고양시킬 수 있다는 사실을 알아냈다.

그럼 아난다미드는 뭘까?

아난다미드는 카나비스(마리화나)와 결합을 형성하는 수용체인 카나비노이드 수용체와 결합하는 지방산 분자다. 아난다미드의 이름은 딱 어울리게도 행복과 즐거움을 뜻하는 'ananda'라는 접두어에서 나왔다. 이 분자는 우리가 어떻게 즐거움을 느끼는가를 좌우하기도 해서 가끔 행복 분자라고도 불린다. 흥미롭게도 이 분자는 최근의 마리화나 연구 덕분에 발견되었다. 연구자들은 인체 내에서 마리화나(테트라히드로칸나비놀, tetrahydrocannabinol, THC)가 어떻게 작용하는지 더 많은 것을 알고 싶어 했고, 카나비노이드 수용체에 관해 모든 것을 알아냈다.

아편이 오피오이드 수용체와 결합하는 것처럼, 카나비스는 카나비노이드 수용체와 상호작용을 하는 것이 밝혀졌다. 하지만 한 가지 큰 차이점이 있다. 아편-오피오이드 수용체 결합은 굉장히 강한 반면에 카나비스-카나비노이드 수용체 결합은 비교적 약하다. 마리화나 결합은 짧은 시간 안에 깨지기 때문에 카나비노이드 수용체는 마리화나에 의존성을 갖지 못한다. 이 약한 상호작용 덕분에 마리화나가 옥시콘틴이나 헤로인만큼 중독성이 높지 않은 것이다.

하지만 그게 운동이랑 무슨 관계가 있을까? 음, 약한 아난다미드-카나비노이드 수용체 결합은 러너스하이가 별로 오래가지 않는 이유 중 하나이다. 이 결합이 강하지 않기 때문에 결국 깨져서 러너스하이를 감소시킨다. 그리고 러너스하이가 사라지고 나면 당신은 뭔가를 느끼게 될 것이다. 바로 통증이다.

네 번의 ACL 무릎 수술을 받은 내가 운동 후에 가장 일반적으로 통증을 느끼는 부분은 무릎이다. 몇 년 동안 운동할 때 어떤 종류의 점프도 하지 않았지만, 그래도 가끔 무릎이 그냥 욱신거린다. 그럴 때면 나는 망설이지 않고 마트에서 파는 진통제를 집어 든다.

하지만 진통제라는 건 정확히 뭘까? 이 분자들이 우리의 체내에서 어떻게 작동하는 걸까?

최근 미디어에서 '기적의 약'이라고도 부르는 아스피린은 실제로 서기전 4세기에 히포크라테스가 처음 찾아냈다. 당시 사람들은 열병을 치료하는 차를 만들기 위해서 물에 버드나무 껍질을 넣고 끓였다. 1763년으로 훌쩍 건너뛰면, 에드워드 스톤Edward Stone이라는 영국 성직자가 버드나무 껍질에 관한 새로운 연구를 담은 소논문을 발표했다. 그는 버드나무 껍질을 말린 다음 50명의 사람들에게 나눠주었다. 그 사람들은 마른 껍질을 흔한 병을 치료하는 데 썼고, 심지어는 로션 같은 기묘한 형태로도 사용했다.

나무껍질을 섭취한 스톤의 환자들은 하나같이 두 가지 똑같은 문제에 관해 불평했다. (1) 버드나무 껍질은 맛이 고약하다. (2) 먹고 나면 속이 울렁거린다. 하지만 그것이 두통과 염증으로 인한 고통을 줄여줬기 때문에 그의 환자들은 기꺼이 계속 먹을 용의가 있었다. 그리고 어떤 경우에는 나무껍질이 관절염 증상도 경감해 주었다.

100년쯤 뒤에 펠릭스 호프만Felix Hoffmann이라는 화학자가 버드나무 껍질의 활성 분자인 살리실산($C_7H_6O_3$)의 화학적 대체제를 찾기 시작했다. 그의 아버지는 살리실산 약에 심각한 욕지기를 경험했고, 펠릭스는 아버지를 도울 방법이 있는지 알아보고 싶었다. 펠릭스는 상사인 아르투르 아이헨그륀Arthur Eichengrün의 도움으로 살리실산을 조사하기 시작했고 결국에 그 가까운 사촌인 아세틸살리실산($C_9H_8O_4$)을 만드는 효율적인 방법을 찾아냈다. 이것이 후에 아스피린이 된다.

불행하게도 아르투르와 펠릭스는 신약의 임상시험을 하기가 굉장히 어려웠다. 살리실산은 심장을 약화시키는 걸로 악명 높았기 때문이다. 펠릭스는 다른 임무를 맡게 되었고, 아세틸살리실산에 대한 새로운 지식을 이용해서 디아세틸모르핀이라는 또 다른 유명한 약을 합성한다. 흔히 헤로인이라고 알려진 분자다. 놀랄 일도 아니지만, 그가 사람들에게 디아세틸모르핀을 사용해 보라고 설득하는 데는 아무런 어려움도 없었다.

펠릭스의 상사인 아르투르는 그렇게 쉽게 아세틸살리실산을 포기하려 하지 않았다. 그는 새로운 진통제(우리가 현재 아스피린이라고 알고 있는 것)를 의사들에게 몰래 주었고, 의사들은 나름의 사적인 임상시험을 해보았다. 결과는 즉시 나왔다. 환자들(그리고 담당 의사들)은 마침내 심각한 복통을 일으키지 않으면서 열을 내리고 통증을 줄여주는 약을 갖게 되어 대단히 기뻐했다. 이 소식은 빠르게 퍼졌고, 짧은 시간 안에 바이엘 아스피린이 일반 판매를 시작했다.

그러니까, 아스피린(아세틸살리실산)이 뭐가 그렇게 대단하고 왜 이게 버드나무 껍질(살리실산)보다 나았던 걸까? 처음에 당시 화학자들은 살리실산의 알코올기(OH) 하나를 아세틸살리실산에서 에스터기($OCOCH_3$)로 대체한 덕분에 아스피린 맛이 더 나아지고 복통 문제도 경감했다는 사실을 깨달았다. 그리고 약이 살리실산과 동일한 정도의 활성을 가졌다는 것도 알아냈다. 하지만 어떻게 그럴 수가 있을까? 더 큰 분자는 단순히 그 크기 때문에 원하는 위치까지 가는 게 더 어려울 수밖에 없다.

과학자들이 금세 파악한 것은 아르투르와 펠릭스가 실제로 신약을 발견한 게 아니라는 사실이었다. 아스피린(아세틸살리실산)은 사람들이 먹기에 더 편할지 몰라도 배 속에서는 분해되어 살리실산으로 돌아갔다. 기본적으로 아스피린은 버드나무 껍질이 배 속과 입에 미치는 좋지 않은 부작용을 약간 줄였을 뿐이었다.

아스피린은 스포츠에서 부상을 당했을 때 먹으면 아주 좋다. 염증이나 부기로 느끼는 통증을 경감시켜 주기 때문이다. 몸 안에서 살리실산은 중요한 화학반응을 막아 효소(사이클로옥시게나아제)가 더 이상 2개의 분자(프로스타글란딘이나 트롬복산)를 생성하지 못하게 만든다. 프로스타글란딘은 혈관을 확장시켜서 백혈구를 상처로 보낸다. 다시 말해 아스피린은 심하게 넘어졌을 때 효소가 우리 발목을 붓게 만드는 걸 막아준다.

모든 것에 화학이 있다

이 과정은 NSAID 약물(비스테로이드성 항염증제)에서 아주 흔한 기제이기도 하다. 예를 들어 이부프로펜은 부기, 통증, 열을 치료하는 데 흔히 쓰이는 또 다른 NSAID이다. 이것은 아스피린과 비교하면 훨씬 더 최신 약이다. 1960년대에 발견된 이부프로펜 역시 사이클로옥시게나아제 활성을 억제하는 것으로 밝혀졌다. 이 분자는 $C_{13}H_{18}O_2$의 분자식을 갖고 있고 가운데에 2개의 탄화수소 사슬이 있는 육원자 고리 구조다. 당신도 이미 알겠지만, 이 약은 열을 내리는 데 굉장히 효과가 좋고 신장결석으로 인한 통증을 경감시키는 데도 도움이 된다.

더 싼 약인 아세트아미노펜은 특히 타이레놀이라고 불린다. 화학자들이 대체로 파라세타몰이라 부르는 이것은 보통 감기의 증상 몇 가지를 완화시킨다. 이 약은 $C_8H_9NO_2$의 분자식을 가졌고, 육원자 고리를 갖고 있다.

아세트아미노펜이 어떻게 작용하는지 그 원리는 아직까지 완벽하게 파악되지 않았다. 이부프로펜이나 아스피린(그리고 다른 NSAID)과는 다르게 아세트아미노펜이 사이클로옥시게나아제 효소를 가로막는 것 같지는 않다. 대신에 전혀 다른 경로로 작용하는 것으로 보인다. 여전히 효소가 관련되어 있을 거라고 추측하지만, 연구자들은 이 과정이 실제로 어떻게 작동하는지 100% 확신하지 못한다. 그들이 확실하게 아는 것 한 가지는, 이 분자가 효소를 가로막지 **않기** 때문에 항염증제만큼 잘 작용하지는 **않는다는** 점이다. 하지만 과학자들은 뇌에서 효소를 억제하거나, 그래서 통증을 경감시키고 열을 내리는 데 사용할 수 있는 것인지도 모른다고 생각하기 시작했다.

각각의 분자들은 사람의 몸에 각기 다른 영향을 미치고, 그래서 어떤 상처에는 특정한 진통제가 더 잘 듣는 것처럼 느껴진다. 나는 개인적으로 또 다른 NSAID인 알레브(나프록센)를 선호한다. 의사가 아니기 때문에 진통제를 딱 골라 추천하지는 못하겠지만, 장기 손상 같은 다른 안 좋은 부작용에 주의하라고는 경고해야겠다. 예를 들어 나는 알레브 과다 사용에 매우 주의해야 한다. 이 약은 신장 질환을 일으킬 수 있기 때문이다.

하지만 내가 무릎에서 아무리 큰 통증을 느낀다 해도 헬스장에 가는 걸 막지는 못할 것이다(그러길 바란다). 나는 러너스하이와 사랑스러운 운동복 차림으로 하루를 시작하는 게 정말 좋다. 그리고, 이러면 안 된다는 건 알지만, 운동을 핑계로 디저트를 먹는다.

거의 매일 아침 좋은 운동이 나를 잠에서 깨우고 하루를 공략할 준비를 시켜준다. 하지만 사람들 속으로 나가기 전에 씻을 시간이 몇 분(혹은 한 시간) 필요하다. 다음 장에서는 욕실에서 당신을 둘러싸고 있는 과학적 원리에 대해서 설명할 것이다. 샴푸부터 헤어드라이어, 입술에 바르고 출근하면 자신감이 생기는 빨간 립스틱에 이르기까지, 이 모든 것이 한 가지 공통점을 갖고 있다. 뭔지 추측할 수 있겠는가? 바로 화학이다!

7. 알-음-다-움

고강도 운동을 한 다음 나는 대체로 욕실로 가서 나갈 준비를 시작한다. 이는 아주 오랫동안 내가 하루 중 가장 싫어하는 시간이었다. 대학원 시절 나는 젖은 머리카락을 하나로 묶고 황급히 티셔츠를 입은 뒤 문밖으로 뛰쳐나가는 것 이상을 할 시간이 없었다. 이제는 아침에 할 일이 줄지어 있고, 솔직히 말해서 욕실에 내 자리 이상을 차지하고 있는 화장품들이 가득하다. 놀랄 일도 아니지만 헤어케어 제품부터 화장품, 향수에 이르기까지 전부 다 화학이 기반이다. 그리고 적절한 조합은 마법 같은 결과를 불러올 수 있다.

내 말을 믿을지 모르겠지만, 근사하고 평화로운 샤워에도 놀라운 과학이 숨어 있다. 뜨거운 물이 몸으로 쏟아지면, 물 분자가 샤워실 바닥에 닿기도 전에 머리카락과 피부에서 이웃한 물 분자와 수소결합을 형성한다. 가끔 물의 점착력이 아주 강하면 당신의 피부에서 물 분자를 끌어당겨 피부 위에서 물방울을 형성하기도 한다. 이렇게 되면 물 분자는 다른 분자나 당신의 피부 위의 염분보다 서로에게 더욱 끌리게 된다.

샴푸와 컨디셔너에 담긴 과학적 원리는 더더욱 흥미롭다. 아마 대부분 당신이 들어본 적도 없는(그리고 통 뒤쪽에 써 있지도 않은) 분자들을 포함하고 있다. 바로 4급과 양이온 계면활성제. 이것들은 이름만큼 복잡한 게 아니라고 장담한다. 이들과 머리카락의 상호작용은 꼭 필요한 과정이다. 하지만 이 특별한 화합물들을 보기 전에, 우선 기초적인 것부터 시작하자.

머리카락의 주요 단백질은 알파-케라틴이라는 것이다. 손톱 성장이나 피부 관리 측면에서, 또는 동물의 뿔이나 깃털 관련해서 케라틴이라는 말을 전에 들어본 적이 있을지도 모르겠다. 당신이 가는 헤어숍에서 웨이브 머리를 일시적으로 펴기 위해 케라틴 처리를 할 수도 있고, 당신이 쓰는 샴푸나 컨디셔너에 들어가는 첨가물 중 하나일 수도 있다.

우리의 머리카락에 있든 통 속에 있든, 케라틴은 아미노산 폴리펩타이드 사슬로 만들어진다. 순서, 배열, 아미노산의 종류는 서로 굉장히 다르지만, 전체 단백질(알파-케라틴)은 항상 최소한 하나의 시스테인 분자를 갖고 있을 것이다. 비교적 작은 이 아미노산은 가끔 효소처럼 행동해서 생화학 반응을 유발한다. 어떻게 하느냐고? 2개의 폴리펩타이드 가닥(또는 2개의 케라틴 가닥)이 서로를 휘감아 이중나선을 형성하고, 케라틴 A의 시스테인 분자에 있는 황 원자가 케라틴 B의 시스테인 분자에 있는 황 원자와 공유결합을 형성한다. 이 반응은 시스틴이라는 완전히 다른 새 분자를 생성한다. 그리고 이름이 거의 똑같긴 하지만, 시스틴은 2개의 시스테인 분자의 조합으로 이루어지는 훨씬 큰 분자다.

당신이 알아둬야 할 것은 계속해서 반복되는 이 과정이 사다리 같은 구조를 형성하고(DNA처럼), 사다리의 각 단은 시스테인 아미노산 사이의 황-황 결합을 의미한다는 점이다. 이 화학반응은 굉장히 중요하다. 결과물인 시스틴 분자(사다리의 각 단)에서 모든 화학반응이 일어나기 때문이다!

당신이 씻고, 말리고, 머리카락을 펼 때면 언제나 시스틴 분자들을 건드리는 것이다. 대체로 머리를 감는 걸로 샤워를 시작하니까 그 부분부터 살펴보자. 샴푸는 우리 머리에서 기름기를 제거해 준다. 이것은 심각한 세척 과정이지만 샴푸는 두피를 따갑거나 쓰리게 하지 않으면서도 잘 씻겨준다. 과학자들은 우리 머리카락의 문제 분자들과 결합할 수 있으면서도 머리카락 자체에는 순하고, 샤워 물줄기에 안전하고도 쉽게 씻겨나갈 수 있는 화학물질들을 골랐다.

각 브랜드의 샤워 제품들은 우리 머리카락에서 지질, 박테리아, 원치 않는 부산물들을 제거하기 위해 힘을 합치는 나름의 특별한 분자 조합으로 만들어져 있다. 이 분자들은 점성액(대단히 걸쭉한 용액 글리세롤)부터 시트르산(레몬에 있다), 염(염화암모늄 같은) 등일 수 있다. 하지만 내가 추측하건대 당신은 샴푸와 컨디셔너에 들어 있는 파라벤, 황산염, 실리콘에 대해서 더 많이 들어봤을 것이다. 이 분자들이 머리기사에 자주 등장하기 때문이다.

파라벤부터 얘기해 보자. 파라벤은 수많은 화장품에서 박테리아의 성장을 막기 위해 사용되니까. 가장 흔한 파라벤은 **메틸**파라벤^{methylparaben}, **에틸**파라벤^{ethylparaben}, **프로필**파라벤^{propylparaben}, **부틸**파라벤^{butylparaben}이다. 이들 모두 파라옥시안식향산^{parahydroxybenzoic acid}에서 파생된 것이다. 메트(meth)=1, 에트(eth)=2, 프로프(prop)=3, 부트(but)=4이다. 화학 언어에서 이 접두사들은 각 파라벤 분자 안에 있는 탄소 원자의 개수를 말한다.

메틸파라벤은 우리가 쓰는 샴푸뿐만 아니라 수많은 식료품에 첨가되는 아주 흔한 항균 방부제이다('항균'이라는 것은 곰팡이와 박테리아에 있는 결합을 깨뜨려서, 균이 쉽게 복제하거나 살아남을 수 없게 한다는 뜻이다). 당신이 유럽에 산다면 E218 같은 E 숫자로 메틸파라벤을 쉽게 알아볼 수 있다. 에틸파라벤(E214)과 프로필파라벤(E216) 역시 샴푸와 컨디셔너에 사용되지만, 항균 목적에서 부틸파라벤만큼 인기가 있지는 않다.

부틸파라벤은 파라벤 분자에서 주요 산소 원자에 탄소 원자 4개짜리 사슬이 결합된 것이다. 탄화수소 사슬이 더 길기 때문에 파라벤 분자 사촌들과는 좀 다른 물리적 특성을 갖고 있다. 부틸파라벤은 20,000개 이상의 화장품에 사용되는데 대부분의 사람들은 이것을 이부프로펜 같은 일반 의약품에서도 찾을 수 있다는 걸 알고 깜짝 놀란다.

불행하게도 파라벤은 샴푸와 컨디셔너에서 박테리아의 성장을 막는 데는 훌륭한 성과를 올리지만, 몇 가지 인체에 안 좋은 문제들과 관련되어 있다. 2004년 파라벤이 유방암 환자 20명 중 18명의 종양 안에서 발견되었다고 주장하는 연구가 발표되었다. 이 책이 출간된 당시에는 더 많은 정보를 담은 관련 분야 연구가 없었다. 이는 파라벤이 확실하게 유방암에 걸릴 확률을 증가시킨다는 뜻일까? 그렇지는 않다. 하지만 나를 포함해 많은 여성들이 웬만하면 파라벤이 들어 있는 화장품을 안 쓰고, 회사들은 다양한 파라벤-프리 제품을 만드는 식으로 대응했다.

많은 제조업체들이 진공 기구에 파라벤-프리 제품을 담은 상품을 내놓는다. 진공 기구는 그 이름 그대로 샴푸와 컨디셔너 위쪽 공간에서 공기를 전부 빼낸 다음 밀봉한 통이다. 상상할 수 있듯이 이는 샤워실에서는 달성하기가 엄청나게 어려운 위업이다. 하지만 산소 부족은 박테리아나 곰팡이가 자라는 걸 어렵게 만들기 때문에 중요한 단계라 할 수 있다.

내가 사용을 피하려고 하는 또 다른 분자는 실리콘이다. 이것이 암을 유발하기 때문이 아니라, 헤어 미용 업계에서 '빌드업buildup(머리카락과 두피에 제품 일부가 점진적으로 축적되는 것)'이라고 불리는 것의 주요 분자이기 때문이다. 불행히도 나는 중학교 시절 내 머리를 기름지고 착 달라붙게 만드는 게 샴푸에 들어 있는 실리콘이라는 사실을 깨닫기까지 한참 걸렸다. 같은 제품으로 매일 샤워를 하는 것은 답이 **아니었다**.

폴리실록산, 흔히 실리콘이라고 불리는 이 분자는 아마 샤워실이나 욕조, 메워놓은 틈새에 이미 존재하고 있을 큰 고분자이다. 실리콘은 무극성 분자이기 때문에 방수이고, 상당한 열적 안정성을 갖고 있다. 샴푸에서 이것은 머리카락의 모낭을 하나하나 코팅하고, 일시적으로 머리카락 역시 코팅해서 환경적 훼손으로부터 보호해 준다. 또 머리카락이 곱슬거리는 효과를 감소시킨다. 머리카락 각각이 부드러운 '고무 같은' 질감을 가졌다면 머리카락은 서로 스쳐 미끄러질 수 있을 것이다.

하지만 앞에서 말했듯이 실리콘 코팅에는 중대한 부작용이 하나 있다. 시간이 지나면 엄청난 빌드업이 형성될 수 있다는 것이다. 실리콘은 무거운 물질이기 때문에 머리카락에 달라붙어 가닥가닥을 늘어뜨리고, 시간이 흐르면 실리콘이 다른 실리콘 분자들과 접착성 결합을 형성해서 어떤 사람들의 경우에는 내가 앞에서 언급한 것 같은 기름 낀 머리 모양을 만든다.

몇몇 사람들에게 비난받는 또 다른 샴푸 재료는 황산염이라고 부르는 계면활성제이다. 로릴황산소듐Sodium lauryl sulfate(SLS나 SDS라고도 불린다)은 완벽한 기포제이기 때문에(훌륭한 세척제일 뿐만 아니라) 종종 샴푸에 거품을 더 만들기 위해서 사용된다. 불행하게도 황산염은 당신 머리의 기름과 너무 잘 결합하기 때문에, 고농도의 황산염은 실제로 천연 기름을 너무 많이 제거하고 결국 머리카락을 건조하게 만든다. 당신이 곱슬거리는 머리카락을 가졌다면 미용사에게 황산염은 절대로 피하라는 말을 들은 적이 있었을 것이다. 이제 그 이유를 알게 되었다.

하지만 샴푸는 이렇게 복잡할 필요가 없다. 내가 제일 좋아하는 샴푸는 거의 전부가 주로 물과 글리세린, 방향성 분자 몇 개만으로 이루어졌다. 글리세린은 샴푸에 점성을 주고('줄줄' 흐르는 것과 정반대로 진득한 액체), 방향성 분자들은 샴푸의 냄새를 좋게 만든다. 향기로운 분자가 머리카락을 건조하게 만든다는 연구가 있긴 하지만, 나는 꽃향기가 나는 샴푸를 좋아하기 때문에 위험을 감수하기로 결심했다. 하지만 솔직히 샴푸에는 기름기를 결합시킬 만한 것이 필요하고, 그래서 아무리 최고급 샴푸라 해도 당신 머리카락에서 기름기를 뽑아내기 위해 황산염(또는 다른 계면활성제)을 몇 방울쯤 넣는다. 당신이 새 샴푸를 찾고 있다면 다비네스 제품을 살펴보라. 이 제품들은 파라벤이나 황산염이 전혀 들어 있지 않고, 회사 자체도 환경의 지속가능성과 자선 활동에 기여하는 곳이다.

물론 그 후에 성실하게 컨디셔너를 쓰면(그것도 딥 컨디셔너) 샴푸의 건조해지는 효과를 상쇄시킬 수 있다. 마케팅용 광고를 통해서 컨디셔너가 우리 머리카락을 부드럽거나 촉촉하게 만들어 준다는 인상을 받게 된다. 완전히 틀린 것은 아니지만, 이런 주장은 이 컨디셔너들이 의도하는 목적의 부작용일 뿐이다. 컨디셔너의 목적은 특히 빗질을 할 때 머리카락 사이에서 마찰력을 줄이는 것이다.

하지만 이게 어떻게 가능할까? 대부분의 컨디셔너에는 양이온 계면활성제라는 양전하를 띤 계면활성제가 포함되어 있다. 실험실에서 만든 이런 계면활성제는 제4암모늄화합물(줄여서 4급)을 가진 커다란 분자다. 이 분자들은 일종의 다이아몬드 모양을 하고 있고, 분자 중심에 질소 원자가 있으며, 4개의 각기 다른 탄화수소가 결합하고 있다. 이것은 우리가 1부에서 이야기했던 사면체의 완벽한 예이다.

주기율표에서 질소의 위치(5족─옮긴이) 덕분에 우리는 이 원소가 원자 3개와 결합할 때 가장 행복하다는 것을 안다. 하지만 특정 상황에서 질소는 이 4급에서처럼 실제로 **4개의** 원자와 결합할 수 있고, 분자 전체에는 양전하가 생긴다(그래서 양이온이 된다). 따라서 이름이 양이온 4급이 되었다.

4급이 머리카락 표면에 결합하면 머리카락 외부에 강력한 소수성疏水性 코팅을 형성한다. 소수성이란 '물과 친하지 않다'는 뜻으로 이 코팅은 우리에게 세 가지 환상적인 결과를 제공한다. 첫째, 머리카락이 빗질하기 더 쉬워진다. 머리카락 사이의 마찰력을 감소시켰기 때문이다. 머리카락은 이제 매끄러운 4급으로 코팅되어서 물과 수소결합을 하는 대신 서로 그냥 미끄러진다. 둘째, 머리카락이 더 부드럽고 두꺼워진다. 머리카락에 보호막을 입혔기 때문이다. 그리고 셋째, 머리카락과 코팅 사이의 전자기적 상호작용 덕분에 '악마의 뿔'이 즉시 감소한다.

악마의 뿔이란 내 동생이 정전기를 이해하기 전에 정전기 때문에 곤두선 머리를 부르던 말이다. 정전하는 이제 새로운 양이온으로 균형이 잡히고 완화되었다.

4급을 적절하게 사용하면 손상된 머리카락을 완전히 리컨디션(이상이 있는 머리카락을 원래대로 되돌리는 것을 뜻하는 용어다) 할 수 있다. 그 원리는 이렇다. 당신의 머리카락이 환경적 접촉이나 지나친 화학적 처리로 인해 훼손되면 머리카락 끝에 음전하가 축적된다. 그때 컨디셔너 안의 양전하를 띤 4급이 당신의 머리카락에서 가장 심하게 손상된 부분에 달라붙어 음전하를 띤 머리카락 끝과 강한 전자기적 인력을 형성한다. 이 아름다운 이온의 상호작용은 결국 손상된 끝부분을 보수하고, 다른 머리카락으로 인해 들려 올라가는 일을 줄여주어 탐스럽고 매끄러운 머리카락을 선사한다.

이 모든 것 중에서 가장 좋은 부분은 양이온 계면활성제가 풍부하고, 실험실에서 만들기 쉽고, 비교적 싸다는 것이다. 불행하게도 가끔 회사들이 양이온 고분자를 양이온 계면활성제라고 말하는 경우가 있는데 이건 완전히 맞는 말도 아니고, 절대로 우리 머리카락에 양이온 고분자를 쓰고 싶지는 않을 것이다!

왜냐고? 양이온 고분자(양이온 4급보다 훨씬 큰 버전이다)는 종종 전하 밀도가 높다. 이 말은 비교적 작은 공간에 큰 양전하가 있다는 뜻이다. 큰 전하 밀도를 가진 분자들은 앞에서 말한 제품 빌드업(실리콘처럼)을 일으킨다. 양이온 고분자는 머리카락에 **지나치게** 끌려서 모낭에 달라붙어 절대로 떨어지지 않을 것이다. 그러면 우리가 오버컨디셔닝over-conditioning이라고 하는 상태가 되어서 무겁게 코팅이 된 기분을 느끼게 만들 것이다(다시 말해

머리가 떡이 진다). 그래서 우리 대부분은 무슨 일이 있어도 양이온 **고분자**는 피하려 한다.

보통의 컨디셔너와 딥 컨디셔너의 유일한 차이는, 딥 컨디셔너가 우리의 머리카락 끝에 더 오랫동안 머무는, 더 강하고 *끈끈한* 제품이라는 점이다. 이렇게 되면 분자가 화학반응을 마칠 여유가 많아지고, 나중에 머리카락이 더 건강하고 부드럽게 느껴진다. 효과가 아주 좋다.

그리고 이건 돌팔이의 만능 약이 아니라 과학이다!

나는 머리카락에 딥 컨디셔닝(아니면 그냥 보통 컨디셔닝)을 하는 동안 향기 나는 샤워젤로 몸 전체를 씻는 걸 좋아한다. 이런 바디워싱 제품들은 샴푸와 아주 비슷하지만, 더 높은 농도의 계면활성제와 향수가 들어가 있는 편이다. 내가 가장 좋아하는 바디워시는 주로 물에 SLS(거품을 만들고 몸을 깨끗하게 씻어내기 위해서), 글리세롤(걸쭉한 액체로 만들기 위해서), 그리고 다량의 방향성 분자들(나에게서 햇살 같은 냄새가 나도록)을 넣은 것이다. 내 남편이 가장 좋아하는 것도 비슷한 조성이지만, 그의 것이 훨씬 싼 거라서 내 것만큼 끈끈하거나 향기롭지는 않다.

샤워할 때 셰이빙 크림을 사용한다면, 아마도 글리세롤과 SLS(황산염!), 물의 혼합물을 사용하고 있는 것이다. 하지만 중요한 차이점은 셰이빙 크림이 기술적으로 거품(액체 안에 갇힌 기체)이라는 점이다. 셰이빙 크림 스프레이의 위쪽 버튼을 누르는 행동은 다음과 같은 작동을 일으킨다. 캔 꼭대기에 있는 기체 분자들이 캔 아래쪽에 있는 물-SLS-글리세롤 혼합물 속으로 밀려들어 간다. 이 동작으로 보들보들한 거품이 튜브를 통해 올라가서 캔 밖으로 나온다. 우리가 음료수 안에서 빨대로 거품을 만드는 것과 비슷하다. 생성된 거품은 이제 면도를 하는 데 쓸 수 있다.

자외선 차단제가 우리 피부를 태양으로부터 지켜주듯이 셰이빙 크림은 우리의 피부를 면도날로부터 지켜준다. 거품형 물질은 피부와 칼날 사이에 보호막을 형성하고, 이것이 고통스러운 면도기 상처와 보기 흉한 빨간 자국들을 만드는 마찰력을 확실히 줄여준다. 여기 깔린 과학적 원리는 단순하다, 여러분. 셰이빙 크림=매끈한 다리다.

내가 샤워를 하고 나서 가장 먼저 하는 일(타월로 몸을 닦고 로션 바르는 거 빼고)은 머리카락에 열 보호제를 분사하는 것이다. 이건 21세기 최고로 환상적인 발명품 중 하나다. 이 제품은 흔히 그냥 열 차단제라고 불린다. 우리 머리카락은 드라이와 스타일링 과정에서 많은 스트레스를 받는다. 그래서 얇은 물질로 코팅하면 보호할 수 있다. 손을 데지 않기 위해서 오븐 장갑을 쓰는 것과 같은 원리다. 열 보호제는 대체로 우리 머리카락에 달라붙는 커다란 분자들로 굉장히 높은 열 내성을 가졌다.

머리카락에 열 차단제를 뿌리고 나면, 머리카락을 말리기 위해서 드라이어를 사용한다. 젖은 머리는 물 분자로 둘러싸여 있기 때문에 '젖은' 것이고, H_2O 분자는 100℃ 이하에서 자연적으로 기화할 수 있다. 이는 자연 바람에 머리를 말려본 사람이라면 별로 놀랄 일이 아니다. 과학적 관점에서 자연 바람에 말리는 것은 컵 안의 물이 증발하기를 기다리는 것과 똑같다.

흥미롭게도 젖은 머리카락이 열에 노출되면 몇 가지 다른 방식으로 반응한다. 그 화학적 반응성이 열원의 온도와 관련되어 있기 때문이다. 110℃ 이하에서도 머리카락 표면에 물리적 손상이 일어날 수 있고 이것은 당신이 공중화장실에서 핸드드라이어에 손을 너무 가까이 댔을 때 일어날 수 있는 국소 화상과 비슷하다. 하지만 대체로 머리카락은 회복이 가능하다.

열이 176℃까지 올라가면 회복 불가능한 열 손상(또는 화학적 손상)이 일어난다. 이런 종류의 열은 케라틴 사슬을 즉시 분해한다. 유튜브에서 #hairfail 동영상들을 확인하면 직접 볼 수 있다. 이 불쌍한 아이들은 뜨거운 도구로 머리카락을 다 태워먹는다. 아마도 (1) 열 차단제를 쓰는 걸 잊었거나, (2) 너무 오랫동안 너무 직접적으로 열을 받았거나, 이 둘 중 하나일 것이다.

일반적으로는(곧 설명하겠지만 실제로는 아니다) 머리카락을 말리는 최적의 온도는 135℃ 전후이다. 이 '이상적인' 온도는 기화 과정의 속도를 높일 정도의 열을 제공하지만, 화학적 손상을 입힐 정도로 높지는 않다.

처음 이 과정에 대해서 배우고 나는 즉시 대부분의 드라이어들이 100℃에서 135℃ 사이쯤의 열을 낼 거라고 추측했다. 하지만 몇 초 동안 생각해 본 후에 나는 그게 얼마나 위험한 일일지 깨달았다. 물은 100℃에서 **끓고**, 수증기만 건드려도 심한 화상을 입을 수 있다. 내 남편은 최근에 요리를 하다가 수증기에 손가락 2개를 데었다. 물집이 하도 심해서 하마터면 병원에 갈 뻔했다.

135℃의 수증기가 당신의 얼굴 근처로 오면 얼마나 고통스러울지 상상해 보라. 으악. 최소한 손에는 열과의 돌발적인 상호작용에서 우리를 지켜 줄 굳은살이라도 있다. 하지만 두피에는 그런 게 전혀 없다. 사실 우리 머리 피부는 굉장히 예민해서 135℃의 열도 참을 수 없을 정도다.

그래서 대부분의 상업용 헤어드라이어는 40℃나 50℃의 열까지 도달할 수 있다. 우리가 실험실에서 쓰는, 드라이어와 비슷하게 생긴 도구인 열선총과 비교하면 굉장히 약하다. 열선총은 593℃까지 도달할 수 있기 때문이다. 어떤 상황에서도 열선총을 당신 머리카락에 쓰고 싶지는 않을 것이다. 나는 대학원 시절 캠퍼스에서 폭우를 만나는 바람에 당황해서 젖은 옷을 열선총으로 말리려고 한 적이 있다. 뜨거운 바람은 굉장히 기분 좋았지만, 곧 셔츠의 합성섬유가 내 피부 위로 **녹고** 있는 것을 깨달았다.

그러니까, 헤어드라이어가 소량의 열만을 공급한다면 어떻게 내 머리카락에서 물을 제거할 수 있는 걸까? 이 질문에 대답하려면 온도가 실제로 뭔지를 설명해야 한다. 과학자들이 '온도'라는 단어를 쓸 때는 시스템의 평균 운동에너지를 이야기하려는 것이다. 화학에서 운동에너지는 분자의 운동을 설명하고, 분자의 속도, 즉 분자가 얼마나 빠르게 움직이는지와 비례한다.

우리가 뜨거운 물의 무작위적인 표본을 본다면, 비슷하긴 해도 정확하게 같은 속도는 아닌 상태로 분자들이 움직인다는 걸 알 수 있을 것이다. 이것은 여러 가지 인자로 인한 결과지만, 가장 주된 이유는 분자 서로 간의 충돌, 그리고 분자와 용기 간의 충돌 때문이다. 물 분자가 충분한 속도까지 올라가면 기체로 변화할 수 있다.

이 상황을 체육관의 아이들로 생각해 볼 수 있다. 아이들에게 자유 시간을 주면, 대부분은 그야말로 혼란스럽게 뛰어다니고, 서로 부딪치고, (다친 데는 전혀 없이) 튕겨나갈 것이다. 어떤 아이들은 전력으로 달리고, 어떤 아이들은 게으름을 피우거나 심지어는 가만히 서 있을 수도 있다. 이런 시스템에서 아이들 모두가 뛰고 있다거나 모두가 걷고 있다고 말하는 것은 정확하지 않다. 대신 우리는 아이들의 평균 속도를 말할 수 있고, 이것이 기본적으로 체육관의 온도다.

하지만 이게 헤어드라이어와 무슨 상관이 있을까? 자, 구체적으로 체육관 안을 전력 질주하는 아이들만 살펴보자. 이 아이들은 나머지 아이들보다 훨씬 빠르게 움직이는 중이고, 진정 자유롭게 달리기 위해서 좁은 공간에서 나가고 싶을 것이다. 그럴 기회가 정말로 오면(체육관 문이 열린다든지) 모든 아이들이 문으로 향할 것이다. 달리던 아이들이 가장 빨리 빠져나가고, 나머지 아이들이 뒤를 따를 것이다(그 아이들이 속도를 높인다면).

젖은 머리의 물 분자들에게도 똑같은 일이 일어난다. 헤어드라이어가 물 분자들이 정말로 진동을 시작할 수 있는 여분의 에너지를 약간 공급한다. 충분한 에너지가 쌓이면 이 분자들은 머리카락에서 빠져나와 공기 중으로 뛰어들 수 있다. 모든 물 분자가 이렇게 하면 다 마른 머리카락만이 남는다.

하지만 헤어드라이어가 위험할 만큼 높은 온도까지 가지 않는다면, 우리는 왜 드라이 하기 전에 열 보호제를 바르는 걸까? 사실 그것은 머리카락을 말릴 때 필요한 게 전혀 아니다! 보호제는 그 후에 사용할 뜨거운 도구들, 훨씬 더 뜨겁게 작동하는 판 고데기나 봉 고데기 같은 데 필요한 것이다. 그렇다면 왜 샤워실에서 나오자마자 제일 먼저 머리카락에 열 보호제를 바르는 걸까? 왜냐하면, 마른 머리보다는 젖은 머리에 액체로 된 열 보호제를 **고르게** 바르기가 훨씬 쉽기 때문이다.

헤어드라이어와 달리 뜨거운 스타일링 도구들은 머리카락에 직접적으로 많은 열을 가할 수 있고, 그래서 조심하지 않으면 원치 않는 화학반응이 일어날 수도 있다. 질 좋은 열 보호제는 머리를 손질하기 위해서 더 높은 열을 사용할 시간을 좀 더 벌어준다. 극저온용 장갑을 끼면 실험실에서 액체질소의 굉장히 낮은 온도를 견딜 수 있는 것처럼 말이다. 하지만 딱 몇 초뿐이다!

적절한 솜씨가 있다면 뜨거운 도구가 케라틴 안의 분자 배열을 바꿀 수는 있어도 화학적 변화는 일으키지 않을 정도의 열을 줄 수 있다. 다시 말해서 열을 아주 잠깐만 가하면 분자 안의 결합을 바꾸는 대신에 분자 **사이의** 상호작용만을 바꿀 것이다.

직모든 곱슬머리든 시스틴 분자들 사이의 수소결합(IMF)은 막 바뀌었다. 예를 들어 시스틴 A의 수소 원자가 시스틴 B의 질소 원자를 끌어당겼었다면, 지금은 가해진 열에너지 때문에 시스틴 C의 질소 원자에 더 끌리게 되었다. 이런 분자의 재배열이 대단치 않은 일처럼 보여도, 이는 레고 성채에서 빨간 레고를 모두 파란 레고로 바꾸는 것과 비슷한 일이다. 구성 요소들은 같은 구조에 같은 강도이지만, 당신의 레고 성채는 전혀 다른 물리적 외양을 갖게 되었다. 머리카락 내에 형성된 새로운 결합은 직모를 곱슬머리로, 또는 곱슬머리를 직모로 바꿀 수 있게 해주었다. 스타일링 도구

모든 것에 화학이 있다

의 방향과 열을 가하는 방식이 분자를 적정 위치로 옮겨준 것이다.

분자 사이에 새로운 결합을 형성하려면 열이 필요하다. 하지만 적어도 나에게 가장 어려운 부분은, 머리카락이 식기를 기다리는 것이다. 이것이 세팅 과정이고, 새 수소결합들이 새로운 자리에 안착하게 도와준다. 완전히 식기 전에 머리 모양을 망가뜨리면 이 수소결합을 깨뜨리게 되고 당신의 머리는 원래 상태로 돌아가 버린다. 이 결합들은 일시적인 것이라서, 샤워를 해도 새 결합이 원래대로 되돌아간다.

45분이나 공을 들인 머리가 바람에 휘날려 바로 망가지는 괴로움을 피하기 위해서 많은 사람들이 헤어스프레이나 무스 같은 헤어스타일링 제품을 선호한다. 이 둘의 주요한 차이는, 헤어스프레이가 대체로 에탄올 기반의 액체인 반면에 무스는 보통 거품 형태라는 점이다. 그걸 제외하면 둘은 아주 비슷하다! 두 제품 모두 (일반적으로) 머리카락이 서로 달라붙게 만드는 얇은 고분자가 들어 있다. 이 얘기로 혐오감을 느끼지 않으면 좋겠는데, 나는 항상 이것을 내 머리카락 사이에 작은 거미줄이 있는 것으로 상상한다. 머리카락이 가까워지면 서로의 거미줄에 붙잡혀서 결국 우리의 곱슬머리/직모 스타일을 그 자리에 고정시켜 준다.

헤어스프레이는 여러 가지 강도로 나와 있고, 이들의 상대적 강도는 제품 내의 주요 고분자 크기와 비례한다. 예상했겠지만 더 큰 고분자가 더 강하게 고정시켜 준다. 이웃한 원자와 얇은 막을 형성할 원자가 더 많기 때문이다. 하지만 더 큰 분자는 더 큰 비말을 형성하게 되는데, 이것은 두 가지 이유에서 안 좋다. (1) 마르는 데 더 많은 시간이 걸리며, (2) 머리카락이 딱딱해지고 가끔 끈적끈적한 느낌이 든다.

싼 제품들이 대체로 머리카락을 잘 고정시켜 주고 오래 지속시켜 주지만, 그 성가신 빌드업을 만드는 주범이기도 하다. 전반적으로 더 작은 고분자가 머리에서 더 자연스럽게 느껴지고 빌드업도 남기지 않지만, 그리 강하지는 않다. 그래서 대체로 부드럽게 잡아주는 헤어스프레이 유형에 쓰이는 것이다.

대부분의 헤어스프레이는 물질을 당신의 머리까지 운반하는 데 에탄올/물 혼합물을 사용한다. 물은 고분자를 용액에 잡아두는 데 사용된다. 안 그러면 우리 머리카락에 두꺼운 고무 같은 물질을 뿌려야 했을 것이다(끔찍해라!). 에탄올은 비교적 높은 증기압을 가졌고, 그러면 뿌릴 때 헤어스프레이의 기화 속도가 올라가기 때문에 사용되었다.

물이 새로운 수소결합을 망친다는 점을 고려할 때, 과학자들은 고분자를 우리 머리카락으로 가져오기 위해 다른 방법을 떠올려야 했다. 각각의 스타일링 제품들은 특정한 강도를 부여하는 나름의 특수한 고분자:물:에탄올 비율을 갖고 있다. 나는 굉장히 가느다란 머리카락을 갖고 있어서 대체로 고데기를 쓰기 전에 수소결합의 형성을 돕기 위해 부드러운 유형의 헤어스프레이를 쓰고, 고데기를 한 다음 그 자리에 머리카락을 고정시키기 위해서 강력 스프레이를 사용한다.

샤워하고, 드라이어로 머리를 말리고, 스타일링까지 마치면 내가 가장 좋아하는 준비 단계로 넘어간다. 바로 화장이다. 나는 절대로 빼먹어서는 안 되는 단계인 프라이머(흉터, 모공, 주름 따위로 생긴 피부의 울퉁불퉁한 부분을 메워 피부를 매끈하게 하기 위해 바르는 화장품—옮긴이)부터 시작한다. 좋은 프라이머는 양면테이프 같은 역할을 한다. 즉 피부와 화장 **사이에** IMF를 형성하고, 화장을 그 자리에 고정시키는 걸 도와준다. 프라이머가 마를 때까지 1, 2분 정도 기다려야 하는 이유는 다음 층인 파운데이션을 바르다가 프라이머 분자를 실수로 닦아버리지 않기 위해서다.

피부 유형에 따라서 쓸 수 있는 파운데이션의 종류는 여러 가지가 있다. 액체, 파우더, 틴티드, 휘핑 타입 등이다(몇 가지만 예로 들자면). 내가 잘 쓰는 건 틴티드 모이스처라이저다. 피부 톤을 균일하게 만들어 주는 동시에 피부에 수분을 공급해 주기 때문이다. 건조한 피부는 꽤 불편하다. 근지럽고, 각질이 일어나거나 갈라지기도 한다. 당신은 유전적 로또를 뽑아서 수분을 많이 함유한 피부를 갖게 됐을 수도 있지만, 내 경우에는 모이스처라이저가 필수다!

그러면 모이스처라이저라는 건 뭘까? 정의에 따르면 이것은 피부의 외양을 향상시켜 준다고 주장하는 어떤 제품이든 될 수 있다. 실제로 이 제품이 정말로 피부 상태를 고쳐줄 필요는 없다. 하지만 제일 좋은 제품들은 건조한 피부를 개선시키거나 광노화를 막아준다(혹은 둘 다 해준다).

대부분의 피부과 의사들은 건조한 피부가 네 가지 주요 문제 때문이라는 데 동의한다. 첫째, 피부 가장 외곽층, 각질층이라는 곳에 수분이 부족해서. 각질층의 목적은 박테리아 침공에 대해 첫 번째 방어막이 되는 것이고, 피부세포가 적절하게 수분을 품고 있을 때 방어를 제일 잘한다. 세포가 물로 가득하면 '부풀어' 보이고 햇빛을 고르게 반사해서 모델 같은 완벽한 피부를 만들어 준다. 하지만 세포가 물을 잃으면 쪼그라들고 별로 예쁘지 않은 피부 질감을 만든다.

건조한 피부를 만드는 또 다른 요인은 표피의 높은 대사회전율이다. 이것은 피부세포가 쉽게, 빠르게 교체될 때 벌어진다. 이 과정이 너무 빠르게 일어나면 피부세포의 물 함량이 불균형해질 수 있다. 또한 망가진 지질 합성으로 인해서 건조한 피부가 만들어진다는 증거도 있다. 이상적인 상피 표면의 지질에는 65%의 트리글리세리드, 디글리세리드, 자유 지방산과 35%의 콜레스테롤이 들어 있다(무게로 따졌을 때). 이 비율에서 벗어나면 피지 생산에 안 좋은 영향을 미치게 된다. 이는 '기름이 적음=건조한 얼굴'이라는 사실을 좀 더 있어 보이게 말한 것뿐이다.

건조한 피부를 만드는 마지막 변수는 가장 명백하다. 당신이 피부를 망가뜨릴 때마다, 예를 들어 상처를 내거나 긁을 때마다 세포를 망가뜨려 피부 장벽에 손상을 입히는 것이다. 조심하지 않으면 이렇게 하다가 감염이 될 수도 있고, 세포 재생 과정에서 피부가 건조해지고 간지러울 수도 있다. 이런 문제 중 어떤 것이든 모이스처라이저를 찾게 만든다.

겨울마다 건조한 피부와 늘 싸워야 했던 전 미시간 주민으로서 나는 무향 저겐스 울트라 힐링 로션을 신봉한다. 여기에는 페트롤라텀이 들었다. 당신은 아마 페트롤라텀 젤리라고 부를 텐데, 이건 단순히 여러 개의 다른 탄화수소로 형성된 젤일 뿐이다. 이 무극성 분자들은 당신의 피부 최상층으로 흡수되어 근처에 오는 어떤 극성 분자든 쫓아버린다. 이 말은, 당신의 몸에서 빠져나가려고 하는 극성 물 분자들도 피부 안으로 쫓겨 들어가서 결국 당신의 피부가 근사하고 촉촉해 보이도록 만들어 준다는 뜻이다.

그런데 어떤 모이스처라이저가 당신 피부에 알맞을까? 그것은 솔직히 개인의 선호도 문제다. 예를 들어 나는 얼굴이 번들거리는 느낌의 파운데이션이 질색이지만, 내 친구 몇 명은 그런 크림을 신봉한다. 좋은 제품을 정기적으로 사용하는 한, 당신의 피부 질감이 달라지는 걸 알아채게 될 것이다. 제대로 된 모이스처라이저라면 어떤 것이든 기본적으로 당신의 피부 위에 보호층을 형성해서 세포가 물을 잃는 것을 막아준다.

또한 피부에 수분 공급을 제대로 하면 광노화를(혹은 햇빛에 노출되어 생기는 피부의 이른 노화를) 막아줄 것이다. 세포가 완전히 수분을 머금고 있을 때, 우리는 얼굴 주름이 매끈해지는 것을 통해 피부의 견고함과 탄성의 차이를 인지할 수 있다. 더 중요한 점은 피부 표면 전도성이나 표면 팽창성을 검사해서 이런 변화를 실제로 수치화할 수 있다는 것이다.

생물 선생님이 당신에게 스카치테이프를 이용해서 피부세포를 조사해보라고 한 적이 있는가? 놀랍게도 테이프 조각으로 피부에서 떼어낸 세포를 조사하는 것만으로도 당신의 상피 대사회전율에 관해 많은 것을 알 수 있다. 테이프가 쉽게 떨어지면 당신은 소위 정상 피부 타입이라 불리는 부류다. 테이프가 주위로 미끄러지면 당신은 지성 피부다. 그리고 세포가 아주 많이 떨어지면(나를 믿어라, 분명하게 알 수 있다) 모이스처라이저를 바꾸는 걸 고려해 볼 것이다. 내 몸에다 테이프 검사를 해봤을 때 다리는 건성이었고 이마는 지성으로 나왔다(그래서 내가 페트롤라텀을 얼굴에는 쓰지 않는 것이다).

이제 재미있는 부분이다. 블러시(얼굴 혈색이 좋아 보이도록 볼에 바르는 화장품―옮긴이), 브론저(피부를 선탠한 것처럼 보이게 하는 화장품―옮긴이), 아이섀도는 모두 파운데이션과 비슷하게 작용해서 화장품이 프라이머와 (가끔은 파운데이션과) IMF를 형성해 당신의 얼굴에 달라붙게 한다. 블러시와 브론저의 각기 다른 색깔은, 빨간색은 카민, 노란색은 타트라진, 갈색은 산화철처럼 훌륭한 분자들에서 나온다.

고대 이집트인들 역시 곤충을 으깨서 얻은 카민으로 입술을 아름다운 붉은 톤으로 칠했다. 다행히 요즘 립스틱은 곤충 대신 염료에 옥시염화비스무트(하얀색의 차가운 모양을 주기 위해)나 이산화티타늄(빨간색을 분홍색 톤으로 밝게 만들기 위해) 같은 분자를 더해서 만든다.

대부분의 사람들이 잘 모르는 것은 립스틱 제작 과정에 얼마나 많은 과학이 담겨 있는가다. 립스틱의 전통적인 형태부터 시작해 보자. 립스틱 뚜껑을 열면 왁스로 된 단단한 원통형 기둥 꼭대기가 비스듬하게 각이 진 것을 볼 수 있다. 많은 제조업체들이 립스틱이 그 형태를 유지할 수 있을 만큼 단단해지도록 카나우바 왁스(또는 야자 왁스)를 사용한다. 안 그러면 입술에 대고 눌렀을 때 립스틱이 납작한 팬케이크처럼 뭉개질 것이다.

게다가 염료가 립스틱에서 당신의 입술로 옮겨가는 것을 돕기 위해 페트롤라텀(또는 올리브유)을 혼합물에 섞는다. 이것이 립스틱이 대체로 부드럽고 매끄러운 주된 이유 중 하나다. 이 질감은 또한 염료를 입술에 고정시키는 데 사용되는 실리콘 오일에서 나오는 것이기도 하다. 페트롤라텀과 함께하면 이 씩씩한 2인조는 하루 종일 유지되는 훌륭한 울트라 롱래스팅 립스틱을 만들어 낸다.

흥미롭게도 마스카라는 기본적으로 립스틱의 변종이다. 다만 입술이 아닌 속눈썹을 위한 것일 뿐이다. 립스틱처럼 이것은 이집트인들이 개발했다. 색깔을 밝게 만들기 위해서(약간 부드러운 톤을 위해) 산화티타늄을 넣고, 속눈썹에 구조감을 주기 위해 카나우바 왁스를 사용한다. 마스카라를 방수로 만들기 위해 극성인 물 분자를 쫓아내는 도데칸이라는 커다란 무극성 분자를 첨가한다. 이 탄화수소가 없다면 물이 당신의 마스카라를 녹여 얼굴로 줄줄 흘러내리게 만들 것이다.

마스카라와 립스틱의 가장 큰 차이는, 마스카라에는 나일론이나 레이온이 들어 있다는 것이다. 나일론은 굉장히 큰 고분자이고, 마스카라를 길게 늘이는 데 사용된다. 고분자는 천연과 합성 두 가지로 분류된다. 천연 고분자는 면처럼 자연에서 찾을 수 있는 고분자이다(그리고 심지어 우리 몸의 DNA 안에도 있다). 나일론, 레이온, 폴리에스터 같은 합성 고분자는 실험실에서 만들어진 고분자다.

가끔 플라스틱이라고도 불리는 합성 고분자는 종이 클립 사슬과 비슷하게 다양한 패턴의 작고 반복되는 단위로 이루어졌다. 각 종이 클립은 유일무이하고 독립적이지만, 각각의 끝에서 조금씩 연결되는 식으로 결합되어 있다. 분자들은 각 분자 **안에서**, 그리고 반복되는 분자들 **사이에서** 공유결합을 통해 연결을 이룬다.

분자들의 이 종이 클립 사슬은 커다란(하지만 가느다란) 섬유질을 형성하고 이것이 서로 포개진다. 이 더미들은 분자 사이에 나름의 강한 분산력이 작용하고 더미가 적절히 커지고 많아지면 고분자 집단을 형성한다. 나일론의 경우처럼 올바른 분자들이 올바른 순서로 조립되면 그 결과물은 대단히 강하고 잘 늘어날 수 있다. 하지만 스타킹(마찬가지로 나일론으로 만들어졌다)에 구멍이 나본 적이 있다면, 고분자가 꽤 약할 수 있다는 것도 알 터이다. 고분자의 강도는 분자의 결합에 좌우되고, IMF가 이 결합을 온전하게 유지시킨다.

나일론을 만드는 데 사용되는 고분자인 폴리아미드는 아미드 결합이라는 독특한 방식으로 서로 연결된 반복적인 분자들로 이루어진다. 이 아미드 결합은 굉장히 명확하다. 분자 A의 한쪽에 있는 탄소 원자가 분자 B의 반대편에 있는 질소 원자와 공유결합을 이룰 때를 말한다. 단, 분자 A와 분자 B는 실제로 똑같고, 그래서 이 결합이 반복되며 대단히 강한 탄소-질소 공유결합을 통해 연결된 분자열을 형성한다.

 ### 다른 이름의 폴리아미드

스테퍼니 쿼렉Stephanie Kwolek이라는 과학자에 대해 들어본 적 있는가? 쿼렉은 듀퐁사에서 40년 이상 유기화학자로 일하고 2014년에 세상을 떠난 미국인 화학자이다. 쿼렉은 1964년에 레이싱 타이어에서 강철을 대체할 수 있는 새로운 분자를 연구하다가 우연히 실험실에서 괴상한 용액을 만들었다.

쿼렉은 반은 액체고 반은 고체인 이 물질에 굉장한 호기심을 느끼고 동료에게 용액을 회전시켜 섬유질로 만드는 장치인 방사노즐spinneret에 이 물질을 돌려달라고 부탁했다. 만약 실험이 성공한다면 유리섬유처럼 보이는 바늘 모양의 긴 섬유질이 생성될 것이다. 쿼렉에게는 다행스럽게도 그 물질은 딱 예상대로 되었다. 쿼렉은 이 결과에 굉장히 기뻐하며 새 분자의 강도를 시험해 보기로 했고, 놀랍게도 이것이 강철보다 다섯 배 **강하다**(무게 대비)는 사실을 발견했다.

몇 가지 실험을 더 한 뒤에 쿼렉과 동료들은 새로운 물질이 가열한 후에는 더 강해진다는 것을 알아냈다. 실험실에서 일한 적이 없는 사람들을 위해서 설명하자면, 이 결과는 슈퍼맨이 불속을 걸은 후에 놀랍게도 헐크로 변하는 것과 비슷한 일이다. 불에서 나온 열이 분자를 재배열해서 이 물질에 슈퍼히어로 같은 힘이 생기도록 만든 것이다.

쿼렉이 발견한 물질은 케블라다. 오늘날 우리는 이 분자를 방탄조끼와 광섬유 케이블부터 우주비행사들이 화성에서 입게 될 우주복에 이르기까지 온갖 것들에 사용한다. 이 거대한 분자는 폴리파라페닐렌 테레프탈아미드polyparaphenylene terephthalamide라고 하고, 합성섬유다.

케블라는 인류에게 알려진 가장 강한 물질 중 하나다. 원자들이 대단히 빼곡하게 겹쳐지고 이웃 원자들에 아주 강하게 결합하고 있어서 어떤 것도, 심지어 총알조차 이들을 떼어낼 수 없다. 올랜도 나이트클럽 총격 사건에서 구조 요청에 응답한 경찰관 중 한 명이 머리로 날아온 총알을 케블라 헬멧이 막아줘서 목숨을 구했다. 그리고 파클랜드 총격 사건에서는 고등학생 한 무리가 주니어 ROTC 방에서 발견한 케블라 시트 뒤에 숨어서 살아남았다.

이 섬유는 목숨을 구한다. 이게 다 분자 사이의 (엄청나게 강한) 인력 덕분이다.

폴리아미드로 된 신축성 있는 섬유질은 1930년대에 처음 발명되었고, 즉시 옷(화장품이 아니라)을 만들 훌륭한 재료 후보로 인지되었다. 예를 들어 1939년에 나일론 스타킹이 처음 공개되었는데, 이것은 면이나 모로 만든 스타킹에 비해 엄청난 발전이었다. 여성들은 이 스타킹을 하나만이라도 사려고 길게 줄을 서서 기다렸다. 지금의 블랙 프라이데이 세일 때 줄을 서는 것과 비슷했을 것이다.

다른 섬유와 마찬가지로 나일론은 길고 가는 섬유질을 뽑아낸 다음 울타리의 널빤지처럼 한데 뭉친다. 그런 다음 이 섬유질을 복잡한 고리 형태로 짜 넣어서 나일론 섬유를 생산한다. 섬유는 굉장히 신축성이 있지만, 우리가 앞 장에서 이야기했던 폴리에스터 섬유만큼 통풍이 잘되지는 않는다. 분자들이 워낙 딱 붙어서 결합하고 있기 때문이다.

이미 말했듯이 이 새로운 나일론 스타킹이 처음 생산되었을 때 여성들은 이 혁신적인 섬유에 홀딱 빠졌다. 제2차 세계대전 때 듀퐁사는 생산품을 바꾸어, 폴리아미드 재료로 스타킹을 만드는 대신 미군을 위한 낙하산을 만들기 시작했다. 이로 인해 스타킹 공급이 줄어들고 수요는 더욱 많아져서 나일론 폭동이 일어났다(농담하는 게 아니다). 여성들은 대단히 화가 나서 나일론에서 손을 떼지 못했고 결국 스타킹을 놓고 서로 싸우기 시작했다. 어떤 여성들은 이웃집 물건을 훔치기도 했다!

전쟁이 끝나자 제조 회사들은 스타킹을 다시 생산하기 시작했다. 이번에는 나일론 섬유에 면이나 폴리에스터 같은 천연 및 합성 섬유들을 섞어

모든 것에 화학이 있다

보았다. 이런 혼합 섬유는 당시에는 아주 새로운 아이디어였고, 여성 패션 계에서 엄청나게 인기를 얻게 되었다. 새로운 스타킹은 가볍고 탄성이 좋았으며, 거기에 싸고 예쁘기까지 했다. 하지만 분자적 관점에서 보면, 그저 또 다른 종류의 고분자일 뿐이었다.

요즘 우리는 섬유에 온갖 종류의 고분자를 흔하게 사용한다. 레인재 킷이나 방수바지처럼 야외용 옷에 나일론이 섞여 있는 것도 흔히 볼 수 있다. 가장 싼 고분자 중 하나는 폴리에틸렌 테레프탈레이트polyethylene terephthalate(PET)이다. 이것은 세계에서 네 번째로 많이 생산되는 고분자이고, 당신도 흔히 부르는 이름인 폴리에스터로 이미 알고 있을 것이다. 나일론과 마찬가지로 폴리에스터(그리고 다른 흔한 섬유들)는 여러 가지 고분자 사슬과 결합 기제를 통해서 만들어졌다.

이런 이야기는 끝도 없이 할 수 있다. 당신 옷장 안의 모든 물건이 화학으로 가득하기 때문이다. 당신의 벨벳 옷에는 아세트산염이 들었고, 면 옷에는 셀룰로오스가, 수분 흡수 의복 일부에는 폴리락타이드라는 고분자가 사용되었다.

심지어 당신의 액세서리도 화학이다! 당신의 귀걸이, 팔찌, 목걸이는 금속 위에 다른 금속을 올린 후에 녹여서 새로운 형태와 질감으로 만든 것이다. 말이 나왔으니 말인데, 커다란 귀걸이와 당신이 좋아하는 조그만 비키니를 집어라. 이제 해변으로 갈 시간이다!

8. 나에게 햇살을

해변에서

오스틴에서는 네 시간 정도면 바다에 갈 수 있다. 우리가 할 일은 개들을 차 뒤에 태우고, 선루프를 열고, 갤버스턴이나 코퍼스 크리스티까지 햇살 속에서 드라이브를 즐기는 것뿐이다. 2019년 여름에는 물가에 가는 게 거의 생존의 문제였다. 그해 8월에는 한 달에 20일 동안이나 기온이 37℃ 이상에 달했기 때문이다. 정말 잔인한 기온이었다.

남편과 나는 그해 여름 사실상 해변에서 살았다. 그때 나는 바닷가에서 실시간으로 일어나는 화학에 대해 깨닫기 시작했다. 내 자외선 차단제 속의 아보벤존부터 수영복 안의 고분자에 이르기까지, 나는 내가 가장 좋아하는 과학의 현실적인 예를 사방에서 목격할 수 있었다.

좋은 예를 들겠다. 바로 아이스박스다.

우리가 그해 여름에 전적으로 의존했던 것은 음식과 음료를 보온하여 이글거리는 열기 속에서도 기적처럼 차갑게 지켜주었던 훌륭한 아이스박스였다. 우리가 가장 선호했던 건 폴리에틸렌으로 만들어진 것이었지만,

폴리스티렌을 사용할 수도 있다.

당신은 아이스박스의 과학적 원리에 대해서 별로 생각해 본 적이 없겠지만, 이것은 꽤나 놀라운 물건이다. 이 성실한 일꾼은 특수한 분자 구조를 이용해서 문자 그대로 차가운 공기를 안에 가둬둔다. 폴리에틸렌은 대부분의 크고 튼튼한 아이스박스에서 흔히 찾아볼 수 있다. 폴리에틸렌 고분자를 살펴보자. 그 이름이 암시하듯이 폴리에틸렌 고분자는 수많은 에틸렌 분자들로 이루어지고, 현재 가장 흔한 플라스틱 형태이다. 에틸렌은 $H_2C=CH_2$라는 분자식을 가진 탄화수소이고, 인화성이 아주 높은 기체다. 무극성 분자(전자가 분자 전체에 고르게 배치되어 있다)이며, 이는 이웃 분자들과 분산력만을 형성할 수 있다는 뜻이다.

하지만 에틸렌은 엄청난 고압에서 자체적으로 화학반응을 해서 커다란 에틸렌 사슬을 형성할 수 있다. 이렇게 되면 이중결합이 깨지고 원래의 분자를 한데 묶는 단일결합만 남는다. 이 단계 다음에 탄소 원자는 다른 탄소 원자와 새로운 공유결합을 형성해서 긴 탄화수소 사슬을 만들 수 있다.

이 책 첫 부분에 나온 라이언 레이놀즈 예를 이용해서 설명해 보겠다. 기억하는지 모르겠지만, 내가 라이언과 양손을 잡는 것으로 이중결합을 형성할 수 있다고 얘기했었다. 하지만 중합반응을 하고 싶다면 라이언의 한 손을 놓고 다른 멋진 유명인, 이를테면 조 맹가니엘로 같은 사람과 손을 잡고 새로운 결합을 형성해야 한다. 물론 라이언도 똑같이 해야 하니까 그는 블레이크 라이블리와 새로운 결합을 형성할 수 있다.

이 도미노 현상은 모든 탄소 원자가 4개의 공유결합으로 둘러싸일 때까지(주기율표에서 탄소의 위치 때문에) 계속될 것이다. 생성물질인 폴리에틸렌은 무극성으로 고분자 섬유 사이에 분산력이 작용한다. 이 상호작용은 개개의 에틸렌 분자 사이에서 형성되었던 IMF와 아주 비슷하다.

이 분자들은 분자량이 10,000~100,000g/몰에 달하는 거대한 물질이다.

모든 것에 화학이 있다

폴리에틸렌은 큰 무극성 분자이기 때문에 물에 녹지 않고, 그래서 이 고분자는 아이스박스를 만드는 데 사용할 만한 완벽한 분자다. 물에 녹지 않기 때문에 박스를 얼음으로 가득 채워 바다에 들고 갈 수 있다.

폴리에틸렌은 또한 샌드위치가 얼음 때문에 축축하고 눅눅해지지 않도록 보호해 주는 샌드위치 백에도 사용된다. 그런데 아이스박스를 만드는 고분자와 샌드위치 백의 고분자 사이에는 어떤 차이가 있을까?

우선 대부분의 아이스박스 겉면 플라스틱은 고밀도의 폴리에틸렌(HDPE)으로 만들어지고, 샌드위치 백은 저밀도 폴리에틸렌(LDPE)으로 만들어진다. 차이점에 관해 설명하기 위해서 LDPE부터 이야기해 보자. LDPE는 1930년대에 처음 사용되었고 HDPE보다 낮은 밀도를 가졌다(당연한 말인 거 안다). 그런데 두 플라스틱이 고분자 내에서 정확히 똑같은 원자와 공유결합을 갖긴 했어도 결합이 형성된 **방식**은 완전히 다르다.

LDPE는 이웃한 에틸렌 분자와의 사이에서 공유결합을 형성한 고분자이다. 이미 이야기한 것처럼 에틸렌 분자가 서로 반응을 시작하면 이중결합이 깨지고 가까운 탄소 원자 사이에서 새로운 단일결합이 형성된다. 이 과정에서 탄화수소 사슬 가지라고 부르는 부분이 형성된다. 그러니까 결합은 하나의 순차적인 탄소 원자 단일선을 만드는 대신 무작위적인 탄소 원자 사이에서 만들어져 구조 전체에서 여러 개의 T자를 형성한다. 선형이 점심을 먹으러 가는 유치원생 대열처럼 근사하고 질서정연하다면, 가지 달린 형태는 쉬는 시간의 유치원생처럼 혼란스럽다.

LDPE의 가지 형태는 이것을 HDPE 고분자보다 훨씬 더 약하게 만든다(그리고 훨씬 신축성 좋게 만든다). 이 형태 때문에 분자들이 다른 LDPE 고분자와 꼭 달라붙기가 어려워서 강한 분산력을 형성할 수가 없다. 이 말은 밀도가 $0.917{\sim}0.930g/cm^3$의 범위인 저밀도 고분자가 된다는 뜻이다.

이 말의 **진짜** 의미는 굉장히 중요하고, 우리가 일상생활에서 이런 종류의 고분자를 많이 사용하는 이유이기도 하다. 이 고분자는 신축성과 회복성이 좋고, 그래서 완벽한 샌드위치 백이 된다(그리고 플라스틱 비치백……모두가 대량의 쓰레기를 만들고 있다는 걸 깨닫고 재사용 가능 백으로 전환하기 전까지 말이다). LDPE 고분자는 커다란 샌드위치를 싸기에 딱 좋다. 연한 빵 주위를 쌀 수 있으면서도 여전히 당신의 점심 식사를 수분으로부터 지켜주기 때문이다. 특히 완전히 뻣뻣하고, 늘어나거나 구부러지지 않고, 물로부터 지켜주지도 못하는 천연물, 예컨대 종이 같은 것과 비교하면 더욱 그러하다.

기술적으로 폴리에틸렌은 단단하거나 뻣뻣한 고분자로 여겨지지는 않는다. 이 말은 이론적으로 우리가 이 분자를 다른 배열로 바꿀 수 있어야 한다는 뜻이다. 이 플라스틱의 모양을 바꾸려는 우리의 노력은 분자가 고분자 내에서 어떻게 배열하고 있는가에 달려 있다. 예를 들어 플라스틱 샌드위치 백의 양쪽 옆면을 잡고 당기면 변한 백의 모양 전체를 볼 수 있을 것이다. 이것은 길이를 늘이고 너비를 줄임으로써 변형력^{stress}에 즉각 대응해서 아령 모양으로 바뀔 것이다. 너무 세게 당기면 플라스틱은 결국에 뚝 끊어진다.

네킹^{necking}이라는 이 과정은 고분자 안의 분자들이 변형력에 적응하려고 할 때 일어난다. 우리가 플라스틱 백을 건드리기 전에는 분자들이 프라이팬 안의 축축한 파스타처럼 아무렇게나 배열되어 있었다. 하지만 플라스틱 백을 잡아당기기 시작하자마자 분자들은 똑바로 열을 맞추기 시작한다. 마치 프라이팬을 휙 움직이자 축축한 스파게티가 순식간에 건조한 스파게티로 싹 바뀌는 것처럼 말이다. 변형력으로 분자들은 구부러진 형태에서 곧은 형태로 바뀌고, 완벽하게 차곡차곡 열을 맞춘다. 이 길고 가는 형태와 분자의 조직적인 배열의 조합에 의해 플라스틱은 내가 앞에서 말한 아령의 가운데 부분 같은 형태로 늘어난다.

모든 것에 화학이 있다

하지만 백을 놓으면 거의 다 원래의 혼란스러운 형태로 되돌아간다(플라스틱이 당신의 손가락과 맞닿았던 부분에 약간 손상이 생길 수도 있지만, 그 외에 안쪽의 고분자들은 처음 배열로 돌아갈 것이다).

LDPE와 달리 HDPE는 수백 개의 탄소 원자들 사이에 강한 공유결합을 이룬 선형 구조이다. 어떻게 이렇게 되는지 아래에서 설명하겠다(꽤나 정신없을 것이다). 다만 당신이 알아둬야 할 것은, 이 형태가 HDPE 고분자를 가지가 달린 LDPE 고분자보다 훨씬 더 강하게 만든다는 점이다. HDPE 고분자는 조리하지 않은 스파게티 국수처럼 바싹 붙어서 포개질 수 있기 때문이다. 이런 형태 덕분에 고분자가 각 폴리에틸렌 분자 사이에서 강한 분산력을 형성할 수 있고, 그래서 커다란 아이스박스에 쓰이는 밀도 $0.930{\sim}0.970\text{g/cm}^3$의 고밀도 고분자가 탄생한다.

과학자들은 HDPE가 LDPE보다 더 강할 거라고 예측은 할 수 있었지만, 처음에는 고분자를 합성하는 좋은 방법을 알아내는 것이 굉장히 힘들었다. LDPE를 발견하고 20년 후에 독일의 화학자 카를 치글러Karl Ziegler가 에틸렌을 조작해 보기 시작했다. 어떤 반응을 하든 치글러는 이중결합은 딱 하나뿐이고 나머지는 전부 단일결합으로 이루어진 분자, 부텐butene이라는 똑같은 생성물질의 일종만을 얻었다.

치글러는 이 예상치 못했던 화학반응에 매료되어 즉시 더 복잡한 실험을 해보기 시작했다. 그는 에틸렌 기체 안에 극소량의 니켈이 숨겨져 있어서 부텐을 형성시킨다는 사실을 알아냈다.

치글러는 흥분해서 온갖 종류의 금속을 에틸렌 혼합물에 넣어보았다(물론 한 번에 한 종류씩만). 약간 무턱대고 한 실험이었지만, 결과가 나왔다. 그는 즉시 지르코늄과 크로뮴도 고분자 혼합물을 생성하지만, 목표인 선형 폴리에틸렌 생성에는 티타늄이 최적이라는 사실을 발견했다.

이것은 획기적인 발견이었다. 금속은 아직까지 2개의 분자 사이에 공유결합을 형성하는 데 사용된 적이 없기 때문이다. 이전까지 과학자들은 분자들을 함께 넣고 그 농도, 압력, 온도를 바꿔서 적당한 화학반응이 일어나게 만들려고 했었다. 하지만 치글러는 자신도 모르게 새로운 종류의 촉매를 발견한 것이었다. 이것은 내 전공인 무기화학에서 대단히 큰 주제다.

치글러가 1952년 컨퍼런스에서 자신의 연구를 발표하자 이탈리아의 화학자 줄리오 나타Giulio Natta는 자신이 이 '치글러 촉매'에 다른 것을 더해서 한 단계 더 발전시킬 수 있을 거라고 확신했다. 이것이 공촉매cocatalyst이다. 이름 그대로 첫 번째 촉매가 화학반응을 촉진하는 것을 돕는 두 번째 금속 첨가물이다.

실제로 나타는 옳았고, 그들은 빠르게 치글러-나타 촉매를 개발했다. 이것은 특히 긴 고분자 사슬을 생성할 때 이중결합을 단일결합으로 전환시키는 2개의 공촉매를 부르는 일반 명칭이 되었다. 이 정통적이지 않은 합성법은 대단히 혁신적이어서 새로운 고분자 연구에 관한 지적 열풍을 일으켰다. 이 발견이 당시 고분자가 만들어지는 방법에 혁명을 일으켰기 때문에 치글러와 나타는 1963년 노벨 화학상을 받았다.

HDPE를 만드는 쉽고 빠른 방법 덕분에 엔지니어들은 강한 고분자를 사용해서 평범한 가정용 물질들을 신나게 만들기 시작했다. 오늘날 HDPE는 아이스박스뿐만 아니라 보트, 해변 의자, 물통, 자외선 차단제 용기 등에도 사용된다. 놀이터 미끄럼틀, 음식 보관 용기 뚜껑, 주스 용기에서 찾아볼 수 있는 LDPE와 마찬가지로 해변에서는 문자 그대로 사방에 널려 있다.

세월이 흐르면서 HDPE는 그 굉장한 단열 능력 덕분에 플라스틱 아이스박스에 가장 선호되는 분자가 되었다. 단열재로서 고분자는 물질을 통과하는 열의 양을 감소시킨다. 단단한 스티로폼과 함께하면 햇빛도 아이스박스의 겉면을 투과하는 것이 상당히 어렵다. 그 결과 뜨거운 햇살은 해변에만 비치고, 차가운 공기는 당신의 아이스박스 안에서 맥주를 식힌다.

1960년대에 제조업체들이 금속과 종이 홀더의 대체제로 맥주 여섯 캔들이의 고정 고리에 고분자를 사용하기 시작했다는 걸 아는가? 종이 홀더는 캔 겉면의 물방울 때문에 즉시 망가지므로 이 변화는 반응이 좋았을 것이다. 하지만 1970년대 말과 1980년대 초에 지나치게 뻣뻣한 플라스틱 맥주 고리를 금지하자는 거대한 환경운동이 일어났다. 당시에 작은 야생동물들이 고리에 몸이 껴서 음식을 먹지 못하는 일이 생겼고, 제조업체에서는 불필요한 동물들의 죽음을 피하기 위해 재빨리 좀 더 유연한 플라스틱으로 바꿨다. 이 말은 새로운 맥주 고리는 캔을 모두 고정시킬 만큼 튼튼하면서도 끊어질 수 있을 정도로 약해야 한다는 뜻이었다. LDPE가 이런 역할에 완벽한 후보였다.

1993년, 미국 환경보호청(EPA)은 모든 플라스틱 고리에 생분해가 가능할 것을 요구했다. 플라스틱이 인간의 관여 없이 자연적으로 분해될 수 있어야 한다는 뜻이다. 해결책은 자외선으로 고분자 내의 결합이 깨지는 반응인 광분해를 이용하는 것이었다(자외선에 대해서는 조금 이따 더 이야기할 것이다). 플라스틱의 크기에 따라서 이 반응 전체는 몇 달, 심지어 몇 년이 걸릴 수도 있다. 하지만 플라스틱을 매립지에 버리고 다른 쓰레기 아래 묻어놓으면 햇빛이 반응기제를 활성화시키지 못하고, 플라스틱은 절대로 분해되지 못할 것이다. HDPE 같은 고밀도의 고분자들은 그 큰 크기 때문에 스스로 분해되는 것이 더욱 힘들다.

이는 모든 에틸렌 기반 고분자들의 경우에 사실이다. 스티로폼 아이스 박스를 만드는 데 사용되던 큰 분자인 폴리스티렌(PS)도 거기에 포함된다. 폴리스티렌은 에틸렌과 아주 비슷해 보이는 스티렌styrene 분자에서 만들어진다. 유일한 차이는 에틸렌($H_2C=CH$**H**)의 제일 끄트머리 수소가 크고 육중한 벤젠 고리(C_6H_5)로 바뀌어서 이렇게 보인다는 점이다. $H_2C=CH$**C_6H_5**. 그리고 폴리에틸렌이 분자 구조 전체에 수소를 갖고 있듯이 폴리스티렌은 육원자 벤젠 고리(C_6H_5)가 탄소 하나 걸러 하나마다 붙어 있다. 이것은 **아주 큰 분자**다.

폴리스티렌은 1839년 독일의 약재상인 에두아르트 시몬$^{Eduard Simon}$이 처음 합성했다. 시몬은 소합향나무에서 수지를 추출해서 기름 같은 물질이 되도록 계속 끓였다. 그다음에 정제 과정을 거쳐 스티롤이라는 분자를 분리할 수 있었다. 이 분자는 놔두면 걸쭉해져서 젤리처럼 끈적끈적한 물질이 된다. 이후 1866년에 프랑스의 화학자 마르슬랭 베르텔로$^{Marcellin Berthelot}$가 이것이 탄화수소의 긴 사슬에 하나 걸러 하나마다 벤젠 고리가 달린 분자임을 밝혔다. 하지만 당시에 과학자들은 아직 고분자를 발견하지 못한 상태였다. 그래서 이 물질이 공식적으로 폴리스티렌이라는 이름을 얻기까지는 다시 80년이 더 걸렸다.

폴리스티렌이 형성할 수 있는 세 가지 흔한 구조는 아이소택틱^{isotactic}, 신디오택틱^{syndiotactic}, 어택틱^{atactic}이다. 이 용어는 고분자의 **입체규칙성**을 가리키는 것으로 벤젠 고리의 위치를 가리키는 복잡한 방법이다. 고리가 모두 고분자의 한쪽 편에만 있다면, 이것이 아이소택틱이다. 화학적 관점에서는 벤젠이 모두 오른쪽에 있든 왼쪽에 있든 별로 상관이 없다. 그저 전부 다 같은 쪽에 있다는 사실에만 관심이 있을 뿐이다. 마치 지네에게 오른쪽 다리만 있는 것처럼 말이다. 이 고분자들은 이웃한 고분자들과 아주 가까이 붙어 있을 수 있기 때문에 셋 중에서 가장 강하다.

이런 이유로 아이소택틱 구조가 가장 좋은 스티로폼 아이스박스를 만든다. 폴리에틸렌 아이스박스처럼, 뜨거운 공기가 스티로폼을 뚫고 차가운 소다와 과일 샐러드가 있는 곳으로 들어가지 못하기 때문이다. 하지만 가격이 싼 스티로폼 아이스박스에서 찾아볼 수 있는 구조가 2개 더 있다.

PS 고분자가 번갈아 위치한 벤젠 그룹(오른쪽-왼쪽-오른쪽-왼쪽)을 가졌다면 신디오택틱이라는 용어를 쓴다. 이 고분자는 잎이 줄기 끝까지 번갈아 가며 달려 있는 장미 줄기 같은 모양이다. 이 모양 때문에 고분자가 더이상 조리되지 않은 스파게티 국수처럼 줄지어 있을 수가 없게 된다. 솔직히, 분자의 이파리 부분이 겹치는 걸 방해하기 때문이다.

벤젠 그룹이 무작위하게 위치하거나 조직적이지 않은 것처럼 보이면 어택틱이라고 한다. 이 고분자들은 셋 중 가장 약하기 때문에 가장 낮은 녹는점을 가졌다. 이런 이유로 어택틱 고분자들은 세 구조 중 가장 유연하고, 그래서 더욱 고무 같은 질감을 준다.

벤젠 고리는 대단히 크기 때문에 PS 고분자는 대체로 어택틱 구조를 띤다. 다시 말해 벤젠 고리가 고분자 전체에 무작위하게 위치하고 있다는 뜻이다. 어떤 것은 왼쪽에, 어떤 것은 오른쪽에 있고 어떤 것은 서로 나란히 있는 반면 어떤 것은 고르게 거리를 두고 떨어져 있다. 패턴이 없다.

이런 이유로 우리는 사실 폴리스티렌의 두 가지 주요 형태만 이용한다. 결정상crystalline이라고 하는 첫 번째 형태가 다양한 입체규칙성을 갖는 일회용 플라스틱에서 흔히 발견된다. 예를 들어 해변 피크닉에 싸 갈 플라스틱 포크와 칼 같은 것이다. 그리고 당신이 샌드위치 백 대신 식품 포장용 랩을 선호한다면, 당신의 아이스박스는 폴리스티렌으로 꽉꽉 찰 것이다.

식품용 랩은 지금껏 발명된 물건들 가운데 가장 멋진 것 중 하나다. 테이프 같은 어떤 종류의 접착제도 쓰지 않고 용기를 밀봉할 수 있기 때문이다. 폴리스티렌에서는 분자 간 힘이 아주 강해서 원자들이 서로에게 끌리고, 이로 인해 플라스틱이 서로 달라붙는다. 혹시라도 조각이 당신 몸에 붙었다면, 그냥 천천히 쓸어서 용기 위로 되돌려 놔라. 당신은 원자에게 다른 고분자 사슬 사이에 분산력을 형성할 시간을 조금 더 주고 있는 것이다.

폴리스티렌의 두 번째 형태는 팽창이 가능하다(그래서 '발포 스티렌'이라는 이름이 붙었다). 당신은 해변에서 스티로폼으로 만든 물건을 통해 이 타입의 고분자를 흔히 볼 수 있다. 이를테면 스티로폼 컵이나 스티로폼 아이스박스 등이다('스티로폼'은 폼^{foam}의 브랜드명이다. 티슈 대신 흔히 클리넥스라고 하는 것처럼 말이다). 어떤 정부 기관들은 심지어 단열을 위해서 길 아래 PS를 깐다. 아스팔트가 얼어붙어 휘어지지 않도록 하는 것이다.

발포 스티렌은 보송보송한 고분자다. 공업 과학자들이 커다란 창고에서 이것을 제조할 때 정말로 흥미로운 과정을 거친다. 첫째로 폴리스티렌 분자들을 캐비어처럼 작고 둥근 펠릿^{pellet}으로 나눈다. 그다음 펠릿에 공기를 주입한 후 커다란 몰드에 집어넣는다. 거기서 펠릿은 증기로 융합된다. 고온으로 가열해서 몰드 형태로 꽉 누른다는 뜻이다.

PS 폼은 3~5%가 폴리스티렌이고, 물질의 나머지는 그냥 공기다. 그래서 스티로폼 아이스박스 같은 대부분의 스티로폼 제품이 그렇게 가벼운 것이다. PS 폼은 또한 훌륭한 단열재이고, 그래서 우리가 이 고분자를 이용해 음식과 음료를 기가 막히도록 차갑게 유지할 수 있는 것이다.

하지만 결정상도, 발포 스티렌도 탄산음료의 압력을 견딜 정도로 강하지는 않다. 이런 일에는 앞 장에서 폴리에스터에 대해 얘기하며 살펴보았던 우리의 친구 폴리에틸렌 테레프탈레이트(PET)를 찾아야 한다.

흥미롭게도 똑같은 이 고분자가 물과 탄산음료 병을 만드는 데 흔히 사용된다. 플라스틱은 투명하기 때문에 우리가 무엇을 마시는지 볼 수 있어서 좋다. 병은 또한 탄산음료 안의 모든 이산화탄소 분자들이 충돌하며 생기는 압력을 견딜 수 있을 만큼 튼튼하다. 당신이 나처럼 해변에 과일을 가져가는 걸 좋아한다면, PET 분자들이 플라스틱 박스 포장 용기의 형태로 맛있는 딸기를 둘러싸고 있을 것이다.

간식과 음료를 모두 아이스박스 안에 넣고 나면 우리는 수영복을 입고 차에 올라탄다. 대부분의 수영복 천 역시 당연하게도 폴리에스터 고분자 (또는 나일론 고분자)로 만들어져 있고 10~20%는 스판덱스이다. 그래서 수영복은 잘 늘어나고 탄성이 있으며 굉장히 편안하다.

모든 것에 화학이 있다

폴리에스터와 나일론에 대해 이미 설명한 내용을 기반으로 하면 그리 놀랄 얘기가 아닐 테지만, 합성섬유인 스판덱스(라이크라 또는 엘라스테인이라고도 한다)에는 특히 재미있는 면이 있다. 이 고분자는 1952년에 폴리에테르와 폴리요소의 조합으로 만들어졌고, 여성의 거들에 쓰이는 고무의 대체제로 처음 합성되었다. 이 고분자가 속옷에 쓰이면 얼마나 편안한지를 알게 되고서 금세 'expands(늘어나다)'의 철자를 바꾼 '스판덱스spandex'라는 이름을 얻게 되었다.

이 세 가지 합성섬유 모두가 무극성이라는 특징 때문에 수영복에 잘 어울린다. 우리가 바다에 뛰어들면 물 분자가 즉시 수영복 섬유 틈새로 스며드는데, 면이나 울 같은 천연섬유는 물에 푹 젖을 것이다. 하지만 우리가 입은 물질은 무극성 물질로 만들어졌기 때문에 극성인 물 분자는 무극성 섬유로부터 사실상 밀려난다. 그렇다고 물 분자의 흡수를 완전히 막을 수는 없지만(수영복은 어쨌든 방수는 아니다), 흡수되는 물의 양을 줄여준다.

내 말을 증명하기 위해서 면으로 된 수영복을 상상해 보자. 면은 대부분 또 다른 고분자인 셀룰로오스로 구성된다. 셀룰로오스는 알코올 작용기로 뒤덮인 포도당 분자의 긴 사슬로 이루어져 있다. 그래서 셀룰로오스 분자는 극성이 아주 높고, 그 결과 바닷속에서 물과 많은 수소결합을 형성한다. 이 IMF는 염소가 위 속에서 셀룰로오스를 용해시키려고 할 때는 좋지만, 수영복에서 일어나면 엉덩이가 부끄럽도록 축 늘어지게 만든다. 대량의 물이 흡수되어 면섬유와 결합함으로써 이 분자들이 천을 무겁게 만들어 수영복이 몸에서 벗겨지게 만드는 것이다.

이런 부끄러운 상황을 피하기 위해서 나는 나일론과 라이크라 천이 섞인 수영복을 사는 편이다. 그리고 재생 나일론으로 만들어진 게 있으면 그걸 산다. 용융압출melt extrusion이라고 하는 재생 의류 가공 과정은 오래된 폴리아미드 고분자를 고온 고압으로 분해하는 것이다. 하지만 나는 실제로 수영복을 살 때 나한테 잘 어울리는지, 얼마나 잘 안 벗겨지는지에 주로 신경을 쓴다.

반면에 내 남편은 보드쇼츠(남성용 수영복의 일종—옮긴이)가 잘 어울리는지에 관해서는 전혀 신경 쓰지 않는다. 그저 가볍고 물을 잘 퉁겨내는 것을 원하기 때문에 대체로 폴리에스터/스판덱스 혼합물로 고른다. 남편 수영복에서는 물이 말 그대로 흘러내린다. 하지만 천은 똑같은 탄성을 갖지 않았기 때문에 내려가지 않도록 끈으로 묶어야 한다.

바다에 도착하면 대체로 사방에서 스판덱스를 볼 수 있다. 수영복과 잠수복, 자전거용 반바지와 비치발리볼 의상, 심지어는 그 많은 수영복 덧옷에도 들어 있다. 자세히 살펴보면 모양이 잘 잡혀 있도록, 근사한 모자의 섬유 속에도 들어가 있는 것을 찾을 수 있다.

하지만 애초에 왜 해변에서 덧옷을 입거나 모자를 쓴단 말인가? 우리는 도대체 무엇으로부터 자신을 지키려고 그러는 걸까?

빛이다.

엄청나게 해롭고, 암을 유발하고, 해변에 가득한 빛.

하지만 빛이 무엇일까? 그게 화학인가?

물론이다! 사실 당신이 지금 볼 수 있는 모든 것이 항상 빛과 상호작용을 하고 있다. 구석에 있는 빨간 책은 빛의 스펙트럼에서 빨간색 영역의 가시광선을 방출하고, 당신의 보라색 셔츠는 보라색 영역에 있는 빛을 방출한다. 전등과 핸드폰 배터리에서 나오는 빛은 둘 다 적외선(IR)이나 열(그래서 따뜻한 것이다)의 형태이다. 그리고 당신의 방에 자외선 조사照射 장치가 있거나 커튼이 열려 있다면 당신은 자외선(UV)에 노출되어 있는 것이다. 그러니까 당신이 지금 완전한 암흑 속에 있지 않은 한 당신은 빛과 상호작용을 하고 있다.

과학자들은 아주 오랫동안 빛을 연구해 왔다. 모든 물질이 흙, 공기, 물,

불로 이루어졌다고 믿던 시절에도 그리스의 철학자 엠페도클레스는 원소 불이 우리의 안구에서 발사되어 주위를 밝혀주고 앞을 볼 수 있게 해준다고 생각했다.

이 이론은 당연하게도 엄청난 결함으로 가득하고, 그중 제일 큰 것은 눈에서 불이 나온다면 우리가 어둠 속에서도 볼 수 있어야 한다는 사실이다. 우연히도 엠페도클레스는 4원소설四元素說을 처음 만든 사람이기도 하다. 그는 둘 다 틀렸다. 우리 모두가 잘 알듯이 인간은 〈엑스맨〉의 사이클롭스처럼 죽음의 눈을 갖고 있지 않다.

1600년대가 되어서야 프랑스의 철학자 르네 데카르트René Descartes가 빛이 파동처럼 행동한다고 주장했다. 당시 레오나르도 다 빈치Leonardo da Vinci는 이미 소리가 음파로 이동한다는 사실을 발견했기에 데카르트가 빛이 비슷한 행동을 할 거라고 추측한 것은 대단히 합리적이었다. 이 아이디어 하나만으로도 우리가 결국 **모든** 원자적 요소(양성자, 중성자, 특히 전자를 포함해서) 및 입자와 파동의 형태로 동시에 존재하는 그들의 능력에 관해 이해하는 방식이 완전히 바뀌었다.

이 파트에서 파동에 대해 이야기할 때 나는 당신이 바다의 파도를 떠올리기를 바란다. 파도는 항상 에너지를 발산하는 물체(배나 제트스키처럼)로부터 시발해서 아무 방해 없이 물을 지나가다가 육지에 부딪치거나 섬 주위로 구부러진다. 소리의 측면에서 파동을 이야기할 때 이것은, 음파는 장애물(벽 같은) 주위로 구부러질 수 있어서 방 안에 있는 사람이 부엌에서 나는 오븐 타이머 소리를 들을 수 있다는 뜻이다. 소리를 듣기 위해 타이머를 눈으로 봐야 한다든지 타이머의 직선 방향에 있어야 할 필요는 없다.

빛이 파동처럼 행동한다는 이론은 당시에도 상당한 믿음을 얻었다. 왜 빛이 액체 속을 각기 다른 속도로 이동하는지를 설명해 주었기 때문이다. 빛이 **정확히** 음파처럼 행동한다면, 빛도 장애물 주위로 구부러질 거라고 예측할 수 있다. 하지만 이 이론의 문제점은 우리가 벽돌로 된 벽을 뚫고 손전등 빛을 볼 수 없다는 것이다. 빛의 일부 측면이 파동처럼 행동하는 것 같다 해도 과학자들은 파동론이 빛에 대한 완전한 설명이 아니라는 것을 알고 있었다.

겨우 몇 년 뒤에 영국의 물리학자 아이작 뉴턴Isaac Newton이 빛의 파동론의 결함을 설명하고 이 이론을 부정하기 위해서 잘 알려지지 않은 프랑스 철학자의 논문을 사후 출간하기로 했다. 이 철학자 피에르 가상디Pierre Gassendi는 빛이 사실은 입자에 더 가깝게 행동한다고 주장했는데, 이는 빛이 질량을 가진 물체처럼 행동한다는 뜻이다. 그리고 어떤 면에서는 이 말도 맞지만(이것이 현재 우리가 양자라고 부르는 것의 기반이다), 이 이론 역시 완전하지는 않았다.

빛이 입자라면, 벽돌로 된 벽이 야구공같이 질량을 가진 물체를 막는 것처럼 어떤 형태의 빛이든 투과할 수 없게 막아야 할 것이다. 우리가 벽을 뚫고 야구공을 던질 수 없는 것처럼, 빛이 벽을 통과할 수는(혹은 돌아올 수는) 없을 것이다. 대체로는 맞지만, 무지개를 만들거나 문 가장자리에서 빛이 구부러지는 이유인 빛의 굴절을 설명하지는 못한다. 빛이 직선으로 움직이는 아주 작은 입자로 이루어져 있다면 이런 일은 가능할 수가 없다.

길고 대단히 복잡한 이야기를 짧게 줄이기 위해서 1920년대로 뛰어넘겠다. 프랑스의 물리학자 루이 드 브로이Louis de Broglie는 **모든** 물질이 파동처럼도, 입자처럼도 행동한다고 주장했다. 이 이론은 나중에 빛을 포함하도록 수정되었고, 이렇게 파동-입자 이중성이 탄생하게 되었다.

파동-입자 이중성은 화학에서 가장 기본적인 원리 중 하나다. 이것이 입자(양성자, 중성자, 전자 같은)가 어떻게 파동처럼 작용할 수 있는지를 설명해 주기 때문이다. 우리는 파동역학을 이용해서 전자가 원자나 분자 안에서 **어디에** 위치할지 추측할 수 있으며, 이 정보가 우리에게 햇빛에 관해 알

　　　　　　　　　　　　　　　　　　　　모든 것에 화학이 있다

아야 하는 모든 것을 알려준다.

이 책 첫 부분에서 이야기했던 오비탈을 기억하는가? 모든 s, p, d, f 오비탈들은 파동-입자 이중성에 기반한 하나의 방정식(슈뢰딩거 방정식)에서 유래되었다. 사실 슈뢰딩거 방정식을 풀 때 당신이 얻은 해답은 그 전자에 해당하는 숫자(주기율표에서 가로줄)와 문자(오비탈)이다. 이 말은 처음으로 과학자들이 원자핵을 기준으로 한 전자의 위치와 에너지를 꽤 정확하게 결정할 수 있게 되었다는 뜻이다. 이 모든 것이 우리의 친구, 오스트리아-아일랜드계 물리학자 에르빈 슈뢰딩거 덕분이다.

이 혁신적인 파동-입자 이중성 이론은 물질에 적용될 뿐만 아니라 앞에서 이야기한 햇빛의 특성 또한 설명할 수 있는 좋은 이론으로 보였다.

과학자들이 알게 된 것은 지구에(그리고 해변에) 닿는 빛이 태양에서 전자기 복사electromagnetic radiation의 형태로 온다는 것이었다. '전자기 복사'는 우주의 전자기장을 지나오는(혹은 방출되는) 모든 형태의 에너지에 주어지는 공용 용어일 뿐이다. 에너지는 두 가지 수직 파동(전자파와 자기파)으로 우주를 지나오기 때문에 전자기라는 이름이 붙었다.

전자기 복사, 또는 전기와 자기 에너지 이동은 화학에서 굉장히 기본적인 원리이기 때문에 이 주제를 조금 더 자세히 살펴볼까 한다. 특정 종류의 빛이 왼쪽에서 오른쪽으로 이동한다면, 전자파와 자기파도 왼쪽에서 오른쪽으로 가야 한다.

이것을 단순하게 하자면, 전기장이 왼쪽에서 오른쪽으로 줄을 타고 움직인다고 가정할 수 있다. 그러니까 정의에 따라 자기장 역시 왼쪽에서 오른쪽으로 움직이는데, 단지 방향이 다를 뿐이다. 자기장은 전기장처럼 줄을 타고 수평으로 움직이는 대신 줄 위에서 줄 아래로, 그다음에 다시 줄 위로 수직 파동 패턴으로 움직인다. 이 두 가지 이동이 동시에 일어나면 빛은 우리 대기를 지나올 수 있다. 분자가(또는 어떤 것이든) 전자파나 자기파에 간섭하면 그 원자들이 빛을 가로막거나 구부린다.

양자역학(아원자 입자 과학)은 매우 빠르게 굉장히 어려워질 수 있기 때문에 한 가지 사실에만 집중했으면 한다. 전자기 에너지, 즉 빛에는 종류가 아주 많다! 과학자들은 빛을 파장에 따라 구분한 스펙트럼(전자기 스펙트럼이라고 한다)으로 정리했다. 스펙트럼의 한쪽 끝에는 우리가 전파라고 부르는 빌딩 정도 크기의 굉장히 긴 파장이 있다. 전파는 굉장히 커서 에너지가 아주 낮다. 전파는 당신의 몸에 전혀 해를 주지 못하고, 그래서 우리가 와이파이와 블루투스 등에 안전하게 전파를 사용할 수 있다.

스펙트럼의 반대편 끝에는 대단히 짧고 에너지가 높은 파장인 감마선이 있다. 이 파장은 원자핵 크기에 가까워서 엄청나게 작다. 이 종류의 복사선은 굉장히 위험해서 당신의 몸에 큰 해를 입히고 장기에 심각한 손상을 줄 수 있다. 그런 이유로 고농도의 감마선은 신중하게 사용하면 암세포를 죽일 수 있다.

하지만 '골디락스와 곰 세 마리' 이야기와 비슷하게 전자기 복사에는 완벽한 중간 지점이 있다. 파동이 너무 짧지도 너무 길지도 않고, 에너지가 너무 낮지도 않고 너무 높지도 않은 부분이다. 이 전자기파는 중간 파장에 중간 정도 에너지(전파와 감마선에 비해서)를 가져서 스펙트럼 중간에 있다.

어느 날이든 태양으로부터 지구 표면까지 오는 세 종류의 에너지가 이 파장에 부합한다. 자외선, 가시광선, 적외선이다. 우리는 이미 염료와 천을 통해 가시광선에 대해 이야기했고, 스토브에서 생성되는 적외선 에너지에 관해서도 이야기했다. 그러므로 이제 셋 중 가장 위험한 자외선(UV)에 집중하고 왜 우리가 해변에서 자외선 차단제를 발라야 하는지 설명하겠다.

UV는 지표면이 태양으로부터 받는 가장 높은 에너지 형태다. 1801년 독일-영국계 천문학자 윌리엄 허셜William Herschel이 열파(적외선, IR)를 올바르게 구분하면서 UV가 처음 발견되었다. 허셜은 IR이 가시광선보다 긴 파장에서 방출된다는 사실을 증명했다. 그래서 독일의 물리학자 요한 빌헬름 리터Johann Wilhelm Ritter는 가시광선보다 파장이 짧은 또 다른 '보이지 않는' 에너지가 있지 않을까 궁금해졌다.

리터는 보라색 빛(우리가 볼 수 있는 가장 높은 에너지 빛)과 나중에 자외선이라고 알려지게 되는 것을 연구하기 시작했다. 그는 '보이지 않는' 자외선이 보라색 빛에 비해서 염화은 용액으로 적신 종이를 훨씬 더 빠른 속도로 어둡게 만드는 것을 알아챘다. 사실 자외선은 용액과 상호작용하여 색깔을 거의 즉시 바꾼다. 보라색 빛이 당시 빛에서 가장 높은 에너지로 알려져 있었으므로 리터는 자신이 흥미로운 사실을 우연히 발견했음을 깨달았다.

당시 화학선化學線, chemical rays이라고 명명되었던 UV파는 분자 1개 정도 크기이다. 이 파장은 아주 작긴 해도 **다량의** 에너지를 가졌기 때문에 굉장히 강력하다. 예를 들어 1878년에 과학자들은 UV 광선을 박테리아를 죽이는 데 사용할 수 있다는 사실을 알게 되었다. 그들은 이것을 의료 기구를 포함해서 여러 가지 제품을 살균하는 용도로 사용하기 시작했고, 오늘날까지도 여전히 그렇게 쓴다. 사실 2020년 과학계는 UV 광선을 COVID-19와 싸우는 데 사용할 수 있다는 걸 알아내고 커다란 안도의 한숨을 쉬었다.

UV 광선에는 몇 가지 종류가 있다(우리는 UVA, UVB, UVC라고 부른다). 이들은 파장이 아주 살짝 다르고, 태양은 이들 전부를 소량씩 방출한다. 파장이 315~400nm(나노미터)인 자외선 A(UVA)는 셋 중 가장 약하다. 이 범주에서 가장 긴 파장을 갖고 있기 때문에 이 종류의 에너지는 가끔 장파 복사라고도 한다. 우리의 일상 세계에서 UVA 광선의 가장 흔한 사용법은 자외선 조사 장치의 형태다. 이 파장은 아주 밝게 보이지는 않지만, 극도로 높은 에너지와 관련이 있기 때문에 절대, 결단코 똑바로 쳐다봐서는 안 된다(같은 이유로 태양도 마찬가지다). 그리고 같은 이유로, 예를 들면 선베드처럼 UVA 선이 가득 쏟아지는 곳에 벌거벗고 누워 있어서는 안 된다(선베드에는 1분 이상 있어선 안 된다).

파장을 280~315nm 정도로 줄이면 자외선 B 복사(UVB)라는 새로운 범주로 들어가게 된다. UVB 광선은 UVA 광선보다 에너지가 더 높고, 여러 가지 피부 질환을 치료하는 데 사용된다. 건선과 백반증은 UVB 광선을 직접 조사照射해서 치료에 이용하는 두 가지 흔한 질병이다. 모든 증상을 없앨 수는 없지만, 고에너지 광선에 노출된 후에 대체로 증상이 완화된다.

도마뱀과 거북이를 반려동물로 데리고 있는 사람들은 종종 파충류 우리에 적외선 열 램프라는 UVB 램프를 설치한다. 이것은 그들의 사랑스러운 동물들이 근사하고 편안한 생활을 할 수 있게 해준다. 파충류와 양서류 같은 냉혈동물들은 우리에 비치는 UVB 광선에 엄청난 도움을 받는다. 그들의 몸이 환경 속 에너지를 흡수할 수 있기 때문이다. 이 조그만 동물들이 UVB 전구 아래에서 빛을 쬐는 모습을 보면 굉장히 귀엽다.

하지만 인간에게도 약간의 햇빛이 필요하다는 사실이 증명되었다. 우리 모두 피부에 4개의 고리(3개의 육원자 고리와 1개의 오원자 고리)가 합쳐진 분자인 콜레스테롤을 갖고 있다. 이것은 UVB 복사의 높은 에너지와 반응해서 비타민 D_3(콜레칼시페롤의 속명)를 생성한다.

사람이 충분한 햇빛을 받지 못하면(그래서 결국 비타민 D가 부족해지면) 비타민 D 결핍이라는 질환을 일으킬 수 있다. 이것은 몸이 칼슘을 흡수하는 능력에 영향을 미치고 뼈 밀도를 낮춘다. 결국 비타민 D 결핍은 골절로 이어지는 경향이 있고, 그래서 하루에 몇 분이라도 밖에 나가는 것이 중요하다. 당신의 피부에는 그저 UVB 광선이 콜레스테롤을 깨뜨리고 그것을 비타민 D로 전환시킬 시간이 필요하다.

UV 광선 중에서 가장 높은 범주는 자외선 C(UVC)로, 100~280nm의 파장을 갖는다. 과학자들이 나중에 엄청나게 높은 에너지 방사선이라는 사실을 알게 된 이 짧은 파장은 원래 1878년에 확인된 살균 특성 때문에 밝혀졌다.

박테리아와 세균을 죽일 수 있는 것과 마찬가지로 UVC 방사선은 우리 몸의 세포에도 심각한 손상을 미칠 수 있다. 사실 피부암의 90% 이상이 UV 방사선 때문에 생긴다. 이 '화학선'은 굉장히 강력해서 당신의 피부를 뚫고 들어와 결합 해리라고 불리는 과정을 통해 분자 내의 결합을 깨뜨린다(이 반응은 이름 그대로, 결합이 깨지고 원자들이 분리되도록 만든다).

당신의 몸 안에서 분자에 이런 일이 생길 때, 새롭게 자유로워진 원자들은 새로운 결합 상대를 찾아서 돌아다니고, 불행히도 이것은 새로운 문제적 결합을 형성할 수 있다. 이 결합이 분자의 잘못된 부분이나 몸 안의 잘못된 위치에서 생성되면 암세포가 형성될 수 있다.

좋은 소식은 우리가 자외선 차단제라고 불리는 로션을 두껍게 발라주기만 하면 피부암을 예방할 수 있다는 것이다. 이 화학적 혼합물은 UVA와 UVB 방사선 모두를 흡수한다. 하지만 셋 중 가장 위험한 UVC는 어떨까?

이 질문에 답을 하려면 우리의 대기가 어떻게 작용하는지에 대해, 그리고 그 안에 들어 있는 중요한 원소들에 대해 잠깐 이야기를 해야 한다. 우리가 숨을 쉬는 산소는 대류권이라고 하는 공기층에 위치한다. 대류권은 지구 대기의 첫 번째 층이다. 여기에는 주로 질소가 있고, 그다음으로 산소, 아르곤, 이산화탄소, 물이 있다. 모두 내가 이 책의 앞부분에서 언급한 기체들이다.

성층권은 대류권보다 좀 더 높이, 구름 바로 위에 위치한다. 우리는 실제로 더 낮은 대류권의 분자들로 인한 난기류를 피하기 위해서 성층권으로 비행기를 타고 날아간다. 지구의 이 높이에는 분자가 더 적어서, 비행기가 난기류를 일으키는 다양한 기압을 (그리) 걱정할 필요가 없다.

하지만 우리 대기에는 성층권 아래쪽을 차지하는 오존층이라는 굉장히 중요한 부분이 있다. 당신도 이미 알겠지만, 오존층은 기본적으로 지구의 선글라스 역할을 하는 아주 얇은 보호막이다. 이는 산소(O_2)와 오존(O_3)이라는 두 분자 덕분이다. 우리 눈에 보이지는 않을지 몰라도 이 모든 기체, 양자, 에너지는 저 위 성층권에서 끊임없이 상호작용을 하고 있다!

UV 태양광선이 오존층에 닿으면 몇 가지 일이 일어나는데, 이는 전부 들어오는 방사선의 에너지에 달렸다. 예를 들어 고에너지 UVC 광선이 오존층에 닿을 경우, **만약** 이 광선의 파장이 242nm보다 짧다면 산소 분자의 이중결합(O=O)을 깨뜨릴 수 있다. 파장이 이보다 길면 이중결합을 깨뜨릴 수 없다. 들어오는 UV 방사선이 320nm보다 짧은 파장을 가졌다면 오존 분자 안에 있는 공유결합을 깨뜨릴 수 있지만, 산소 분자 안의 결합은 깨지 못한다.

그러면 해변에 누워 있는 사람들에게 이것은 어떤 의미일까? 산소와 오존의 두꺼운 층은 지구를 해로운 UVB와 UVC 방사선으로부터 지키기 위해 협력한다. 하지만 이들이 고에너지 광선이 지구의 대기로 들어오는 것을 막고자 자신들의 분자 결합을 희생하는 사이, 저에너지 UVA 방사선이 몰래 스며들어 온다.

어떻게 이런 일이 생기는 걸까? 기술적으로 UVA는 더 약하다. 오존과 산소가 위험한 UV 에너지로부터 우리를 지켜주는 일이 더 쉬워야 하지 않을까? 불행히도 그렇지 않다.

이 분자들이 우리를 보호하는 유일한 방법은 UV 광선이 그들의 공유결합을 깨뜨리게 놔두는 것이다. 하지만 문제는, 산소에는 242nm보다 짧은 파장이 필요하고 오존에는 320nm보다 짧은 파장이 필요하다는 것이다. 320nm보다 긴 것은 우리의 희생양 분자들의 결합을 깨기에 너무 약하다. 그래서 UVA 광선(315~400nm 범위)은 분자들 바로 옆을 지나 우리 해변족들에게까지 온다.

UVA 광선이 세 범주 중에서 가장 약하다고는 하지만(파장이 가장 길므

모든 것에 화학이 있다

로) 인간에게는 가장 큰 해를 입히는 광선이다. 다시 말해 우리가 실제로 UVB나 UVC 광선에 노출되면 그것이 우리 몸을 뚫고 들어와서 결합을 깨뜨리고 분자적 대혼란을 일으킬 테니 훨씬 더 끔찍한 일일 것이다. 다만, 우리에게는 이런 일을 막아주는 슈퍼 영웅 분자가 2개 있다.

UVA 방사선으로부터 몸을 보호하고 싶다면, 당신이 할 일은 매일매일 자외선 차단제를 바르는 것뿐이다. 아무 문제도 없다. 안 그런가?

행동보다 말이 쉬운 법이니, 자외선 차단제가 들어 있는 화장품을 사라고 권하고 싶다. 이렇게 하면 몇 분쯤 밖을 돌아다니거나 이웃 사람과 잡담을 나눌 때 당신의 피부가 저절로 보호될 것이다. 하지만 해변에서 하루를 보내러 간다면 머리끝부터 발끝까지 광범위 스펙트럼 자외선 차단제(UV 광선의 여러 가지 '스펙트럼'을 막아준다는 뜻)를 듬뿍 발라야 한다.

미국에서 흔한 자외선 차단제에는 두 가지 형태가 있다. 하나는 물리적 차단제이다. 실제로 당신의 피부 맨 위에 머무르는 햇빛 차단제 말이다. 이 버전으로 가장 흔한 것은 1980년대 모든 인명구조원들의 코를 하얗게 만든 주범인 두꺼운 하얀색 크림, 산화아연이다. 물론 우리 아빠는 자식들에게 그걸 바르게 한 동네 유일의 부모였다. 난 그게 정말로 부끄러웠다.

두 번째 버전의 자외선 차단제는 좀 더 흔하고, 자외선 차단제 안의 분자들이 UV 방사선을 흡수하는 산소와 오존처럼 행동하는 화학적 과정을 통해 작용한다. 아보벤존 같은 이 분자들 일부는 흡수 범위에 한계가 있고, 그래서 자외선 차단제는 일반적으로 하나 이상의 활성 요소를 포함하고 있다. 아보벤존은 UVA 방사선에 최적이지만 UVB에는 그리 뛰어나지 않다. 반면 옥틸메톡시신나메이트는 오존층에서 오존 분자들 옆을 슬쩍 지나온 UVB 광선을 모조리 흡수할 수 있다.

개인적으로 나는 여름에 37℃가 넘는 아주 따뜻한 지역에 살기 때문에 항상 이불장에 자외선 차단지수(SPF) 30짜리 자외선 차단제를 넣어둔다. 이 지수는 자외선 차단제가 내 피부와 상호작용하는 해로운 UV 방사선 중 1/30만 제외하고 전부 다 막아준다는 뜻이다. SPF 10짜리는 방사선 중 1/10을 제외하고 전부 막아주고, SPF 50짜리는 방사선 1/50을 제외하고 전부 막아줄 것이다.

하지만 SPF 지수는 2시간마다 차단제를 덧바르는 것을 기억해야만 적확하다. 안 그러면 3, 4시간 후에 당신의 피부는 여러 가지 요인으로 인해서 완전히 노출될 것이다. 자외선 차단제가 물에 씻겨나갈 뿐만 아니라 결국 모든 감광성 분자들이 강력한 UV 에너지를 흡수해서 분해되기 때문이다.

자외선 차단제/선블록이 실제로는 50이 넘는 SPF를 가질 수 없다는 주장도 있다. 대부분의 화학자들은 여러 가지 변수 때문에 그렇게 정확할 수 없다고 생각한다. 특히 자외선 차단제의 효과가 크림을 얼마나 두껍게 열심히 바르고 얼마나 자주 덧바르는지에 달린 만큼 더더욱 그렇다. 개인적으로 나는 자외선 차단제가 정말로 그렇게 많은 UV 광선을 막아줄 수 있다는 주장을 뒷받침하는 증거를 많이 보지 못했기 때문에 SPF 30짜리 자외선 차단제를 고수한다.

모든 인공적인 화학적 발명품과 마찬가지로 어떤 자외선 차단제에는 부작용도 있을 수 있다. 예를 들어 옥틸메톡시신나메이트는 우리의 피부를 해로운 UVB 방사선으로부터 지켜줄 수 있는 환상적인 분자지만, 산호초에는 굉장히 해롭다. 불행히도 대부분의 사람들이 해변에 나오기 직전에 자외선 차단제를 바르고서 곧장 물에 뛰어든다. 이런 이유 때문에 특정 지역(하와이 등)에서는 옥틸메톡시신나메이트가 함유된 자외선 차단제를 금지하기도 한다(이 금지령은 2021년부터 시행되었다).

하지만 당신이 텍사스에 있든 알래스카에 있든 그건 별 상관이 없다. 우리 대부분은 매일 자외선 차단제를 발라야 하는 것이다. 아니면 매번 밖에 나갈 때마다 UV 지수를 확인하는 법을 익혀야 한다.

UV 지수는 굉장히 재미있다. 우리 과학자들은 추측에 굉장히 집착하기 때문에 대기 중에서 태양의 파장 혼합물을 시험하는 도구를 갖고 있다. 과학자들은 그렇게 모은 데이터를 바탕으로 그날의 UV 방사선으로부터 예상되는 위험을 여러 가지 수치로 나타낼 수 있다. 0부터 11까지(혹은 더 높이)의 단계에서 0은 낮은 방사선이고 10은 굉장히 높은 방사선을 뜻한다. UV 지수가 3이나 그 이상이라면 과학자들은 SPF가 최소한 30은 되는 자외선 차단제를 바를 것을 권고한다.

그리고 한 가지 더 주의해야 할 것이 있다. UV 지수는 물이나 눈, 모래처럼 반사되는 지역에 있을 때는 거의 두 배가 될 수 있다. 그래서 사람들이 집 뒷마당보다 해변에서 일광욕하기를 좋아하는 것이고, 당신이 물가에서 훨씬 빠르게 화상을 입는 것이다. 산에서 스키를 탈 때에도 똑같은 얘기를 할 수 있다. 비록 얼굴의 아주 적은 부분만 노출되어 있다 해도 말이다.

그러니까, 누가 알겠는가. 성공적인 해변 여행에는 수십 가지 인공적인 고분자(특히 그중에서도 스판덱스, 단열 폴리에틸렌, 폴리스티렌)뿐만 아니라 전자기 복사파가 우리의 분자를 깨뜨리지 못하게 하기 위해 몸에 바르는 화학적 용액의 도움까지 필요하다. 일광욕을 즐기는 사람들이여, 기뻐하라!

9. 오늘의 요리　　　　　　　　　*&＊ 부엌에서

내가 부엌에 들어가는 이유는 딱 하나다. 빵을 굽기 위해서다.

　나는 베이킹이 느리고 체계적이어서 좋아한다. 베이킹은 정확하다. 그리고 가장 중요한 것은, 베이킹이 **화학**이라는 것이다. 생각해 보라. 빵을 구우려면 모든 것을 정확하게 계량해야 한다. 실험실에서 물질을 계량할 때와 똑같다. 그다음에 모든 걸 한꺼번에 섞을 때 굉장히 신중해야 한다. 너무 많이 저어도, 덜 저어도 안 된다. 화학물질을 반응시킬 때 열이나 압력을 너무 많이 가해서는 안 되는 것과 똑같다.

　유사점은 끝이 없고, 이 장에서 나는 부엌에서 일어나는 화학에 대해 설명하려 한다. 당신이 파이를 굽든 다섯 코스의 식사를 요리하든, 거기에는 화학이 작용하고 있다.

　나는 끝내주는 파이를 만드는 우리 엄마한테서 베이킹을 배웠다. 엄마의 솜씨는 정말 훌륭해서, 나는 어렸을 때 엄마에게 매년 생일 케이크 대신 루바브 파이를 구워달라고 했다. 엄마의 부엌에서 나는 베이킹의 가장 중요한 규칙 중 하나를 배웠다. 바로 정확해야 한다는 것.

내가 베이킹에 관한 책을 얼마나 많이 갖고 있는지 다 말할 수가 없을 정도다. 엄마와 마찬가지로 내 특기도 파이 만들기라서 파이 크러스트에 관한 책만 해도 수십 권이다. 내가 가장 좋아하는 책은 로즈 리바이 버랜바움이 쓴 《파이와 페이스트리 바이블The Pie and Pastry Bible》이다. 버랜바움은 대단히 정확하다는 점이 좋고, 이 책의 어떤 레시피든 지시를 **정확하게만** 따르면 생애 최고의 파이를 만들 수 있다. 하지만 당신이 멋대로 딱 하나만이라도 바꿔버리면, 이를테면 '신선한 블루베리 파이'에서 블루베리를 라즈베리로 바꾸기만 해도 흐물거리고 질퍽한 실패작이 나올 수도 있다. 베이킹에서는 실수할 여지가 없다. 화학 실험실에서와 마찬가지다.

우리 엄마한테 물어보면, 계량을 대충 하는 경우에만 형편없는 빵이 나온다. 그리고 더 나은 빵을 굽는 가장 쉬운 방법은 부피(컵, 테이블스푼) 대신 질량(그램)을 쓸 수 있게 주방용 저울에 투자하는 것이다. 저울이 있으면 준비와 정리가 더 빨라질 뿐만 아니라 더 정확하고 일관적으로 빵을 구울 수 있다. 예를 들어 내가 쓰는 파이 레시피 중에서 페이스트리용 밀가루 1컵+4티스푼을 요구하는 게 있다. 정말이지 짜증나는 계량법이다. 여기에 해당되는 밀가루 질량은? 184g이다. 간단하고 명료하지 않은가. 저울을 쓰면 스푼에 넘치게 담거나 컵에 모자라게 담을 일이 없다. 184g은 어떤 도구로 어떻게 푸든 간에 184g이다.

이제 나는 계량을 부피로만 이야기하는 요리책은 절대로 사지 않는다. 그런 레시피는 나에게 더 이상 정확하지 않다. 당신 요리책의 레시피를 평가하기로 했다면 각 빵에 적절한 밀가루를 사용하는지도 꼭 확인하라. 페이스트리에는 페이스트리용 밀가루를, 빵에는 빵용 밀가루를 쓰는 식이다. 이게 좀 과해 보일 수도 있겠지만, 밀가루는 베이킹에서 가장 중요한 재료이고 실제로 여러 종류의 밀가루 사이에는 꽤 큰 차이가 있다. 곧 이야기하겠다.

이 장을 쓰기 전에 나는 찬장으로 가서 내가 어떤 종류의 밀가루를 사다 두는지 확인해 보았다. 아마 나는 정기적으로 여섯 종류의 밀가루를 사는 것 같았다. 다목적용, 페이스트리용, 빵용, 케이크용, 통밀, 글루텐 프리. 각각이 밀폐 용기에 들어 있고 딱 맞는 이름표가 붙어 있었다. 어쨌든 난 화학자니까.

일반적으로 빵 굽는 사람들은 밀가루에 굉장히 까다롭다. 미국에 들어 가다가 미국 교통안전청(TSA)에 붙잡힌 영국의 유명 제빵사 이야기를 들은 적이 있다. 이 사람이 짐 가방 안에 표기가 없는 대량의 하얀 가루를 갖고 있었기 때문이다. 이 제빵사는 행사를 위해 특별 디저트를 만들어야 했고, 정확하지 않은 종류의 밀가루를 쓰는 위험을 감수할 수가 없었다. 하지만 불행하게도 TSA는 이 사람이 엄격하게 금지된 밀수품이 아니라 밀가루를 가져온 거라는 걸 믿지 못했다……. 그래서 내가 늘 여행을 할 때 밀가루에 이름을 붙여놓는 것이다!

그러면 제빵사들은 왜 이렇게까지 밀가루에 까다로울까? 왜 어떤 레시 피에서는 다목적 밀가루를 쓰라고 하고 또 어떤 디저트에는 페이스트리용 이나 케이크용 밀가루를 쓰라고 하는 걸까?

단백질. 이게 다 단백질 때문이다.

어떤 밀가루는 (무표백 다목적 밀가루처럼) 단백질 함량이 높은 경질 소맥 으로 만들었고, 어떤 밀가루는 (페이스트리 밀가루처럼) 단백질 함량이 낮은 연질 소맥으로 만든 것이다. 사실 밀가루 안의 대부분의 분자들은 단백질 이다.

실제로 단백질은 우리 주위에 많이 있다. 음식뿐만 아니라 우리의 머리 카락과 피부에도 들어 있다. 아침 식사에 관한 앞에서의 이야기가 생각난 다면 알겠지만, 단백질은 폴리펩타이드이고 이 명칭은 분자가 2개 이상의 아미노산으로 만들어졌다는 걸 말하는 복잡한 방법이다.

모든 밀가루에서 찾아볼 수 있는 단백질이 2개 있다. 글루테닌과 글리아딘이다. 글루테닌과 글리아딘이 액체 속에서 함께 섞이면 글루텐이 형성된다. 그래, **바로 그** 글루텐이다.

흥미롭게도 셀리악병^{Celiac disease}(몸 안에 글루텐을 처리하는 효소가 없어서 생기는 질환—옮긴이)을 가진 사람들이 글루텐을 피해야 하는 이유는 이들이 글리아딘(글루텐이 아니라)에 과민증이 있기 때문이다. 식생활 관점에서 글리아딘보다는 글루텐을 피하는 게 훨씬 쉽기 때문에 어떤 사람들은 '글루텐-프리' 식생활을 하는 것이다.

글루텐-프리 식생활을 하는 사람들에게는 불행하게도 글루텐은 제빵사의 제일 좋은 친구이다(대체로 이스트와 함께 말이다). 이 아름다운 펩타이드는 늘어나서 이스트와의 화학반응으로 방출된 이산화탄소 기포를 사로잡아 반죽이 크고 폭신폭신해지게 만든다. 글루텐의 최고 장점은 결국에 늘어나는 것을 멈추고 그 자리에 고정된다는 것이다. 그래서 베이킹을 할 때에는 반죽이 두 배 크기가 될 때까지 항상 기다려야 하는 것이다. 이것이 이산화탄소 방출이 전부 끝나면 얻을 수 있는 가장 큰 반죽이기 때문이다.

만들어진 글루텐의 퍼센티지는 밀가루를 만드는 데 쓰인 밀의 종류에 달려 있다. 경질 소맥(밀알이 연질 소맥의 밀알보다 더 길고 단단하기 때문에 '경질'이라고 한다)이 대부분의 글루텐을 생산하고, 그래서 이스트가 들어가는 레시피에서는 최고의 동료다. 경질 소맥 중 하나인 더럼^{durum}은 신축성과 두께를 갖게 하는 강한 탄성을 지녀서 신선한 파스타나 피자 반죽에 아주 잘 맞다. 또한 이것이 경질 소맥분(강력분)을 빵푸딩이나 다른 지저분하게 보이는 빵들(몽키브레드 같은)에서 찾아볼 수 있는 이유이다.

반대로 연질 소맥은 짧고 덜 단단하다. 탄화수소로 가득하기 때문이다. 이 밀알로 만든 밀가루는 단백질 함량이 낮고, 그다지 많은 글루텐을 만들지 못하기 때문에 신축성이나 탄성이 없다. 연질 밀알에는 두 가지 주요 종류가 있다. 하얀 것과 빨간 것이다. 하얀 연질 밀알은 페이스트리 밀가루에 완벽하게 맞는 반면에 빨간색 연질 밀알은 케이크 밀가루에 더 잘 맞다. 이런 이유 때문에 나는 항상 파이 크러스트에 하얀색 연질 밀알, 혹은 페이스트리 밀가루를 쓰려고 한다.

페이스트리와 케이크 밀가루의 주요 차이점 중 하나는 케이크 밀가루가 종종 표백된다는 것이다. 혹은 지방과 당분을 더 쉽게 견딜 수 있도록 화학적으로 처리되었다고 말하는 게 더 쉬울 수도 있겠다. 나는 개인적으로 무표백 밀가루 쪽을 선호하므로 하나만 빼고 모두 킹 아서 브랜드를 사곤 한다. 다만 파이 크러스트에는 오로지 밥스레드밀의 하얀색 무표백 고급 페이스트리 밀가루만 쓴다.

잘못된 밀가루를 고르는 것에 더해 수많은 초보 제빵사들이 저지르는 흔한 실수 또 한 가지는 레시피에서 베이킹 파우더를 쓰라고 했는데 베이킹 소다를 쓰는 것이다.

베이킹 **소다**는 중탄산나트륨($NaHCO_3$)을 일반적으로 이르는 명칭이다. 이것은 베이킹에서 종종 사용되는 기본 분자다. (다음 장에서 베이킹 소다에 관해 더 많이 이야기하겠다. 미리 경고하자면, 베이킹 소다는 당신의 부엌을 청소하는 데에도 쓸 수 있다!)

 표백을 할 것인가, 말 것인가

내가 제빵사들에게 가장 많이 받는 질문은 이거다. "표백 밀가루라는 게 뭐죠?" 위험한가? 밀가루에 화학물질이 정말로 남아 있나? 아니면 전부 다 마케팅용 과장인가?

음, 표백 밀가루라는 건 1700년대에 생겼던 일의 결과물이다. 옛날에는 밀기울(밀알의 짙은 색깔 바깥층)과 배아(밀알의 하얀 부분)를 밀가루 자체와 분리하는 일이 굉장히 어려웠다. 그래서 순수한 하얀 밀가루(또는 순수한 배아 밀가루)가 생기면 방앗간 주인들은 상류층을 위해서 그것을 아껴두었다. 시간이 흐르며 하얀 밀가루는 부와 결부되었고, 그래서 더더욱 수요가 많아졌다.

그러자 불량한 방앗간 주인들이 지저분한 밀가루를 하얀 밀가루처럼 보이게 하려고 백악白堊과 뼛가루 같은 더러운 것들을 섞기 시작했고 이런 과정을 '백화' 또는 '표백'이라고 부르게 되었다. 1750년대에 영국 의회는 밀가루에 모든 첨가제를 금지하는 법을 통과시키려고 했지만, 실행되진 못했다.

이런 공정은 오늘날에도 여전히 일어나지만, 지금은 특정 화학물질만 쓸 수 있다. 가장 흔한 밀가루 표백제는 과산화벤조일benzoyl peroxide로, 이것은 밀가루를 하얗게 만들지만 밀가루의 화학적 구성에 영향을 미치지는 않는다. 가끔 무해한 염소 기체가 쓰일 때도 있으나 이것은 아주 뚜렷한 맛을 남긴다.

하지만 어이없는 부분은 이거다. 밀가루는 시기에 따라서, 가공하고 2주에서 4주 뒤면 자연적으로 하얗게 변한다(여름에는 2주, 겨울에는 4주). 이 밀가루는 휴지기를 거쳤기 때문에 탄성이 더 좋아지고, 그래서 제빵사들에게 더욱 좋은 반죽을 제공한다. 하지만 대부분의 방앗간 주인들은 그걸 기다릴 마음의 여유가 없어서 그냥 화학적 처리 쪽을 선호한다.

내 경우에 선택은 쉽다. 가능하다면 항상 무표백 밀가루를 사라.

베이킹 소다처럼 베이킹 파우더 역시 중탄산나트륨이 포함되어 있고, 아주 중요한 산성염, 예컨대 타르타르산 같은 것도 들어 있다. 베이킹 **파우더**는 화학적 팽창제로, 빵의 전체 부피를 증가시키는 분자다. 파이 크러스트를 만들 때 베이킹 파우더에 있는 산이 중탄산나트륨(역시나 베이킹 파우더 안에 있다)과 반응해서 이산화탄소 기체를 형성한다. 기체는 반죽을 가볍고 보송보송하게 만드는 데에 한몫하는데 이는 파이를 만들 때 필수적이다.

당신의 베이킹 파우더에는 두 종류의 산이 들어 있다. 빠르게 반응하는 산은 믹싱볼 안에서 중탄산나트륨과 반응해 곧바로 이산화탄소 기포를 형성하기 시작한다. 가장 흔하게 쓰는 급속반응 산 두 가지는 인산이수소칼슘과 타르타르영이다.

반면 천천히 반응하는 산의 경우 이산화탄소 기체를 형성하기 시작하려면 오븐에서 나오는 열에너지가 필요하다. 피로인산나트륨과 황산알루미늄나트륨 같은 분자들은 둘 다 오븐에서 온도가 어느 정도 높아지면 중탄

모든 것에 화학이 있다

산나트륨과 반응한다.

나는 파이 크러스트를 위해 이중작용 베이킹 파우더를 사는 편이다. 여기에는 빠르게 반응하는 산성염 하나와 느리게 반응하는 산성염 하나가 들어 있다. 내가 좋아하는 베이킹 파우더는 클래버걸 브랜드에서 나오는 것이다. 여기에는 중탄산나트륨(염기), 인산이수소칼슘(빠르게 반응하는 산), 황산알루미늄나트륨(느리게 반응하는 산)이 들어 있기 때문이다. 또한 파우더가 건조 상태로 유지되도록 다량의 옥수수 전분도 들어 있다. 다시 말해서 산과 염기는 당신이 원하는 때가 아니면 반응하지 않는다.

파이 크러스트에서 또 다른 공통 재료는 버터다. 화학적인 관점에서 이는 **지질**로 여겨진다. 이 용어는 많은 범위의 무극성 분자들을 아우르지만, 부엌에서 대부분의 지질은 트리글리세리드triglyceride라는 하위 범주에 들어간다. 트리글리세리드가 고체 상태면 '지방fat'이라고 불린다. 액체 상태면 '기름oil'이라고 한다. 예를 들어 버터는 상온에서 고체이기 때문에 지방(기름이 아니고)으로 여겨진다. 올리브 오일은 상온에서 액체이기 때문에 기름으로 여겨진다.

트리글리세리드에서 2개의 탄소 원자 사이에 최소한 1개의 이중결합이 있으면 이것은 불포화 지방이라고 한다. 분자 안에 단일결합만 있으면 포화 지방이라고 부른다.

코코넛 오일과 버터는 흔한 2개의 포화(단일결합만 있다) 트리글리세리드이다. 두 지방 모두 상온에서 고체지만, 시간이 지나면 부드럽게 변하는 편이다. 올리브 오일과 카놀라 오일은 둘 다 주로 단일 불포화 지방(이중결합이 1개 있다)이지만, 올리브 오일이 둘 중에서 더 건강에 좋다. 사실, 전통적인 다른 오일류 대부분과 비교할 때 올리브 오일은 단일 불포화 지방의 비율이 훨씬 더 높다.

파이 크러스트를 만들 때 나는 다른 어떤 지질보다도 오랜 전통의 버터를 선호한다. 하지만 요리를 할 때 남편과 나는 올리브 오일, 아보카도 오일, 카놀라 오일을 돌아가면서 사용한다. 그러는 이유가 있다. 카놀라 오일은 우리 몸이 다른 음식으로부터 자연적으로 생성하지 못하는 분자인 리놀레산이 다량 들어 있어서 특히 좋다. (재미있는 사실: 리놀레산과 알파-리놀레산은 우리가 필수적이라고 여기는 두 지방산이다. 알파-리놀레산은 당신에게도 이미 친숙할 것이다. 흔히 오메가-3 지방산이라 불리고, 호두와 대두유에서 찾을 수 있다.)

불행히도 이런 더 건강한 기름을 쓸 때 한 가지 단점이 있다. 올리브 오일 같은 불포화 기름 안의 이중결합이 대기 중의 산소와 반응해서 악취를 내는 것이다. 당신이 갖고 있는 기름 중에서 어느 것이 '갔다'는 생각이 드는 냄새를 풍긴다면, 그건 그냥 산화되어 이중결합을 잃었다는 뜻이다. 그래서 기름을 대량으로 사는 건 좋지 않은 생각이다. 정기적으로 많은 사람을 위해 음식을 만드는 게 아니라면 말이다.

이중결합의 존재(혹은 부재)는 우리에게 트리글리세리드의 녹는점을 예측하게 해준다. 녹는점은 그저 분자가 고체에서 액체로 전환되는 온도이기 때문이다.

일반적으로 이중결합이 없는 분자는 이중결합을 가진 분자보다 녹는점이 더 높다. 트리글리세리드에 이중결합이 많으면 많을수록 녹는점은 점점 낮아지는 것이 보통이다. 그래서 대부분의 포화 트리글리세리드가 고체(지방)이고, 대부분의 불포화 트리글리세리드가 액체(기름)인 것이다.

베이킹을 할 때 이런 것을 알 필요가 있다. 완성되는 파이 크러스트의 밀도와 바삭바삭함에 영향을 미치기 때문이다. 버터(지방)는 가장 보송보송한 파이를 만들어 주고, 내 생각에는 이것이 가장 맛있는 파이 크러스트다. 하지만 버터로 만든 반죽은 예민하다. 끝내주는 파이 크러스트를 만들려면 반죽을 차갑게 유지해야 한다. 따뜻하고 부드러운 버터는 반죽을 끈적끈적

모든 것에 화학이 있다

하게 만들어서 작업하기 어렵고, 밀어서 펴는 건 거의 불가능하다. 이 모든 게 반죽과 밀대 사이에 형성되는 대량의 IMF 때문이다.

어떤 사람들은 베지터블 쇼트닝을 선호한다. 따뜻한 온도에서 형성되는 IMF에 좀 더 저항력을 갖고 있기 때문이다. 하지만 나는 맛이 똑같다고 생각하지 않는다. 이 크러스트는 버터로 만든 것보다 종종 밀도가 약간 더 높고 기름진 질감을 갖는 경향이 있다. 쇼트닝이 100% 지방인 반면에 버터는 지방(80%), 물(18%), 우유(2%) 혼합물이기 때문이다.

그리고 파이 크러스트에 기름을 넣어서 인생의 비참함을 맛보고 싶어 하는 사람들도 있다. 당신이 그러고 있다면, 이제는 그만둬라. 이렇게 만든 반죽은 항상 건조하고 부스러지며, 내가 만든 것은 언제나 갈라졌다. 게다가 기름을 넣은 파이 크러스트는 밀어서 펴기가 엄청나게 어렵다. 최고의 기술과 도구를 동원해도 말이다.

 기름 화재

부엌에서 기름을 갖고 이래라저래라 설명하는 와중에 당신에게 하나 주의를 주고 싶다. 기름/지방은 물과 잘 섞이지 않는다. 그래서 기름으로 인한 화재에 물을 사용하면 절대로 안 되는 것이다.

기름 화재는 기름 속 불순물에 불이 붙는 경우다. 이것은 같은 기름을 여러 번 다시 사용하는 경우에, 또는 엄청나게 많은 양의 튀김을 만들 때 흔히 발생한다. 해결책은 즉시 불로부터 공기를 차단하는 것이다. 프라이팬 뚜껑을 들고(아니면 가까이 있는 베이킹 시트로라도) 불을 덮어서 대부분의 산소를 차단해라. 화재가 비교적 소규모라면 베이킹 소다나 소금처럼 순도 높은 파우더를 던져도 된다. 하지만 우리 집에서 이런 일이 일어나면 나는 곧장 대형 베이킹 시트를 향해 달려간다.

당신이 결코, 절대로 해서는 안 되는 일은 물을 끼얹는 것이다. 왜냐고? 왜냐하면 물은 극성이고 기름은 무극성이기 때문이다. 이 말은 두 액체가 섞이지 않는다는 뜻이다. 대신 훨씬 밀도가 높은 물이 기름층 아래로 들어가 뜨거운 프라이팬과 상호작용을 한다. 이것은 엄청난 사고다. 물은 대부분의 기름보다 훨씬 낮은 온도에서 끓기 때문이다. 물은 즉시 기화되어 액체에서 기체가 되고, 이렇게 되면서 새롭게 생겨난 기체 입자가 프라이팬에서 빠르게 빠져나오려고 할 것이다. 이것이 프라이팬을 떠나면서 위에 있는 기름층을 바깥으로 밀어내 불붙은 기름이 사방으로 튄다.

기름 화재를 피하는 가장 좋은 방법은 튀김용 기름을 자주 바꿔주고, 깨끗한 조리 공간을 유지하는 것이다. 그러니까 기름이 프라이팬 밖으로 튀면 낡은 행주로 빨리 닦아내자!

맛있는 파이 레시피의 마지막 재료는 당이다. 베리류와 과일에 있는 천연당이 아니라 가루 설탕을 말하는 것이다. 당은 탄수화물로 분류된다. 왜냐하면 모든 당은 탄소, 산소, 그리고 물을 갖고 있기 때문이다. '수화hydrate'라는 말은, 우리가 탄수화물이라고 부르는 것 안에 진짜로 물 분자가 있다는 뜻이 아니다. 대신에 분자가 언제나 수소 대 산소 비율을 2:1로 유지한다는 의미다. 물처럼 말이다.

우리가 일상적으로 마주하게 되는 탄수화물에는 크게 두 가지 종류가 있다. 단순 탄수화물과 복합 탄수화물이다. 단순 탄수화물부터 시작해 보자. 이 분자들은 단당류monosaccharide라 하고, 존재하는 탄수화물 중에서 가장 작은 종류이다.

흔한 단당류 두 종을 들자면 포도당과 과당이다. 이 단당류들은 분자식($C_6H_{12}O_6$)은 동일하지만 구조가 다르다. 멋지지 않은가? 화학에서 이런 일이 일어날 때 우리는 이 두 분자를 이성질체isomer라고 한다. 이는 정확히 똑같은 개수(와 종류)의 원자를 갖고 있지만 그것들이 다르게 결합되어 있는 물질이다. 예를 들어 포도당은 육원자 고리를 가진 반면에 과당은 오원자 고리를 가졌다.

고등학교 생물 수업에서 배운 광합성 반응을 기억하고 있다면 당신은 아마 식물이 태양으로부터 받은 에너지를 이용해서 물과 이산화탄소를 산소로 전환시킬 때 포도당이 만들어진다는 사실을 이미 알 것이다. 이것이 바로 포도당이 이 지구에서 가장 풍부한 단당류인 이유 중 하나다. 포도당은 옥수수, 포도, 심지어 우리의 혈당에서도 찾을 수 있다.

반면 과당은 과일에 있는 단당류이다. 사탕수수, 비트, 꿀, 그리고 물론 사과와 베리류 같은 과일에서도 찾을 수 있다.

사람들 대부분이 파이 필링으로 넣는 것, 그리고 커피와 차에 넣는 것은 자당($C_{12}H_{22}O_{11}$), 흔히 설탕이라고 부르는 이당류disaccharide이다. 자당은 과당(과일)만큼 달진 않지만 포도당(채소 대부분에 있다)보다는 확실히 달다. 자당의 재미있는 점은 이것이 실은 포도당 분자와 과당 분자가 합쳐진 결과물이라는 사실이다. 그래서 이당류라고 부르는 것이다. 말 그대로 **당이 2개**니까(단당류가 당이 1개라는 뜻으로 추측했다면, 정답이다).

과당, 포도당, 자당은 전부 다 단순 탄수화물로 여겨진다. 이 분자들은 축합반응을 통해 서로 연결되어 긴 단당류 사슬, 즉 다당류를 형성할 수 있다. 우리는 흔히 다당류를 전분이라고 부르며, 전분은 감자, 콩, 쌀처럼 파이에 별로 쓸 일이 없는 음식들에서 발견된다.

당은 **또한** 열에 반응한다. 파이를 오븐에 넣었을 때처럼 말이다. 이 반응은 캐러멜화반응caramelization이라고 불리며, 대체로 색깔의 변화와 환상적인 냄새를 동반한다. 캐러멜을 만들 때 하얀 고체가 천천히 걸쭉한 노란색 액체로 변했다가 결국 진갈색 물질이 되는 것에 주목하라. 캐러멜은 마지막 갈색 액체가 굳어져서 형성된다. 이 일은 향기로운 물질들이 전부 대기 중으로 방출된 이후에 일어난다.

하지만 실제로 일어나는 일은 당신이 처음에 집어넣은 순수한 설탕이 분해되는 것이다. 열과 상호작용을 하면 자당의 결합이 끊어지면서 포도당과 과당이 형성되고, 이것이 우리 눈에 보이는 노란 액체이다. 미시적으로는, 단당류로 이루어진 다당류 사슬이 즉시 끊어져서 수백 개의 각기 다른 분자를 형성한다. 어떤 것은 달콤하고, 어떤 것은 쓰고, 어떤 것은 굉장히 향기롭다. 그래서 파이가 오븐에서 나올 무렵이면 대체로 냄새를 맡을 수 있는 것이다.

동시에, 내가 파이를 오븐에 집어넣으면 앞에서 말한 단백질 분자들(페이스트리 밀가루에 있는 분자들 같은 것) 역시 열에 노출된다. 이것은 변성 denaturation이라는 반응을 시작하게 만든다. 오븐의 열이 밀가루의 단백질 분자들 내에 있는 결합을 깨뜨리는 것이다.

이것을 상상해 보는 쉬운 방법은, 따뜻하고 끈끈하고 소용돌이 모양을 한 시나몬롤을 떠올리는 것이다. 오븐이 달구어지기 시작하면 시나몬롤이 진동하기 시작한다. 열이 공급한 여분의 에너지가 롤을 나선형으로 묶어주던 IMF를 깨뜨려서, 시나몬롤을 길고 맛있고 말랑말랑한 긴 줄로 풀어놓은 것처럼 나선이 열리기 시작한다. 이것이 분자 차원에서, 파이 전체에서 벌어진다. 이 과정에서 3차원 구조의 단백질이 완전히 평평한 2차원적인 단백질로 변한다(우리가 아침 식사 오믈렛의 달걀에서 본 것처럼). 이는 분자 안에서 모든 원자를 노출시키기 때문에 중요하다.

어릴 적 시나몬롤을 먹기 전에 다 뜯어본 적이 있는가? 당신이 나처럼 음식을 갖고 놀아봤다면, 제빵사가 소용돌이 모양으로 말기 전에 시나몬과 버터(혹은 내가 제일 좋아하는 고명인 프로스팅)를 뿌린 자리를 보았을 것이다. 그것이 변성 과정이 끝난 후에 파이 밀가루 안의 분자들이 갖게 되는 모습이다. 원자 차원에서 맛의 긴 열들이 생기는 것이다.

단백질이 완전히 변성되고 나면 베이킹에서 다음 단계는 응고coagulation라는 반응이다. 기본적으로 (펼쳐놓은) 시나몬롤 같은 모습의 단백질들이 서로에게 부딪치기 시작한다. 오븐의 열이 분자를 진동시킨다는 것을 기억하라. 그래서 놀이공원의 범퍼카처럼 서로에게 부딪치기가 굉장히 쉽다.

이 충돌로 수소결합과 이온의 상호작용이 생긴다. 이로 인해 각각의 큰 단백질 사이에 주머니 모양의 빈 공간이 있는 원자들의 긴 사슬이 형성된다. 나에게 이 반응에서 가장 좋은 부분은 파이에 있는 모든 물 분자가 그 주머니 안으로 뛰어드는 것이다. 이 물/단백질 사슬 조합은 거시적인 규모에서 '구워진 파이'라는 형태로 나타나고, 대부분의 사람들이 파이 크러스트라고 인지하는 두껍고 파삭파삭한 질감을 갖는다.

빵을 구울 때 우리는 이 분자 간 상호작용이 정확히 언제 일어나는지 모른다. 이 모든 일이 미시적 차원에서 일어나기 때문에, 오븐을 보면서 무슨 일이 일어나고 있는지 그냥 말할 수 있는 것도 아니다. 요리책들은 변성과 응고 같은 것에 대해 이야기해 주지 않는다. 대신에 오븐을 175℃로 달구고 15분 동안 구우라고 말한다. 그래서 베이킹이 굉장히 짜증날 수 있는 것이다. 디저트를 덜 익히거나 너무 많이 익히기 굉장히 쉬우니까.

예를 들어 맛은 뻑뻑하고 건조한데 바닥은 눅눅한 케이크를 구워본 적이(혹은 먹어본 적이!) 있는가? (아니면 〈그레이트 브리티시 베이킹 쇼〉에서 당신이 응원하는 참가자에게 그런 일이 일어난 것을 보고 경악한 적은?) 파이를 오븐에서 재빨리 꺼내지 않으면 바닥이 눅눅해진다. 디저트를 팬에 너무 오래 놔둬서 그런 게 아니다.

바닥이 눅눅해지는 건 파이의 단백질이 변성되어 여분의 물이 뛰어들 수 있는 그 멋진 주머니를 만들기 때문이다. 물론 이 단백질들은 응고도 한다. 하지만 제빵사가 다른 데 정신을 팔았거나 시간을 깜빡해서 파이가 오븐에 몇 분, 심지어 몇 초만 오래 남겨져도 필요 이상의 IMF가 만들어진다. 디저트가 필요 이상으로 열을 얻으면 단백질 사이의 거리가 줄어들고 단백질은, 간단히 말해 주머니에서 물을 쥐어짠다.

디저트에서 물이 나오면 두 가지 일이 벌어질 수 있다. 첫 번째는 꽤 뻔하다. 물이 기화해 나가면서 건조한 디저트를 남긴다. 더 나쁘게는, 탈 수도 있다. 두 번째는 더욱 놀랍고, 나를 포함해서 많은 제빵사들을 좌절시키는 일이다.

물은 비교적 밀도가 높은 분자이기 때문에 그 작고 멋진 주머니에 가만히 있는 게 아니라 팬 바닥으로 가라앉아서 바닥에 있는 다른 물 분자들과 수소결합을 형성한다. 충분한 수의 분자들이 디저트 바닥으로 가라앉았다면 파이 바닥에 〈그레이트 브리티시 베이킹 쇼〉의 심사위원인 폴 할리우드가 비웃을 만한 질척질척한 층이 생길 수 있다.

가끔 눅눅하고 질척질척한 바닥이 IMF의 결과물이 아닌 경우에 대해서도 언급할 필요가 있겠다. 제빵사가 무해해 보이는 조리법의 변화를 주다가 전체적으로 물을 너무 많이 넣었을 수도 있다. 예를 들어 당신이 좋아하는 재료라고 해서, 레시피에 라즈베리 4컵이라고 되어 있는 걸 블랙베리 4컵으로 바꾸어서는 안 된다. 이유는 이러하다. 라즈베리는 블랙베리보다 천연 수분 함량이 훨씬 적다. 그래서 수분이 적은 라즈베리 대신 신선하고 즙이 많은 블랙베리를 넣으면 아주 멋진 파이 대신 종종 질척질척한 실패작이 나오는 것이다.

신선한 베리 vs 냉동 베리

왜 어떤 레시피에서는 냉동 과일을 쓰는데 어떤 레시피에는 신선한 걸 쓰라고 되어 있는지 궁금했던 적이 있는가? 그것은 당신의 냉동실에 있는 블루베리와 냉장실에 있는 블루베리 사이에 중대한 차이가 있기 때문이다. 바로 물 분자 사이에 존재하는 수소결합의 길이다. 액체상의 수소결합은 고체상의 수소결합보다 더 적은 공간을 필요로 한다. 물은 이런 면에서 상당히 독특하다. 고체 상태에서 분자 사이의 거리가 커서 액체물 위로 고체 얼음이 뜰 수 있기 때문인데, 이는 대부분의 고체/액체와 완전히 반대다. 고체 대부분이 같은 물질의 액체에서 가라앉는다.

이 말은 물이 얼면 팽창한다는 뜻이다(대부분의 고체는 수축한다). 그래서 냉동실에 샴페인 병을 넣어두어서는 안 된다. 물이 얼면 팽창하고, 코르크를 병 바깥으로 밀어내 냉동실 안에서 엄청난 폭발을 일으킨다. 화학을 전공했으면서도 나는 맥주병으로 똑같은 일을 겪고서야 힘들게 이 사실을 배웠다. 정말 창피한 실수다.

하지만 이제 이 과학적 원리가 어떻게 신선한 베리와 냉동 베리의 맛에 영향을 미치는지 생각해 보자. 신선한 블루베리는 표준 물 함량을 갖고 있어서(약 85%의 물) 완벽할 만큼 즙이 많으면서도 씹히는 질감을 준다. 하지만 냉동 과일은 그렇지 않다. 블루베리를 냉동실에 넣으면 내부의 물이 언다. 새롭게 형성된 얼음이 분자막 가장자리를 밀어, 완전히 파열되지는 않는다 해도 가끔 세포에 손상이 생긴다.

베리를 냉동실에서 꺼내면 얼음이 녹고 망가진 세포막만 남는다. 이 변화는 베리가

모든 것에 화학이 있다

물을 보유하는 능력에 영향을 미쳐서 결국에 파이의 전체 물 함량(과 디저트의 맛)에도 영향을 미친다. 다시 말해서 파이 레시피에서 냉동 베리를 쓰라고 하면, 바닥이 질척한 파이를 만들지 않기 위해서라도 순순히 냉동 베리를 써라.

레시피를 그대로 따르면 완벽하게 조리된 파이가 당신의 부엌에 천국 같은 냄새를 풍길 것이다. 우리가 맡는 냄새 분자를 방향족 화합물이라 하는데, 오븐에서 파이를 꺼낼 때 수 톤의 방향족 분자들이 방출된다.

대부분의 경우에 음식의 냄새는 그 음식의 맛과 직결된다. '좋은 냄새'가 나는 음식은 대체로 맛이 정말 좋고, 심지어 추억을 떠올리게 만들 수도 있다. 나는 엄마의 레시피대로 만들어 오븐에서 구워지는 파이 냄새를 맡으면 수많은 추억에 휩싸이곤 한다. 그 친숙한 냄새는 우리 기억을 자극하고 음식의 맛을 인지하는 방식에 영향을 미친다.

후각은 부엌에서 우리의 첫 번째 방어 부대이다. 그 주된 임무는 우리를 죽일 가능성이 있는 것, 예컨대 박테리아 같은 것에서 우리를 떼어놓는 것이다. 소수의 사람들은 후각을 갖고 있지 않아서 음식 맛의 모든 면을 경험할 수 없을 뿐만 아니라 썩거나 상한 음식을 먹지 않도록 지켜주는 본능도 없다. 사실 나는 후각이 결여된 사람을 안다. 대학 시절 그 친구 어머니가 자식을 보러 왔다가 아파트에 들어서는 순간 거의 토할 뻔했다. 냉장고 구석에 상한 치킨이 있었는데 그 친구는 냄새를 못 맡았던 것이다.

하지만 그런 사람이 아닌 경우, 음식이 좋은 냄새가 나고 맛도 좋으면 두 감각이 합쳐져서 소위 풍미라는 것을 형성한다. 음식의 풍미가 당신이 응답하는 부분이다. 그리고 우리 각각에게는 가장 좋아하는 특정한 풍미들이 있다. 하지만 크래프트 마카로니 앤 치즈부터 고급 레스토랑의 테이스팅 메뉴에 이르기까지 세상의 모든 풍미는 4개의 분자로부터 만들어진다. 물, 지방/기름, 단백질, 탄수화물이다.

우리의 뇌는 이 맛들을 미시적인 차원에서 해독하는 일에 굉장히 뛰어나다. 사실 뇌는 심지어 우리가 단당류를 먹는지 다당류를 먹는지(즉 당분인지 전분인지) 알아챌 수 있다. 이는 뇌로 메시지를 보내는 미뢰가 수 톤쯤 되는 분자들을 구분할 수 있기 때문이다. 예를 들어 미뢰가 수소 이온(H^+)을 인지했다면 우리는 그 음식이 시다고 느낀다. 반면에 알칼리 메탈은 음식을 짠맛으로 만든다.

베이킹에서 이것이 왜 중요한가 하면, 우리의 뇌가 단당류(과일 혼합물에 든 당)와 다당류(페이스트리 밀가루의 전분)의 차이를 구분할 수 있기 때문이다. 나는 파이를 최고의 디저트로 만드는 건 달콤함(단당류)과 감칠맛(다당류)의 조화라고 주장하고 싶다(내가 편견에 사로잡혀 있는 건지도 모른다. 우리 엄마가 끝내주는 파이를 만든다고 말했던가?).

미뢰는 이 모든 분자를 알아챌 수 있다. 우리의 뇌가 이른바 이온 통로라는 것 내에서 특정 이온, 이 경우에는 Na^+와 H^+의 농도를 세심하게 추적 관찰하고 있기 때문이다. 이 이온 통로는 우리의 장기에 있는 세포 안에 위치하고, 이온이 우리 몸 전체를 다닐 수 있는 별개의 길을 제공한다. 한곳에서 다른 곳으로 이동하는 자동차들을 위한 도로처럼 말이다.

소금이 많이 들어간 음식을 한 입 먹으면 뇌는 혀를 통해 이온 통로 안에서 움직이는 소듐 이온의 숫자가 늘어난 것을 파악한다. 히드로늄 이온의 농도가 늘어나면 뇌는 즉시 우리가 신 음식을 먹었다는 걸 안다.

그리고 이 모든 일이 단숨에 일어난다. 우리의 뇌는 정말로 강력하다.

분자적 측면에서 짠맛/신맛, 그리고 단맛/감칠맛 사이에는 정말로 큰 차이가 하나 있다. 분자 간의 결합이다. 짜고 신 음식은 이온결합을 하는 반면에 달고 적당히 짭짤한 맛은 공유결합을 한다. 그래서 우리가 정말로 단 음식은 견딜 수 있지만 아주 신 음식은 못 참는 것이다. 예를 들어 블루베리 파이를 먹을 때 미뢰는 즉시 단맛을 알아챈다. 하지만 단 걸 먹고 있기

모든 것에 화학이 있다

때문에 이온 통로 쪽은 사용하지 않는다.

같은 방식으로 쓴맛은 그 농도가 전체적인 맛을 변화시키지 않기 때문에 일관적이다. 음식을 한 방울을 먹든 한 컵을 먹든 상관없이 쓴맛은 똑같이 쓰다.

단맛, 감칠맛, 쓴맛은 이온 통로를 통해서 뇌로 가지 않기 때문에 언제나 같은 범주로 들어간다. 이 맛들은 특정 공유결합 분자들과 미뢰 세포막에 있는 수용체의 화학적 반응으로부터 나온다. 이 반응이 일어나자마자 뇌는 단맛, 감칠맛, 또는 쓴맛을 인지한다. 다시금 이 모든 일에는 1초도 안 걸린다.

그리고 이 얘기를 하는 김에, 이 주제에 관해서 자주 듣는 오해를 잠깐 바로잡고 싶다. 당신의 혀 전체가 다섯 가지 맛을 비교적 똑같이 인지할 수 있다. 미뢰의 각기 다른 부분이 인지하는 게 아니다! 당신의 혀 모든 부분이 파이의 달콤함을 파악할 수 있다.

전체적으로 음식에는 다섯 가지 주된 맛이 있다. 단맛, 짠맛, 신맛, 감칠맛, 쓴맛이다. 훌륭한 제빵사들은 이 다섯 가지 범주를 사용해서 놀라운 풍미를 끝없이 조합한다.

전통적인 루바브 파이를 보자. 필링에는 4컵의 루바브(신맛)와 2/3컵의 설탕(단맛), 소금 약간이 들어간다. 여기에 레몬 제스트(더욱 신맛)를 조금 합치면 짠맛-단맛-신맛으로 이루어진 맛의 완벽한 조화가 생긴다.

하지만 화학적 관점에서 내가 특히 흥미롭게 여기는 부분은 똑같은 분자들의 조합이 우리 각각에게 다르게 해석될 수 있다는 것이다. 어떤 사람들은 루바브 파이를 질색하지만, 나는 먹어도 먹어도 또 먹을 수 있다. 왜 그럴까?

풍미의 선호 경향은 쾌감의 심리학을 기반으로 하고, 이것은 왜 사람들마다 좋아하는 색깔, 영화, 음악 등등과 더불어 좋아하는 음식이 있는지를 설명해 준다. 뇌화학이 굉장히 복잡한 분야이긴 하지만, 대부분의 심리학자들은 한 가지 이론에 전반적으로 동의한다. 사람들이 처음으로 어떤 것에 노출되었을 때 겪은 긍정적인 경험을 기반으로 그것에 대한 호감을 쌓고…… 그들의 뇌가 결과적으로 다른 화학 수용체에 응답한다는 것이다.

음식의 경우에 우리가 좋아하는 음식 대부분은 아주 어릴 때 결정된다. 내가 루바브 파이를 좋아하는 건 내가 처음 먹은 파이가 그것이었기 때문일 것이다. 단맛-시큼함-짠맛의 혼합물이 내 어린 마음을 사로잡았고, 나는 그 한 번의 경험을 넘어서는 다른 파이를 만난 적이 없다.

하지만 이 보편적 이론에는 한 가지 예외가 있다. 실제로 당신의 혀가 더 많은 풍미를 인지하도록 훈련시킬 수 있다는 것이다. 마라톤이나 풋볼 경기를 위해서 근육을 훈련시키는 것처럼 혹독한 노력, 헌신, 많은 노출로 음식에서 다른 분자를 파악하는 법을 배울 수 있다. 이렇게 되면 사람들은 미각이 더 발달한 덕분에 사랑하는 음식을 새로 발견하곤 한다. 쉽게 말하면, 그들이 파악할 수 있는 풍미의 개수가 늘었다는 말이다.

어떤 사람들은 뛰어난 미각을 갖고 있다. 예를 들어 나는 오트밀 쿠키에서 소량의 육두구를 즉시 알아챌 수 있는 제빵사나, 좋아하는 타이 음식점에서 특정 커리에 피시 소스를 쓴다는 사실을 파악할 수 있는 미식가를 만난 적이 있다. 하지만 대부분 나이가 들수록(혹은 담배를 더 많이 피울수록) 뇌가 당신의 혀로부터 오는 신호를 해석하는 일이 점점 더 어려워진다. 마치 당신의 미뢰가, 혹은 이온결합이나 공유결합 분자들을 파악하는 능력이, 특히 노년에 이를수록 점점 닳거나 게을러지는 것만 같다. 그러니까 젊을 때 나가서 여러 가지 시도를 해보라. 루바브 파이, 그다음에는 애플 파이를 만들고 어떤 게 더 좋은지 알아보라.

이제 당신의 디저트에서 원자와 분자들 사이에 무슨 일이 벌어지는지 알았으니 베이킹의 모든 과정이 훨씬 더 즐겁고…… 먹는 일은 더더욱 재미있어졌으면 좋겠다.

하지만 당신이 나 같은 사람이라면 방금 이 멋진 블루베리 파이를 만드느라 부엌을 엉망진창으로 만들어 놓았을 것이다. 옷은(그리고 머리는) 밀가루로 뒤덮이고 당신의 반려견은 바닥에 떨어진 디저트 조각들을 핥아먹으며 짜릿한 하루를 보내고 있을 것이다.

파이가 네 시간의 휴지기에 들어가면 나는 곧장 세탁실로 들어가서 걸레 한 무더기와 청소용 세제를 들고 나오고 싶은 충동을 느낀다.

이제부터는 또 할 일이 있다.

10. 휘파람 불며 일하기　　　_*집 청소

나는 청소를 좋아한다.

아니, 그건 전적으로 사실이 아니다. 나는 집이 깨끗해졌을 때의 기분을 좋아한다. 가끔 뭔가를 반짝반짝 새것처럼 만들어 놓은 후 나는 남편에게 자리에서 일어나 내가 방금 청소한 것에 감탄하라고 시킨다. 수년 동안 그는 화장실을 보며 그저 "아, 그래, 진짜 깨끗하네"라고 말한 다음에 자기 이야기를 하는 법을 익혔다.

물론 나의 마음 한구석은, 조리대 위를 표백제로 닦거나 막힌 배수구를 레몬으로 뚫으면서 나의 화학 기술을 집안일에 써먹는다는 사실을 즐긴다.

하지만 소독약에 관한 장을 읽으라고 하기 전에(읽는 동안 당신에게 몇 가지 도움되는 팁을 알려줄 생각이다) 청소할 때 화학약품에 주의해야 하는 이유를 설명하려 한다.

우선, 모든 가정용 세제에는 함께 협력해서 특정한 청소 임무를 수행할 수 있도록 신중하게 고른 분자 집단이 들어 있다. 업체들은 변기 청소용 세제에 산을 사용하고, 표백제에는 차아염소산나트륨을, 창문 세척제에는 암모니아를 넣는다. 이 분자들 각각이 지정된 위치의 오물을 제거하는 데는 대단히 뛰어나지만, 다른 표면에는 해로울 수 있다. 당신도 이미 직감적으로 알 것이다. 대부분의 사람들이 샤워용 젤로 바닥을 닦거나 대리석 조리대에 윈덱스(창문이나 거울을 닦는 세제)를 쓰지는 않으니까(그렇게 하면 보호용 코팅이 벗겨진다).

더 중요한 것은 더욱 '강력한' 세척제를 만들겠다고 이 화학물질들을 혼합해서는 절대로 안 된다는 것이다. 그건 내가 실험실에 들어가서 아무 분자나 뒤섞은 뒤 무슨 일이 생기는지 보는 것과 비슷하다. 사실, 이보다 더 끔찍할 것이다. 세척제에 사용되는 화학물질들은 애초에 활성이 높기 때문이다. 그 좋은 예로 변기 세척제와 표백제를 보자.

강산(변기 세척제)이 차아염소산나트륨(표백제)과 섞이면 그 화학반응에서 염소라는 유독성 기체가 생성될 수 있다. 버톨라이트^{bertholite}라고도 하는 염소 기체는 제1차 세계대전 때 화학무기로 사용되었다. 나는 한 번도 냄새를 맡아본 적이 없지만, 제1차 세계대전 참전 병사들은 이 기체에서 독특한 파인애플-후추 향이 난다고 말했다. 기체는 당신의 입과 목, 폐의 물과 반응해서 염산을 형성한다. 버톨라이트는 당신의 부엌에서나 욕실에서 우연히라도 만들어 내고 싶지 않은 끔찍한 분자다. 아니, 어떤 좁은 공간에서든 마찬가지다.

당신은 또한 표백제와 암모니아가 든 제품(예컨대 창문 세척제)을 섞고 싶지 않을 것이다. 차아염소산나트륨과 암모니아가 만나면 몇 가지 클로라민(NH_2Cl)을 형성하는데, 이것은 사람에게 좋지 않다고 여겨진다. 공공용수와 수영장에 고농도의 클로라민이 사용된 지역과 방광암 및 대장암의 상관관계에 대한 연구가 몇 개 있었는데, 이것이 안구 염증과 호흡기 문제를 일으키는 것으로 나타났다.

모든 것에 화학이 있다

하지만 세척제 화학자가 되는 것을 막기 위해서 무서운 이야기가 하나쯤 더 필요하다면, 2008년 일본의 어떤 여성이 세탁용 세제를 다른 세척제와 섞는 바람에 본인도 목숨을 잃고 아파트에 사는 다른 90명의 사람들에게 상해를 입힌 일이 있다. 일본의 미디어는 대중의 안전을 위해서 그 다른 세척제의 이름을 공개하지 않기로 했고, 나는 그게 현명한 결정이라고 생각한다.

한 번에 세척제 하나씩을 써야 한다는 사실을 알게 되었으니 이제 세척해야 할 오물, 찐득찐득한 것, 얼룩, 지저분한 것들에 관해 살펴보자. 그러는 동안 우리가 집을 청소하는 일에 너무 **뛰어난** 사람이 된 건 아닌지도 좀 생각해 보자.

부엌부터 시작해 보자. 거기가 모든 비버도프가의 청소 여행이, 그리고 나의 토요일 아침 청소가 시작되는 곳이니까. 내가 가장 먼저 하는 일은 어젯밤에 먹고 놔둔 접시를 전부 모아서 식기세척기에 최대한 많이 집어넣는 것이다. 플라스틱은 맨 위로 간다. 식기세척기의 열이 용기 모양을 변화시킬 수 있기 때문이다(바로 화학!). 커다란 포트와 프라이팬은 밑에 넣는다.

세척기의 과학적 원리는 비교적 단순하다. 물이 기계 안으로 들어가고 식기세척기 세제가 방출된다. 설거지 비누와 식기세척기용 세제를 헷갈리지 않는 것이 매우 중요하다. 둘은 완전히 다른 종류의 분자들로 이루어졌기 때문이다. 설거지 비누는 당신의 피부에 안전한 분자로 만들어진 반면 식기세척기 세제는 결코, 절대로 피부에 직접 닿길 바라지 않는 훨씬 냉혹한 화학물질들을 사용한다.

식기세척기 세제 안의 강력한 분자들은 접시와 은식기의 오물을 씻어내고 배수구로 내려간다. 대부분의 식기세척기용 세제 안에 규산나트륨, 탄산나트륨, 금속수산화물이 존재한다. 이 중 다수는 심지어 효소와 결합하고 있다. 식기세척기가 돌아가기 시작하면 이 화학물질들은 접시에 있는 분자들과 여러 가지 다양한 방식으로 반응한다. 알칼리염은 접시의 기름을 용해시키고, 동시에 효소는 단백질 조각들과 반응한다. 이 분자들 모두가 포트에 눌어붙은 라자냐와 반응하지 않을 경우, 금속수산화물이 일을 마무리한다.

동시에 이 화학물질들은 접시의 온갖 음식 찌꺼기를 느슨하게 만들고 더 작게 쪼개서 뜨거운 화학적 스튜 속으로 끌어들인다. 그다음 그것들은 식기세척기의 배수관을 타고 내려가고, 접시들은 말끔하게 씻긴다. 만세!

대학 2학년 시절 '식기세척기 화학'을 처음 배웠을 때의 재미있고 매혹적인 이야기를 해주려고 한다. 식기세척기에서 무서운 속도로 거품이 쏟아져 나오는 걸 봤을 때였다. 알고 보니 집안일이라고는 하나도 모르는 나의 룸메이트가 식기세척기용 세제를 넣는 조그만 통에 '퐁퐁'을 넣었던 것이다. 게다가 접시가 아주 말끔해지기를 바라는 마음에 접시 위에 죄다 퐁퐁을 추가로 뿌려놓았다.

내가 며칠이나 세척기에서 거품이 쏟아져 나왔다고 말하는 건 절대 과장이 아니다. 결국 세척기가 망가져서 우리는 수리공을 불렀고, 수리공은 아주 멋진 과학적 묘책을 사용했다. 그 사람은 커다란 식용유를 들고 세척기로 곧장 걸어가서 적어도 한 컵은 되는 기름을 그 안에 부은 다음 세척기를 두 번 돌리라고 말하고서 떠났다.

결과는 즉각적이었다.

기름이 퐁퐁 안의 계면활성제와 반응한 덕분에 거품은 곧장 멈췄다. 이 커다란 계면활성제 분자들은 친수성 부분과 소수성 부분을 갖고 있어서, 손으로 직접 접시를 씻는 전통적인 방법에서 때를 벗기는 역할을 한다. 소수성 부분이 음식 조각을 붙잡고 친수성 부분은 물과 결합해서 음식 찌꺼기가 접시에서 쉽게 미끄러져 나오도록 만드는 것이다(샴푸의 계면활성제가 우리 머리카락에서 기름기를 제거하는 것처럼 말이다).

모든 것에 화학이 있다

하지만 우리의 영웅 수리공이 세척기에 기름을 넣자, 계면활성제의 친수성 부분이 물과 수소결합을 하는 한편 계면활성제의 소수성 부분은 기름과 새로운 분산력을 형성했다. 그런 다음 물이 세척기에서 빠져나가면서 기름 분자도 함께 빠져나갔다.

애초에 거품이 생긴 이유는 뭐였을까? 거품은 퐁퐁 안의 계면활성제가 다른 계면활성제 분자(그렇다, 같은 퐁퐁 안에 있는 분자다)나 다른 물 분자들과 수소결합을 형성하면서 만들어졌다. 이 상호작용은 굉장히 강해서 세척기 안에 생긴 기포들까지 사로잡았다. 수백만 개의 기포들 말이다. 그래서 거품 문제가 발생한 것이다. 하지만 세척기에 기름을 붓자 계면활성제의 소수성 부분이 활성화하며 결국 세척기의 거품 파티는 끝이 났다.

이는 퐁퐁이 냄비와 프라이팬에서 기름기를 제거하는 데 그토록 뛰어난 능력을 발휘하는 이유이기도 하다. 친수성/소수성의 이중성이 음식과 기름 분자를 이전의 결합(프라이팬과의)에서 떼어낸다. 그리고 이것이 프라이팬을 세제 푼 물에 담가서 씻는 것보다 기름 묻은 팬에 퐁퐁을 바로 붓는 것이 대체로 더 씻기 쉬운 이유다. 프라이팬의 기름은 싱크대 안의 물을 밀어내기 때문에 우리에게는 기름을 프라이팬에서 떼어내 물과 함께 씻어낼 중개자(계면활성제)가 필요하다.

하지만 무쇠 프라이팬에 퐁퐁을 사용하는 일은 절대로 피해야 한다. 질 좋은 무쇠 프라이팬은 바닥의 구석구석이 전부 얇은 분자층으로 덮이도록 길을 들였다. 팬에 퐁퐁을 사용하면 소수성 부분이 팬의 분자와 결합해서 그것을 프라이팬 표면에서 떼어낼 것이다.

유명 요리사 레이첼 레이에 따르면 프라이팬을 씻는 가장 좋은 방법은 아주 뜨거운 물과 코셔 소금(첨가물을 넣지 않은 거친 소금의 하나─옮긴이)을 쓰는 것이다. 그걸로 문지르면 소금 결정의 모서리가 문제의 분자들에 작용해 그것을 무쇠 표면에서 물리적으로 떼어내면서도 바닥을 코팅한 분자와 반응하지는 않는다. 뜨거운 물로 팬을 씻어낸 다음 팬 바닥에 기름을 얇게 발라준다. 그다음에 페이퍼타월로 덮어서 녹이 스는 것을 방지하라고 레이는 조언한다(하지만 나는 늘 이 단계를 건너뛴다. 기름이 대기 중의 물을 밀어내기 때문에 페이퍼타월은 사실 별 필요가 없다).

퐁퐁의 계면활성제가 프라이팬에서는 훌륭하게 작용하지만, 플라스틱 보관 용기의 시커먼 얼룩과 싸우는 데는 아무 쓸모도 없다. 이런 임무에는 나의 믿음직스러운 동료, 중탄산나트륨($NaHCO_3$)을 찾게 된다. 흔히 베이킹 소다라고 부르는 그것 말이다. 당신은 어떤지 모르겠지만 우리 집에는 여기저기 베이킹 소다가 있다. 고양이 화장실에 쓸 것 한 박스, 내 과학 실험에 쓸 것 한 박스, 그리고 파이에 쓸 것 한 박스. 이 작은 분자는 단지 염기라는 이유만으로 굉장히 많은 일을 할 수 있다.

염기성 분자(베이킹 소다나 수산화나트륨 같은)는 미끌미끌하고 끈끈하게 느껴진다. 우리 피부의 지방과 기름에 반응하기 때문이다. 염기성 물질은 당신이 그것을 만지기 때문에, 그렇게 해서 당신 손가락에서 기름을 끌어내기 때문에 **정말로** 미끌미끌하게 느껴진다. 징그럽지 않은가? 피부 대 분자의 접촉이 많아지면 일부 염기성 물질은 당신의 피부 위에서 실제로 비누로 변할 수도 있다.

염기는 1999년 영화 〈파이트 클럽〉에서 타일러 더든(브래드 피트)이 염기성 물질, 앞에서 말한 수산화나트륨을 에드워드 노튼의 손에 끼얹으며 약간의 악명을 얻었다. 노튼은 염기가 피부 위에서 반응하자 깜짝 놀라며 고통으로 비명을 지른다. 영화의 이 부분은 과학적인 면에서 보면 틀렸다. 손에 수산화나트륨을 끼얹는다고 **그렇게** 고통스럽진 않다. 하지만 손에 있는 지방과 기름으로부터 비누를 형성하기 시작하면 굉장히 기분 나쁘다. 베이킹 소다처럼 염기성을 띤 가정용 세척제를 대량으로 사용할 경우 언제든 이런 기분을 느껴봤을 것이다.

모든 것에 화학이 있다

이것을 설명하려면, 그리고 중탄산나트륨이 어떻게 보관 용기에서 얼룩을 없애는지를 이야기하려면 염기가 뭔지 이해하는 것이 중요하다. 종종 염기는 물을 첨가하면 양성자(H^+)를 받아들이는 분자로 규정된다. 여기서 양성자라는 말은 나 같은 과학자들이 전자 하나를 잃은 수소 원자를 말할 때 쓰는 단어이다. 베이킹 소다의 경우에 중탄산나트륨은 이런 식으로 '양성자를 받아들일' 것이다.

$$NaHCO_3 + H^+ \rightarrow Na^+ + CO_2 + H_2O$$

논의를 위해, 그냥 중탄산나트륨이 보관 용기에 얼룩을 만든 분자로부터 양성자를 받는다고 생각하자. 이 반응에는 약간 시간이 걸리니까 나는 대체로 얼룩이 진 플라스틱을 베이킹 소다 용액에 몇 시간 정도 담가두는 것을 추천한다. 그리고 막판에 혼합물에 약간의 계면활성제를 더하기 위해서 퐁퐁을 조금 뿌린다.

베이킹 소다가 몇 개의 양성자를 훔치고 분자가 분해되도록 해서 얼룩을 제거하면, 퐁퐁은 문제의 분자들을 씻어낸다(계면활성제 분자들 덕분이다). 어떤 사람들은 혼합물에 얼음을 더하기도 하지만, 그것은 물에 녹는 베이킹 소다의 양을 줄일 뿐이라서 반직관적인 방법이다.

미시적인 차원에서 모든 염기는 양성자(H^+)를 받으려 하는데, 그렇게 하는 가장 빠르고 쉬운 방법은 산이라는 다른 분자로부터 양성자를 가져오는 것이다. 산은 대단히 활성이 높고 여분의 양성자가 준비되어 있는 분자다. 산의 훌륭한 예는 5%의 아세트산(CH_3COOH)을 갖고 있는 식초이다. 베이킹 소다와 식초 사이의 반응은 아주 재미있다. 이걸로 수천 개의 과학박람회 화산들이 만들어졌다.

반응하는 방식은 다음과 같다. 베이킹 소다에 식초를 부으면 식초 안의 아세트산(CH_3COOH)이 아래와 같이 양성자(H^+)를 중탄산나트륨($NaHCO_3$)에 내준다.

$$CH_3COOH + NaHCO_3 \rightarrow CH_3COONa + CO_2 + H_2O$$

곧바로 혼합물이 거품을 내기 시작한다. 이 거품은 중화반응을 하면서 생성되는 이산화탄소 기체일 뿐이다.

하지만 거품이 방출되는 동안 또 다른 반응이 일어난다. 아세트산(CH_3COOH)이 양성자를 주면, 아세트산나트륨(CH_3COONa)이 된다. 산-염기 반응에서 이 분자들은 짝산-짝염기라고 한다. 분자식이 양성자 하나만 바뀌기 때문이다. 아세트산(식초)은 산이고, 아세트산나트륨은 짝염기이다.

우리에게는 다행스럽게도 아세트산나트륨은 그렇게 해롭지 않기 때문에 식초와 베이킹 소다의 결합은 완벽하게 안전하다고 여겨진다.

그리고 식초, 특히 백식초가 부엌에서 목숨줄 같은 일반적인 가정용 세척제라는 사실은 그리 놀랍지 않을 것이다(다른 식초를 써도 되지만, 레드와인식초처럼 색이 더 진한 식초는 밝은 표면을 청소하는 용도로는 대체로 추천하지 않는다).

백식초는 꽤 값이 싼 무색투명한 액체이고 기구에 손상을 입히지 않으면서도 부엌의 얼룩을 제거하는 환상적인 약품이다. 싱크대, 커피포트, 부옇게 된 와인글라스에도 쓸 수 있다. 어떤 사람들은 식초로 쓰레기통까지 닦는다.

아세트산이 싱크대 같은 부엌 도구에 묻은 때에 양성자를 하나 주면, 때 분자들은 싱크대와 헤어져서 식초와 산-염기 반응을 우선적으로 하려 한다. 여기에는 시간이 조금 걸리기 때문에, 식초로 싱크대 표면을 충분히 적셔야만 눈에 띄는 차이를 확인할 수 있다. 하지만 식초를 칠하고 15분 정

모든 것에 화학이 있다

도가 지나면 수세미(또는 낡은 칫솔)를 이용해서 더께와 얼룩을 전부 제거할 수 있고, 그다음에 물로 표면 전체를 완전히 씻어내면 된다.

절대로 하지 말라고 하고 싶지만, 만약 이 식초-물 혼합물의 맛을 본다면 산의 특성인 뚜렷한 신맛을 느낄 수 있다. 신맛은 용액에 있는 고농도의 히드로늄 이온(H_3O^+) 때문이다. 이것은 맥주가 과발효 되었을 때도 생기는 일이다. 아세트산이 형성되었다가 분해되며 히드로늄 이온을 생성하고, 그래서 자가 제조 맥주는 극도로 신맛을 띤다.

당신이 안전하게 맛볼 수 **있는** 산은 레몬과 라임에 있는 시트르산이다. 이 역시 또 다른 안전한 가정용 세척제다. 나는 싱크대 배수구와 냉장고 정수기를 청소할 때 레몬을 쓰는 걸 좋아한다. 오스틴 지역에서는 비교적 경수硬水가 나오는데, 이는 물에 온갖 종류의 미네랄이 들었다는 뜻이다. 시간이 흐르며 그런 것들이 배수관 안에 쌓여서 관을 막을 수 있다. 특히 음식이나 머리카락 같은 것들이 걸리면 더 막히기 쉽다.

레몬은 그 시트르산 덕분에 바로 이런 문제의 놀라운 해결책이 될 수 있다. 레몬 한두 개를 반으로 썬 다음 음식물 찌꺼기 처리기garbage disposal(부엌에서 음식물 찌꺼기나 생선뼈 등을 분쇄하여 하수도로 흘려보내는 장치—옮긴이)를 이용해서 관 안으로 밀어 넣어라. 따뜻한 물을 부어 시트르산을 배수관으로 흘려 넣고 레몬향이 나는 새로운 부엌을 즐겨라.

시트르산은 삼양성자산triprotic acid이라는 것이다. 이것은 산-염기 반응에서 양성자를 3개 줄 수 있다는 뜻이다. 이 강력한 산은 부엌 배수관 안을 움직이면서, 쌓여 있던 경수의 미네랄을 그야말로 덥석 껴안는다. 미네랄은 산 분자에 완전히 당겨져서 관에서 떨어져 나오고, 그렇게 배수관이 뚫린다.

여기서 주제를 알아챘는가? 우리가 부엌에서, 종종 욕실에서 사용하는 모든 세척제는 다른 분자를 끌어당겨서 단단히 붙잡는 훌륭한 솜씨를 보여주고, 그렇게 우리가 지우고 싶은 장소에서 이 분자들을 제거한다. 하지만 이 분자들은 하나같이 굉장히 다른 화학적 조성을 가졌기 때문에 매번 다른 '자석'이 필요하다.

조리대에 관해 이야기해 보자. 나는 시간이 없을 땐 다목적 표면 세척제를 쓴다. 이것은 주로 물에 염화디메틸벤질암모늄이 살짝 들어간 것이다. 퐁퐁처럼 이 분자는 소수성 부분과 친수성 부분을 가진 또 다른 계면활성제라서 몇 초만 있으면 표면의 오물을 벗겨내기 시작한다(IMF, 주로 분산력을 형성해서). 세척제에 관해서는 항상 지시를 따라야 하지만, 당신이 나랑 비슷하다면 다목적 표면 세척제의 경우 몇 분을 기다리는 게 꽤 짜증날 것이다.

그래서 내가 일주일에 최소한 한 번은 부엌에 표백제(차아염소산나트륨)를 쓰는 강박증 환자인 것이다. 액체 표백제 형태일 경우에 차아염소산나트륨은 옅은 녹황색에, 흔히 깨끗함을 상기시키는 아주 독특한 냄새를 가졌다. 차아염소산나트륨은 염기성 분자이기 때문에 표백제 용액은 중탄산나트륨(베이킹 소다)과 비슷한 방식으로 반응할 거라고 예상할 수 있다.

표백제가 들어간 세척 용액들은 차아염소산나트륨의 농도가 각각 다르다. 빨래용 세제와 보통의 가정용 표백제에는 대체로 3~8%의 차아염소산나트륨이 들어 있지만, 수산화나트륨도 약간씩 들어 있다(〈파이트 클럽〉에 나왔던 염기 말이다).

수산화나트륨은 세척이 더 잘 되라고 첨가한 게 아니다. 그러는 대신 차아염소산나트륨의 분해 속도를 느리게 만드는 긴급 안전 도구 역할을 한다. 창고에 보관하는 도중 표백제가 분해되어 내가 앞에서 언급했던 유독한 염소 기체를 방출한다면, 수산화나트륨이 즉시 기체와 반응해서 더 많은 차아염소산나트륨을 재생성할 것이다. 훌륭하지 않은가?

나는 대학 시절 화학 교수님이 수업 중에 옆길로 새서 차아염소산나트륨의 뛰어남에 관해 이야기하는 걸 들은 뒤부터 부엌에 표백제를 쓰기 시작했다. 교수님은 이것이 여러 종류의 표면에서 안전하게 미생물을 죽일 수 있기 때문에 병원에서 선호하는 소독약이라고 설명했다. 0.05% 정도의 저농도 차아염소산나트륨은 실제로 체액이 흐른 표면을 살균할 수 있다. 그래서 피가 떨어진 곳에 제일 많이 쓰는 화학물질이 표백제인 것이다.

말이 나왔으니 말인데, 표백제는 표면에서 외부 분자들을 실제로 **제거하지는** 않는다. 대신 분자 안의 결합 몇 개를 깨뜨린다(이것이 박테리아를 죽인다). 하지만 구성 요소, 혹은 원자들은 여전히 조리대나 욕실 바닥 틈새에 달라붙어 있다.

그러니까 경찰에게서 뭔가를 숨기려고 한다면, 표백제를 써서는 안 된다.

좀 더 설명해 보자. 차아염소산나트륨은 분자와 반응해서 그것이 빛과 상호작용하는 방식을 바꾼다. 반응을 하고 나면 분자는 더 이상 가시광선 영역(빨-주-노-초-파-남-보)에서 빛을 방출할 수 없다. 이 말은 문제의 분자가 이제 사람의 눈에는 보이지 않는다는 뜻이지만, 그래도 **여전히 그 자리에 있다.**

그러니까 경찰에게 숨기고 싶은 커다란 핏자국이 있다면, 눈에 띄는 피의 흔적을 전부 제거하기 위해 표백제를 쓸 수는 있다. 하지만 당신의 행동이 의심스럽다면 경찰은 그냥 표백된 자리에 루미놀을 좀 뿌리기만 하면 된다. 그러면 피는 자외선 조사등 밑에서 반딧불이처럼 빛을 낼 것이다.

다시 말해서 조리대나 샤워실에 표백제를 사용하면 실제로 표면에서 박테리아가 제거되는 것이 아니다. 그러는 대신 분자의 색깔만 바꾸는 것이다. 하지만 걱정하지 마라. 대부분의 표백제에는 소량의 계면활성제가 들어 있어서 젖은 걸레로 박테리아를 없앨 수 있다.

나는 부엌 청소가 끝나면 대체로 거실로 간다. 내 독서 자리 옆 창문에서 개의 코가 남긴 자국을 없애는 일이 나에게 엄청난 만족감을 주기 때문이다.

이 임무에 최적인 후보는 또 다른 염기인 암모니아다. 암모니아는 염기이기 때문에 먼지, 더께와 결합하고, 그래서 훌륭한 청소 용품이 된다. 한 번만 문질러도 유리창에서 먼지를 제거해 말끔한 창문을 선사한다. 내가 등만 돌리면 우리 개들이 또 다 망쳐놓겠지만 말이다.

암모니아는 또한 가구나 바닥에 광을 내는 데도 아주 유용하지만, 화장실 변기나 샤워실의 더께에는 별 효과가 없다. 〈나의 그리스식 웨딩〉에 나오는 아빠에게는 이 이야기를 하지 마라. 그 사람은 윈덱스가 모든 걸 해결해 준다고 믿으니까. 심지어 여드름까지도.

우리 집에는 개 두 마리에 고양이 한 마리, 그리고 알레르기가 있는 남편까지 있기 때문에 또 다른 거실 청소는 대체로 먼지를 털고 동물 털을 진공청소기로 흡입하는 정도다. 그래서 스위퍼(막대 걸레와 청소용 포를 생산하는 브랜드—옮긴이)와 룸바(로봇 청소기 상품명—옮긴이)에 집착한다.

스위퍼는 정말로 굉장하다. 특수한 천 한 장으로 수평 표면을 그냥 문지르기만 하면 어느 집 거실에서든 미립자들이 대량으로 제거된다는 게 감동적이지 않은가? 다음번에 걸레를 꺼내거든 잠깐 그것을 살펴보라. 표면적이 어느 정도인지 살펴보고 섬유가 서로 꼬여 있는 방식을 관찰하라.

그런 다음에 그걸 사용하면서 조그만 섬유가 지나갈 때마다 먼지를 모으는 것을 보라. 당신이 할 일은 먼지 입자와 스위퍼 천 사이에 IMF가 형성되도록 하는 것뿐이다. 어떤 사람들은 이 현상을 정전기적 부착이라고 하지만, 나는 그냥 화학이라고 한다.

내 로봇 청소기(이름은 스티비다)는 바닥의 먼지를 끌어당기는 데 어떠한 물리적, 화학적 변화도 사용하지 않는다. 대신 모터로 팬을 돌려서 '진공' 상태를 만들어(실제로는 그냥 저압 상태) 공기 분자와 거기 딸린 먼지들을 로봇 안으로 빨아들인다. 공기는 기계 반대편으로 걸러져서 나오지만 먼지와 동물 털은 로봇 안에 모인다.

물론 먼지부터 떨어낸 다음에 진공청소기를 돌려야 한다는 걸 우리 모두 안다. 하지만 팁을 하나 주자면, 시간이 될 경우 먼지를 떨고 난 다음 청소기를 돌리기 전에 잠깐 여유를 둬라. 대부분의 미립자들은 가벼워서 공기 중의 기체 분자(질소, 산소, 아르곤, 이산화탄소) 사이에서 머무를 수 있으며, 바닥으로 내려오려면 몇 분이 걸린다.

집 안에서 화학물질이 가장 많이 쌓인 곳은 당연히 화장실이다. 화장실 청소를 할 때면 나는 본능적으로 고글과 장갑을 끼고 싶다. 강산과 강염기를 갖고 작업할 거라는 걸 알고 있으니까. 이것들은 부엌에 쓰는 분자들보다 훨씬 강하다. 당신이 특히 그중에서도 가장 강력한 세척제인 드라노(청소용 세제 브랜드—옮긴이)를 사용한다면 말이다.

액체 형태에서 드라노에는 수산화나트륨(가성소다)과 차아염소산나트륨(표백제)이 들어 있다. 드라노는 아주 강한 염기이므로 절대, 결코 당신 몸에 닿으면 안 된다. 부식성이 엄청나게 강한 물질이기 때문이다. 실수로 피부에 드라노가 묻으면 하던 일을 즉시 멈추고 묻은 부분을 물로 10분간 씻어내라.

베이킹 소다와 드라노를 화학적으로 이토록 다르게 만드는 게 뭘까? 둘 다 세척제에 쓰이는 염기다. 하지만 하나는 당신의 블루베리 파이에 안전하게 사용할 수 있는 반면에 다른 하나는 섭취하면 죽을 수 있다.

두 분자 모두 염기이고, 이는 두 물질이 물에서 비슷하게 행동한다는 뜻이다. 하지만 중탄산나트륨은 약염기고 수산화나트륨은 강염기다. 이것은 큰 차이다.

염기가 강하면 모든 반응물질이 생성물질로 전환될 것이다. 염기가 약하면 반응물질 중 일부만이 생성물질로 전환된다. 그렇게 대단한 얘기 같지 않겠지만, 세척제가 얼마나 유용한지 결정하는 데서 이 차이는 핵심적이다. 그러면, 우리의 염기가 강한지 약한지 어떻게 알 수 있을까?

부엌의 수산화나트륨

부엌 찬장에서도 식용 가성소다라는 형태로 수산화나트륨을 찾아볼 수 있다. 나는 모더니스트 팬트리사에서 제조된 상품을 강력 추천한다. 그 회사는 부엌에서 사용하면 아주 재미있는 안전한 식용 옵션을 여러 개 갖고 있다.

내가 가성소다로 제일 잘 만드는 것은 프레첼 바이츠이다. 프레첼을 만드는 좋은 레시피를 찾는다면 앨튼 브라운의 《홈메이드 소프트 프레첼Homemade soft pretzel》을 한번 보라. 브라운의 레시피에 익숙하지 않은 사람들을 위해 말하자면, 그는 요리의 과학에 대해서 말하는 걸 좋아하는 또 다른 덕후고, 그의 쇼 〈굿 이츠〉에 대해 칭찬하자면 입에 침이 다 마를 정도다.

어쨌든 프레첼을 만드는 방법에는 두 가지가 있다. 수산화나트륨(식용 가성소다 형태로 쉽게 찾아볼 수 있다)을 쓰거나 베이킹 소다를 쓰는 방법이다. 두 방법 모두 반죽에 살짝 끓인 염기 용액을 첨가한다. 이렇게 하면 반죽 겉이 옅은 황갈색으로 변한다. 염기는 반죽의 밀가루에서 찾을 수 있는 긴 폴리펩타이드 사슬을 끊는다.

염기와의 반응으로 활발하게 마이야르 반응Maillard reaction(1912년 발견된 화학반응으로, 대체로 환원당과 아미노산 사이에서 일어나는 비효소적 갈변화 현상을 가리킨다 —옮긴이)을 할 수 있는 더 작은 아미노산이 생성된다. 마이야르 반응은 바바리안 프레첼에 독특한 갈색과 감칠맛을 주는 원인이다. 이 반응이 일어나려면 아미노산 하나가 탄수화물과 반응해야 한다. 과당과 포도당은 자당보다 더 작기 때문에 이들이 아미노산의 끄트머리 원자를 잡고 이 화학반응을 시작하는 경향이 있다.

오븐에 들어가면 열로 인해 외부 분자들의 분해반응이 일어나고, 그래서 수백 개의 서로 다른 분자들이 생성된다. 이 새로운 분자들도 대부분 갈색이지만(캐러멜화 반응처럼) 결과인 풍미는 다르다. 마이야르 반응에는 탄수화물(당)만이 아니라 아미노산(단백질)도 들어가기 때문에 마이야르 반응의 맛이 종종 더 '풍성하다'고들 한다. 아미노산의 질소 원자들이 캐러멜화 반응으로 생긴 것보다 훨씬 더 복잡한 풍미를 보여준다.

베이킹 소다가 수산화나트륨보다 약한 염기이기 때문에, 베이킹 소다와 밀가루의 단백질 사이의 화학반응은 수산화나트륨과의 반응만큼 활발하지는 않다. 더 적은 수의 아미노산이 마이야르 반응에 참여하기 때문에 베이킹 소다 프레첼은 대체로 그렇게 색깔이 진하지 않다.

우리는 수소이온농도라는 것을 사용해서 염기가 얼마나 많이 분리되는지(또는 분해되는지)를 평가할 수 있다. 당신은 이것을 pH, 또는 pH 지수라고 알고 있을 수도 있다. 범위는 0에서 14까지이다. pH 지수는 화학자들이

모든 것에 화학이 있다

이 물질이 염기성인지 산성인지 결정할 때 사용하는 로그 지수이다. 분자가 산성인지 염기성인지 알면, 분자가 다른 분자와 **어떻게** 반응할지 추측할 수 있다. 세척제와 관련해서 보자면, 산이나 염기의 화학적 특성이 가정용 세척제를 부엌과 욕실 중 어디에 사용할지 결정해 준다.

순수한 물 같은 중성 분자는 pH가 7이다. 염기는 항상 pH가 7보다 **위**에 있고, 산성은 항상 pH가 7보다 **아래**에 있다. 용액의 pH를 측정하기 위해서는 pH 탐침이나 pH 페이퍼를 사용한다. 탐침은 용액 안에 담그고 있으면 숫자를 알려준다. 훨씬 싼 방식인 pH 종이는 색깔이 바뀐다. 그러면 pH 지수를 이용해 숫자 0~14 사이에서 어떤 색깔과 맞는지 찾을 수 있다.

하지만 pH 탐침이나 pH 종이가 실제로 파악하는 것은 무엇일까? 이것들은 용액 안의 히드로늄 이온(H_3O^+)과 수산화 이온(OH^-)을 측정한다. 7보다 큰 pH는 수산화 이온이 히드로늄 이온보다 더 많다는 뜻이고, 이 용액은 염기이다. 샴푸, 염호鹽湖(소금 호수), 우리가 쓰는 세척제 대부분이 염기의 흔한 예다.

앞에서 이야기한 것처럼, 당신이 어느 지역에 있느냐에 따라서 염기성 물('경수')이 나오는 경우도 있다. 염기성 물을 마시면 속 쓰림의 빈도가 줄어든다고 주장하는 연구 결과도 있다. 에센시아와 아쿠아 하이드레이트 같은 브랜드에는 수산화 이온이 다량 들어 있지만, 자연적으로 더 염기성이라서 그런 건 아니다. 이 회사들은 일부러 생수에 미네랄을 넣어서 pH를 높인다. 나는 개인적으로 염기성 물의 맛을 견딜 수가 없어서 생수는 좀 더 산성인 다사니나 아쿠아피나를 선호한다. 하지만 확실하게 해두자면, 당신이 마시는 물의 pH는 배 속으로 들어가면 아무 상관도 없다……. 그냥 맛의 문제다!

pH가 문제가 되는 것은 화학적 세척제들이다. 드라노의 수산화나트륨 같은 강염기는 13이나 14 정도 되는 높은 pH 값을 가졌다. 세척제 안에 수산화 이온이 아주 고농도로 들어 있기 때문이다. 용액에 수산화 이온이 많으면 많을수록 용액의 pH는 더 올라가고, 물질은 부식성이 더 강해진다. 드라노는 부엌 배수관의 레몬처럼 작용하지만, 레몬보다 훨씬 더 강하다. 수산화나트륨은 미네랄을 꼭 껴안고 배수관 아래로 흘러가는 대신, 애인에게 차인 10대가 전 애인의 사진을 사물함에서 확 떼어내듯이 미네랄을 배수관에서 강제로 떼어낸다.

베이킹 소다와 암모니아는 둘 다 수산화나트륨보다 약한 염기다. 그래서 드라노보다 더 낮은 pH 값을 가졌지만, 중성 물보다는 높은 값이다. 베이킹 소다는 pH가 9이고, 암모니아는 11에 가깝다. pH 지수가 로그값인 만큼, 암모니아 용액과 수산화나트륨 용액에 들어 있는 수산화 이온의 개수는 엄청나게 다르다.

용액에 수산화 이온보다 히드로늄 이온이 더 많을 때 이것을 산성이라고 한다. 이 말은 액체가 식초, 과일주스, 토마토처럼 7보다 낮은 pH를 가졌다는 뜻이다. 아세트산과 시트르산 둘 다 pH 값이 3 정도 되는 약산이다.

염산 같은 강산은 흔히 변기 세척제에서 찾아볼 수 있고, pH 값이 0이나 1에 가깝다. 동네 철물점에 가면 대체로 그냥 산성 변기 세척제라는 게 있다. 하지만 과학적 원리는 내가 앞에서 이야기한 다른 산들과 똑같다. 염산은 더러운 화장실 변기에서 발견된 얼룩(과 박테리아)을 공격한다. 용액이 분자 안의 결합을 떼어내서 더께와 끈끈한 오물을 녹이면, 그 후에 분자 조각들이 변기에서 쉽게 쓸려 내려갈 수 있다.

하지만 당신이 강산인 걸 가져와서 아주 강염기인 것에 첨가하면 어떤 일이 벌어질까? 예를 들어 우리가 변기 세척제(엄청난 강산인 염산)와 드라노(염기인 수산화나트륨)를 섞는 멍청한 짓을 한다고 가정해 보자. 이 두 분자가 만나면 중화반응이 일어난다. 이런 종류의 반응은 산과 염기가 가까이 있으면 언제나 일어날 수 있다. 중화반응은 최종 용액의 pH가 종종 중성인 7에 가까워지기 때문에 붙은 이름이다. 우리의 예에서는 강산과 강염기가 서로 반응해서 이런 식으로 소금물을 만든다.

$$HCl + NaOH \rightarrow NaCl + H_2O$$

하지만 이제 화학반응식에서 구경꾼 이온(반응에서 작용하지 않기 때문에 붙은 잘 어울리는 이름이다)들을 제거해 보자. 강산과 강염기 사이의 중화반응에서 이렇게 하면 아래와 같은 일반 반응식을 얻게 된다.

$$H^+ + OH^- \rightarrow H_2O$$

뭔가 익숙한가? 강산과 강염기를 한데 섞으면 서로가 서로를 상쇄해서 대부분 물과 약간의 염(NaCl)인 최종 용액을 만든다. 이 화학반응식만 보면 변기 세척제와 드라노를 섞는 게 그리 안 좋은 일은 아닐 거라고 생각할 수도 있을 것이다. 그리고 이 예에서는 당신이 그럭저럭 옳다.

문제는 각각의 세척제에 서로 합쳐서는 안 되는 소량의 다른 활성 화학물질들이 들어 있다는 점이다. 대부분의 중화반응에서 그 결과물은 그냥 소금물이 아니다. 사실 약산과 약염기 사이의 화학반응에서는 대체로 2개(나 그 이상)의 생성물질이 나온다. 앞에서 이야기한 전통적인 식초+베이킹소다=화산 반응을 생각해 보라. 강염기와 강산을 첨가하면 이 반응은 실제로 아주 위험해질 수 있다.

자, 그럼 이 세상에 산과 염기를 모두 포함하고 있다고 **추정되는** 버퍼(buffer, 완충액)라는 용액이 존재한다는 사실을 알면 깜짝 놀랄지도 모르겠다. 이것은 부엌에서 아무렇게나 만들어 낸 혼합물이 아니다. 버퍼는 약염기와 그 짝산, 또는 약산과 그 짝염기를 섞어서 만든 것이다. 분자식에서 양성자 하나만 다르기 때문에 이 분자들이 짝산-짝염기쌍이라고 불린다는 것을 기억하라. 지금 당신의 몸 안에도 몇 가지 천연 버퍼가 있다. 신장과 소변에서 pH를 유지해 주는 인산 버퍼 같은 것 말이다.

 체내 버퍼

버퍼는 우리 혈액에서 pH를 통제하는 데에도 아주 중요한 역할을 한다. 이것을 위해 우리 몸은 호흡할 때 만들어지는 이산화탄소를 물과 반응시켜서 탄산(H_2CO_3)을 생성한다.

$$CO_2 + H_2O \leftrightarrow H_2CO_3$$

탄산이 생성되면 이 분자가 양성자를 내놓고 중탄산 이온(HCO_3^-)이 된다.

$$H_2CO_3 \leftrightarrow H^+ + HCO_3^-$$

이 반응이 앞의 반응과 합쳐지면 우리 혈액을 pH 7.4로 유지시키는 탄산-중탄산염 버퍼 시스템의 기반이 된다.

예를 들어 당신이 혈액에서 히드로늄 이온(H^+)의 농도가 증가할 만한 일을 한다면 (운동을 한다든지) pH는 자연적으로 감소한다(산은 낮은 pH 값을 가졌다는 걸 기억하라). 이렇게 되면 탄산이 일시적으로 형성되었다가 다음과 같이 이산화탄소와 물로 분해된다.

$$H_2CO_3 \leftrightarrow CO_2 + H_2O$$

그다음에 이산화탄소는 모세혈관에서 밀려나 폐의 빈 공간으로 들어가고, 거기서 쉽게 밖으로 배출된다. 이 반응 전체가 혈액의 pH를 다시 7.4로 되돌린다.

혈액의 pH가 너무 높다는 것은 혈장에 중탄산 이온이 너무 많다는 뜻이다. 중탄산 이온은 짝염기고, 이는 더 높은 pH를 가질 거라는 뜻이다. 이 경우에 우리 몸은 폐에서 혈액 안으로 이산화탄소 기체를 밀어내기 위해 호흡 속도를 바꾸는 방법으로 자연스럽게 반응한다. 이렇게 되면 중탄산 이온은 빠르게 탄산으로 전환되며 pH를 다시 건강한 수치로 내린다.

모든 것에 화학이 있다

버퍼 용액은 실험실에서 강력한 도구다. pH의 사소한 변화에 저항하기 때문이다. 정확히 같은 이유로 수영장과 노천탕(내가 언젠가 갖고 싶은 두 가지)을 청소하는 데도 이상적인 세척제이다. 이 논의를 위해서 개인 수영장과 근사한 노천탕을 갖고 있다고 해보자. 이 경우에 우리는 물 자체의 pH에 영향을 미치지 않으면서 수영장/노천탕의 물에 있는 박테리아와 미생물을 죽이기 위해 아마 버퍼를 사용할 것이다. 가장 흔한 버퍼는 차아염소산과 차아염소산 이온(다시 말해 약산과 그 짝염기)으로 만든 용액이다.

완벽한 차아염소산염-차아염소산 버퍼는 50%의 약산과 50%의 짝염기로 이루어져 있다. 다시 말해 50%의 차아염소산($HOCl$)과 50%의 차아염소산 이온(OCl^-)이다. 제대로 만들면 이 버퍼는 pH 7.52로 유지될 것이다. 그 말은 소량의 산이나 염기가 버퍼에 첨가되어도 pH의 큰 변화에 저항할 수 있을 거라는 뜻이다.

노천탕을 예로 삼아서 좀 더 자세히 살펴보자. 약간 산성인 외부 물체(칵테일 미모사 같은)가 우연히 버퍼가 들어 있는 물에 떨어지면, 버퍼의 염기 부분이 산과 반응해서 '위협'을 중화시킨다. 이 경우에는 차아염소산 이온(OCl^-)이 산(미모사)에 있는 히드로늄 이온(H_3O^+)과 반응할 것이다. 모든 산이 중화되고 나면 pH는 약간 떨어지겠지만, 여전히 7.5에 가깝게 유지될 것이다.

만약 약간 염기성인 외부 물체(비누 같은)가 노천탕에 첨가되었다면 버퍼의 염기 부분은 pH의 변화를 줄이는 데 아무 일도 할 수 없을 것이다. 대신에 버퍼의 산성 부분이 작동해서 염기를 중화시킨다. 이 경우에는 차아염소산($HOCl$)이 염기(비누)의 수산화 이온(OH^-)과 반응할 것이다. 다시금이 과정에서 pH가 약간 변하겠지만, 최종 물의 pH는 여전히 7.5 정도다.

이제 당신의 적이 뒷마당으로 들어와서 노천탕에 표백제를 들이부었다고 가정해 보자. 이렇게 되면 노천탕의 차아염소산은 전부 다 없어질 때까지 차아염소산나트륨과 계속 반응할 것이다. 다 없어지면 pH는 7.52에서 12나 그 이상까지 급격하게 올라가기 시작한다.

반대로 이 나쁜 놈이 당신의 노천탕에 배터리 산을 쏟아부었다면, 차아염소산 이온은 전부 다 고갈될 때까지 산과 반응할 것이다. 이 예에서 pH는 7.52에서 2 또는 그 이하에 가깝게 급격하게 떨어진다. 둘 중 어떤 상황이 일어나든 노천탕은 더러워 보일 테고, 당신은 물에 버퍼를 더 첨가해야 할 것이다(아니면 야외용 욕조를 새로 사든지).

이런 건 말 안 해도 알겠지만, 이 버퍼라는 건 마법의 물건이 아니다. 그것은 대량의 산성이나 염기성 외부 물질에 저항하지 못한다. 분자가 소량 첨가될 때만 감당할 수 있는 것이다. 따라서 버퍼의 수용력이라는 개념에 대해 이야기해야 할 것 같다. 앞에서 이야기한 것처럼, 완벽한 버퍼는 약산과 짝염기, 또는 약염기와 짝산이 1:1 비율이다. 이런 비율 덕분에 버퍼는 첨가된 산이나 염기의 최대량에 저항할 수 있다.

버퍼는 농도 비율이 1:1에서 1:10 정도 내에만 있으면 작용할 수 있다. 이 비율을 벗어나면 버퍼는 더 이상 작용하지 않고 pH는 용액에 첨가되는 산이나 염기에 따라 급격하게 변화한다. 이 변화는 대체로 명백하게 드러난다. 물 색깔이 바뀌고, 가끔은 당신의 노천탕이나 수영장 물을 갈 때가 되었다는 의미로 이상한 냄새가 나기 시작하기 때문이다.

나는 버퍼의 수용력을 사람의 알코올 내성에 비견하곤 한다. 에탄올에 대한 자신의 한계를 아직 제대로 파악하지 못한 대학 신입생을 상상해 보라. 열여덟 살인 그들은 아마 원샷으로 한두 잔 마시고는 비틀거리기 시작할 것이다. 하지만 세 잔째가 되면 내성이 뚝 떨어지고 에탄올이 기본적인 인간 기능에 영향을 미치기 시작한다. 네 잔이나 다섯 잔째가 되면 이 불쌍한 아이는 의식을 잃고 더 이상 알코올을 견디지 못할 것이다. 버퍼 수용력을 넘어선 물이 더 이상 추가되는 산이나 염기를 감당하지 못하는 것과 똑

모든 것에 화학이 있다

같다.

수영장이나 노천탕의 경우, 약간 산성이거나 염기성인 외부 물질(박테리아 같은) 과량과 반응할 때까지는 버퍼가 그대로 남아 있다. 대체로 염소와 pH 수치를 일주일에 두세 번 확인할 것을 추천하지만, 당신이 집에서 파티를 자주 열거나 수영장에 종종 폭우가 내리는 게 아니라면 그건 약간 과하다고 본다. 대부분의 기후대에서는 일주일에 한 번이면 충분하다.

아니면 우리 오빠처럼 할 수도 있다. 오빠는 수영장이 너무 불만스러워서 차아염소산 버퍼를 소금물 혼합물로 바꿔버렸다. 이 시스템은 약간의 전류를 이용해서 염화나트륨염($NaCl$)을 소듐(Na^+)과 염소 기체(Cl_2)로 분해한다. 전기분해라고 하는 이 공정은 외부의 동력원(배터리 같은)을 통해 전자가 저에너지에서 고에너지로 움직이도록(불리한 방향으로) 만든다.

이렇게 할 때 소듐 이온은 물과 IMF를 형성해서 소금물을 만들고, 염소 기체는 용해되어 이전에 이야기한 차아염소산염-차아염소산을 생성한다. 만약 수영장의 pH가 어긋나면 소금 전지(다시 말해서 염소 생성기)가 식염鹽鹽을 염소 기체로 전환시키고, 이것이 당신의 수영장에 조류와 다른 초록색 오물들이 끼지 않도록 재빨리 표백제를 생성한다.

이것을 염두에 두고, 이제 내가 분석하고 싶은 마지막 세척제 범주가 남았다. 천연 세척제다. '화학물질 제로'라든지 '천연'이라고 주장하는 자연적인 세척 제품들 얘기다.

첫째, 화학물질 제로라는 것은 없다. 원자가 있으면 그건 화학적인 것이다. 그리고 우리가 이 책 1장에서 배웠듯이 모든 것은 원자로 이루어진다.

둘째, 천연 세척제는 일반적으로 식물에서 추출한 분자이고, 그게 합성으로 만든 분자보다 더 낫다(혹은 더 나쁘다)는 의미일 필요는 없다. 화학적 관점에서 대부분의 세척제는 산성이나 염기성 분자를 갖고 있다. 레몬의 힘을 사용한다고 주장하는 것들은 사실 시트르산의 산 성질을 이용하는 것일 뿐이다.

세척제를 살 때 나는 항상 환경에 우호적인 물품을 찾는다. 내 세척제가 인산염을 포함하고 있거나 독성 기체를 방출하는 일은 바라지 않는다. 또한 바다 환경에 엄청난 문제가 되고 있는 마이크로비즈가 든 것도 피한다.

하지만 이 모든 요소를 고려하기만 하면 나는 당신이 딱 맞는 세척제를 고를 수 있을 거라고 생각한다. 다 끝나면 배수구로 씻어 내릴 산-염기 화학반응의 문제일 뿐이라는 것만 이해하면 된다. 물론 더 중요한 것은, 당신이 절대 어떤 상황에서도 2개의 가정용 세척제를 합치지 않을 만큼 내 애기에 겁을 먹었으면 좋겠다는 것이다.

이제 당신의 집안일(과 내 일!)을 해치웠으니 즐거운 시간을 보낼 만한 것으로 넘어가 보자. 바로 해피아워(음식점이나 술집에서 맥주, 와인, 칵테일 등 주류를 할인하는 시간대—옮긴이)다!

11. 해피아워는 행복한 시간

우리 일상생활 속 화학에 관한 책을 쓰기로 했을 때 나는 해피아워에 관한 장을 넣어야 한다는 걸 이미 알고 있었다. 지금 이 글을 쓰는 동안, 술집은 COVID-19의 대유행 때문에 문을 닫은 상태다. 그래도 하루를 끝내는 데 친구들과 어울려 이야기를 나누고 싸구려 술을 마시는 것보다 더 좋은 방법은 없다. 텍사스에서 맑은 날이면 나는 차가운 마가리타를 곁들인 케소를 먹으러 가지만, 데이트를 하는 밤에는 와인을 한 잔(혹은 두 잔쯤) 마시는 편이다. 내 남편은 언제나 위스키부터 시킨 다음에 산뜻한 맥주로 바꾼다. 나는 인생이 다시 정상으로 돌아가는 때를 목을 빼고 기다리는 중이다. 하지만 어떤 칵테일을 마시든 간에 그 하나하나가 화학으로 가득하다. 기본부터 시작해 보자.

알코올은 수소 원자와 산소 원자 사이에 결합이 있고, 산소 원자가 C-O-H 같은 식으로 탄소 원자에 직접 연결되어 있는 분자의 총칭이다. 예를 들어 메탄올은 CH_3OH라는 분자식을 가진 알코올이다. 에탄올은

CH_3CH_2OH라는 분자식을 갖고 있다(굵은 활자체가 아닌 수소는 산소 원자가 아니라 탄소 원자와 결합하고 있다).

대화의 상황에 따라서 알코올(또는 기억하기 쉽게 'alc-OH-ol'이라고 해도 좋다)은 여러 가지 분자들의 별명이 될 수 있다. 예를 들어 의사의 진료실에서 알코올은 소독용 알코올(이소프로필알코올 또는 이소프로판올)일 수 있다. 아시아에서 알코올은 연료(메틸알코올 또는 메탄올)로 쓰인다. 마가리타에서 알코올은 당신을 취하게 만드는 분자(에틸알코올 또는 에탄올)이다. 이런 이유로 나는 이 장에서 에탄올에 집중하겠다.

아, 멋지고도 멋진 에탄올이여. 에탄올이 우리 뇌에 있는 분자들과 반응하고 결합하는 방식 덕분에 이것은 퇴근 후의 신주神酒, 첫 번째 데이트, 최후의 결별에서 인기 있는 선택 사항이 되었다. 하지만 이것이 만들어지는 공정 역시 흥미롭다. 이는 아마 우리가 이것을 그토록 즐기는 이유만큼 놀라울 것이다.

역사학자들은 사람들이 서기전 6000년경부터 포도로 와인을 만들기 시작했고 신석기 시대부터 과일을 발효시켰다고 꽤 확신하고 있다. 술 취한 원숭이 가설이라는 이론도 있다. 우리의 뇌가 오래전 우리 조상들이 한 일 때문에 에탄올에 자연적으로 끌린다는 것이다. 조상들은 에탄올을 함유한 잘 익은 과일을 먹었고(혹은 발효된 과일), 이로 인해 다른 곳에서 그 분자를 만나면 자연적인 끌림/기쁨이라는 반응을 갖게 되었다는 것이다. 다시 말해서 우리가 사과나 바나나의 냄새와 맛에 자연적으로 끌리는 것과 마찬가지로(자연적인 '사과다움'이나 '바나나다움'에 끌리는 게 아니라 거기 든 영양분 때문에), 한때 그 영양분과 관련되어 있었던 에탄올에 끌리도록 진화적으로 발전했다는 것이다.

화학자들은 오랫동안 발효에 관한 실험을 해왔고, 행복을 불러일으키는 에탄올 분자를 그것이 자연적으로 생기는 과일과 채소에서 분리해 왔다.

그리고 그것을 대부분 엄격한 과학으로 분석해 냈다.

일반적으로 와인은 3단계로 만들어진다. 1단계, 덩굴에서 포도를 수확한 다음 즙을 모으기 위해서 으깬다. 이 일을 하는 기계들은 사실 꽤 섬세하다. 껍질을 부수고 포도즙('머스트'라고 한다)을 짜낼 만큼의 압력을 줘야 하지만 포도 가운데 있는 씨에서 탄닌이 나올 정도로 센 압력을 줘선 안 되기 때문이다. 그다음에 보통은 머스트에서 줄기를 제거한다. 불쾌한 쓴맛이 나기 때문이다. 머스트의 남은 액체 부분은 12~27%의 당과 1%의 산, 그리고 나머지는 물이다. 포도 혼합물을 적절한 용기에 담으면(껍질이 있는 채로, 또는 없는 채로) 와인 만들기에서 가장 멋진 부분이 시작된다. 바로 발효 과정이다.

발효는 무산소 공정(산소가 반응물질로서 필요치 않은 화학반응)으로 생성물질 에탄올 분자를 만든다. 그런데 이 공정에서 산소가 옆에 있으면 포도당이 반응해서, 에탄올을 생성하는 대신에 ATP를 생성한다(우리가 운동 이야기에서 배운 그것).

하지만 산소가 옆에 없으면 이스트와 당이 반응함으로써 알코올을 만들 수 있다. 당신이 전에 빵을 직접 만들어 본 적이 있다면 이 반응에 아마 익숙할 것이다. 제일 첫 번째 단계는 이스트를 설탕을 녹인 물속에 몇 분 동안 놔둬서 활성화시키는 것이다. 이러는 동안에 이스트는 포도당 분자를 이산화탄소 기체를 포함한 더 작은 분자로 분리한다. 그래서 시간이 충분히 흐르고 나면 밝은 갈색에 거품이 나는 혼합물이 물 위에 떠 있는 것을 볼 수 있다.

와인을 만들 때 이 발열반응(열을 방출하는 반응)은 포도당(당분)과 이스트를 아래 식처럼 에탄올과 이산화탄소로 전환시킨다.

$$\text{포도당} + \text{이스트} \rightarrow \text{에탄올} + \text{이산화탄소}$$

생성물질인 순수한 에탄올은 사실 쓴맛을 가졌고 연소성이 굉장히 높다. 누가 불을 붙인 술을 마셔보라고 당신에게 권하거든 정중하게 사양하고 불길로부터 최대한 멀리 떨어져라. 그런 무모한 행동은 손이 한번 미끄러지는 정도로 건물 전체에 불이 나게 만들 수 있다. 혹은 더 끔찍하게, 당신의 얼굴에 불이 붙을 수도 있다.

하지만 에탄올에 불이 붙지 않고 계속 발효할 수 있다면, 이것은 아세트산으로 변할 것이다(세척제였던 식초 말이다). 끔찍하지 않은가? 그래서 와인 제조업자들에게 적절한 시간에 발효 과정을 멈추는 일이 그렇게 중요한 것이다. 안 그러면 결과물인 와인이 멋지도록 시큼한 식초 맛을 낼 테니.

사용되는 이스트의 종류는 다양하고, 이것이 여러 와인이 각기 다른 맛을 내는 또 다른 이유다. 어떤 와인 제조업자들은 포도 껍질에 자연적으로 존재하는 이스트를 사용하고, 어떤 사람들은 이스트의 종균 배양물을 더 선호한다.

이 발효 종균, 즉 모균mother은 기본적으로 자가복제를 하는 대량의 훌륭한 균류이다. 단세포 미생물은 포도즙 안에 있는 천연당에 반응해서 이산화탄소 기체를 방출한다. 이 과정 중에 우리의 사랑스러운 에탄올이 부산물로 생성된다.

이 이스트 종균은 대체로 차가운 환경에서 보관되고, 세대에서 세대로 넘겨받을 수 있다. 나이 많은 이탈리아 할머니들이 자신들의 근사한 종균을 손주에게 물려주기 위해서 대서양 횡단선에 몰래 숨겨 탄 이야기가 여럿 있다. 이런 이스트 종균은 대체로 빵용이지만, 알코올의 경우에도 과학적 원리는 똑같다.

레드와인은 나흘에서 2주 사이로 발효시키고서(다시 말해, 이스트가 포도즙 속의 당과 반응해서 에탄올과 이산화탄소를 생성한다) 마침내 껍질을 제거한다. 그리고 계속해서 2주에서 3주 정도(총 기간) 계속 발효시킨다. 하지만 화이트와인은 발효에 4주에서 6주 정도가 필요하다. 포도 껍질에서 천연이스트를 얻을 수 없기 때문이다. 가끔 와인 제조업자가 젖산발효라고 하는 과정을 더하고 싶으면, 여기 2단계에서 한다.

젖산발효는 와인의 발견 이래로 존재해 왔지만, 1930년대에 포도주 연구가인 장 리베로가용Jean Ribéreau-Gayon이 말산(포도를 포함해 대부분의 과일에 자연적으로 존재하며, 과일에 살짝 신맛을 준다)이 젖산으로 전환될 때 일어나는 이 화학반응을 정확하게 설명했다. 이 반응은 와인에서 시큼한 맛을 감소시킨다. 내가 보기에 각 와인 제조업자들은 젖산발효가 좋은 건지 나쁜건지에 대해 아주 강한 견해를 갖고 있다. 어떤 사람들은 자기 와인에 류코노스톡 오에노스Leuconostoc oenos 박테리아를 넣어 이 반응을 장려하지만, 어떤 와인 제조업자들은 이 반응이 일어나지 않게 하기 위해서 온갖 노력을 기울인다.

와인이 발명된 이래로 사람들은 공정과 색깔, 맛을 계속해서 조작해 왔다. 역사학자들은 최초의 와인은 전부 레드와인이었는데 이집트인들이 화이트와인을 만드는 색깔 변화(와 공정)를 찾아냈다고 믿는다. 물론 레드와인도 처음에는 밝은 빨간색이었다가 발효 과정에서 껍질이 우러나며 짙은 색깔(과 독특한 풍미)을 얻는다. 화이트와인은 포도의 껍질과 씨를 몇 시간만 담가놓았다가 즙을 빼낸다.

두 기술을 뒤섞는 몇 가지 훌륭한 하위 범주도 있다. 예를 들어 '로제'라고 불리는 핑크와인은 레드와인 포도로 화이트와인을 만드는 것처럼 해서 얻어진다. 제조업자가 액체에 껍질을 그리 오래 담가두지 않아서 결과물이 근사한 핑크색을 띠는 것이다. 반면에 오렌지와인은 화이트와인 포도로 레드와인을 만드는 것처럼 한다. 이 와인 혼합물 역시 발효 과정 동안 껍질을 담가두는데, 그러면 와인이 근사한 오렌지 색깔로 변한다. 즙에 껍질을 오래 담가둘수록 색깔이 더 진해진다.

캘리포니아에서는 대부분의 화이트와인(샤도네이는 빼고)을 스테인리스 스틸 통에서 발효시킨다. 이렇게 하면 통이 안에 있는 액체와 상호작용을 하지 않는다. 하지만 레드와인은(그리고 샤도네이는) 종종 나무통에 넣는다. 통의 종류는(미국 참나무, 프랑스 참나무, 심지어는 버번을 만들던 통) 풍미를 깊게 만들어 주는 요소다.

이 마지막 단계에서 와인은 숙성되고 그 강렬한 풍미의 층위를 더한다. 이 공정은 각 와인의 종류와 제조업자에 따라서 굉장히 다양하지만, 일반적으로는 일종의 와인 저장 단계를 거친다. 창고에서 볼 수 있는 것 같은 커다란 선반에 와인 통을 쌓아둔다. 통은 정기적으로 움직여 주지만, 저장의 목적은 고체 입자가 나머지 (액체) 와인과 분리되도록 만드는 것이다. 이 고체 입자들은 천천히 통 바닥으로 가라앉아서 걸러낼 수 있다. 각 와인 통은 저장하는 동안에 여러 차례 거른다.

이 여과 과정은 합성 화학자들이 사용하는 가장 기본적인 기술 중 하나다. 실험실에서 우리는 물질을 액체에 녹인 다음 남아 있는 고체 입자를 거르는 식으로 끊임없이 생성물질을 정제한다. 와인 제조업자들이 와인을 저장할 때에도 와인을 거르고 또 거르는 식으로 똑같은 일을 하지만, 훨씬 더 대규모로 할 뿐이다. 이 공정에서 그들은 남아 있는 포도 찌꺼기와 죽은 이스트 세포들을 모두 제거하려고 노력한다.

저장 단계 말미에는 와인을 정제할 수 있다. 이때 와인 제조업자들은 와인에 활성탄이나 물고기 부레에서 채취하는 젤라틴 같은 청정제를 넣는다. 이것들은 와인 용액 안에 남은 고체 입자들과 IMF를 형성하며, 그렇게 생성된 물질은 액체에 떠 있을 수 없을 정도로 무거워서 용기 바닥으로 가라앉는다.

마침내 와인이 완성되면 병입하고 코르크로 막는다. 가장 좋은 와인은 와인 윗부분과 코르크 사이의 틈이 그리 크지 않다. 왜냐하면 와인 안의 분

모든 것에 화학이 있다

자들이 산화되거나 와인 위쪽의 공기에 든 산소 기체들과 화학반응을 일으키기 때문이다. 불행하게도 이것은 와인에게 최악의 사태다. '부패한' 와인과 연관된, 지나친 단내가 만들어지기 때문이다.

그래서 산화를 방지하기 위해 와인을 옆으로 눕혀서 보관하는 것이다. 병이 옆으로 누워 있으면 액체가 코르크를 적셔서 코르크가 와인을 대기 속의 산소로부터 계속 지켜줄 수 있다. 하지만 와인을 세워서 보관하면 코르크가 마르게 되고, 그러면 작은 산소 분자들이 코르크의 바람구멍을 통해 들어와서 와인을 망칠 수 있다. 코르크 냄새는 특정 와인 병의 상태를 확인하는 데 사용되기도 한다.

와인을 오픈하면 똑같은 산화 과정이 일어난다. 그래서 첫날과 둘째 날 사이에 와인의 풍미가 달라지는 것을 느끼기도 하는 것이다. 그 후에 와인을 코르크로 잘 막아놓기만 하면 사나흘쯤은 더 유지가 가능하다. 하지만 방금 이야기한 것처럼 와인마다 다르기 때문에, 의심스럽다면 살짝 냄새로(또는 맛으로) 시험해 보는 게 좋을 수도 있다. 보편적으로 5일에서 7일이 지나면, 개봉한 와인은 요리에 쓰는 편이 더 낫다.

요즘은 점점 더 많은 와인들이 코르크 대신 돌려 따는 스크루캡을 사용한다. 남편과 스페인 바스크 지방으로 결혼 5주년 여행을 갔을 때 나는 소믈리에에게 이것에 대해 물어보았다. 그는 스크루캡이냐 코르크냐의 선택이 와인의 숙성 과정과 직결된다고 설명했다. 와인에 장기간 숙성이 필요할 경우 제조업자는 와인의 산소 농도를 유지하기 위해서 코르크를 쓸 가능성이 높다. 하지만 오리건 피노누아처럼 와인을 금방 열어서 마실 거라면 스크루캡도 괜찮다는 것이다.

샴페인과 더 비싼 스파클링 와인은 특히 코르크로 막아야 한다. 2차 발효 공정을 거치기 때문이다. 여기서 이스트는 에탄올과 이산화탄소로 전환되지만, 1차 발효 공정과 다르게 이산화탄소가 전통적인 와인에서처럼 대기 중으로 방출되는 것이 아니라 이제 밀폐된 용기 속에 갇혀 있다. 이스트 세포가 결국 죽으면 이들이 스파클링 와인에 특유의 고소한 맛을 부여한 다. 고체 입자들은 발효 공정이 끝나면 다시 한번 제거되고, 스파클링 와인 은 다시 코르크로 밀봉된다.

이산화탄소 기체를 가득 주입하고(발효할 때 생성되는 이산화탄소를 이용 하는 것이 아니라) 소다에 탄산을 주입할 때와 같은 방식으로 가압 상태로 저장하는 값싼 스파클링 와인도 코르크로 막아야 한다. 스크루캡은 병 안 의 압력을 견디지 못하며, 이 말은 스파클링 와인이 조만간 언제든지 간헐 천처럼 병 바깥으로 갑작스럽게 뿜어져 나올 수 있다는 뜻이다.

반면 투기성透氣性 코르크는 스파클링 와인이 와인과 코르크 사이의 조그 만 틈새로 이산화탄소를 천천히 방출할 수 있게 해준다. 하지만 여전히 엄 청난 압력이 쌓여 있기 때문에 병을 열 때 펑 소리가 나는 것이다.

남편과 내가 스페인을 여행할 때 우리는 '스페인 샴페인'이라는 별칭을 가진 '카바cava'에 푹 빠졌다. 데이트나 축하 자리는 카바 한 잔으로 시작하 는 것이 우리의 전통이 되었고, 친구들도 그것을 알아채기 시작했다. 사실 최근 해피아워 때 우리는 친구들에게 여행 이야기를 조금 했다. 친구 중 한 명은 우연하게도 맥주 제조가 취미였는데, 덕분에 와인 제조와 맥주 제조 사이의 차이에 관해 아주 즐거운 대화를 나눴다. 물론 맛있는 액체+에탄올 을 추구한다는 면에서 두 공정은 굉장히 비슷하다.

와인이 발효 과정에서 포도즙의 단순당을 이스트와 반응시킨다면, 맥주 는 복합당(곡식의 전분 같은)을 시작 물질로 삼는다. 하지만 전분은 유용하 게 사용하기 전에 더 작은 분자로 깨뜨릴 필요가 있다. 그래서 어떻게 하느 냐고?

조리한다.

물론 이보다는 좀 더 복잡하다. 맥주 제조에 사용되는 일반적인 곡식

모든 것에 화학이 있다

은 보리다. 보리는 작은 연노란색 씨앗처럼 생겼고, 커다란 콤바인으로 기다란 풀 같은 줄기에서 긁어낸다. 그런 다음 수확한 보리를 이틀 동안 약 15℃의 물에서 불린다. 목표는 보리알이 가능한 한 통통해지게 만드는 것이다.

그다음에 낟알을 4일 동안 발아시킨다(어떤 낟알은 8일에서 9일 정도가 걸리기도 한다). 이 과정에서 여러 가지 종류의 효소가 생성되어 낟알 안의 세포벽을 즉시 깨뜨리기 시작한다. 하지만 효소 중 일부는 보리 안의 전분을 당으로, 단백질을 아미노산으로 전환시키는 데 집중한다. 이 전체 과정은 맨눈으로 관찰 가능하다. 맥아(발아한 낟알을 부르는 단어)의 색이 진해지기 때문이다. 낟알을 더 오래 발아시킬수록 맥아는 더 진해진다.

어떤 양조업자들은 맥아 생산의 세 번째이자 마지막 단계인 건조 단계가 공정에서 가장 중요한 부분이라고 주장한다. 여기서는 따뜻한 공기(55℃ 정도)를 꾸준히 주입해서 낟알에서 물 분자를 제거한다. 하지만 어떤 맥아를 원하느냐에 따라서 낟알을 180℃까지 가열할 수도 있다. 그러니까 범위가 엄청나게 크다! 저온에서 만들어진 맥아는 효소의 활성이 더 높고 색깔이 더 밝은 반면에, 고온에서 만들어진 맥아는 요소의 활성이 낮고 진하고 풍부한 풍미를 갖는다. 이 어두운 색의 맥아는 몇 달씩 저장한 뒤에도 스모키하거나 고소한 맛, 심지어는 캐러멜화한 맛이 느껴질 수 있다.

다음 단계에서는 맥아를 고운 가루로 간 다음 가루를 다시 물에 담가서 앞에서 이야기한 효소를 활성화시킨다. 그리고 또다시 효소가 남아 있는 전분들을 당으로 분해해서 '맥즙'이라고 하는 갈색 액체로 만든다. 맥즙은 기본적으로 달콤한 설탕물 용액이다.

그다음에 맥즙을 홉hop과 함께 가열해서 설탕물에 진한 쓴맛을 낸다. 잘 모르는 사람들을 위해서 말하자면, 홉은 보송보송한 블랙베리와 무척 닮은 작은 초록색 꽃이다. 끓이는 과정은 맥즙이 독특한 풍미를 완전히 흡수하게 하기 위해서일 뿐만 아니라 살아 있는 효소를 전부 다 죽이기 위한 것으로 90분 정도 걸린다. 어떤 사람들은 이 단계가 오직 맥주의 풍미를 강화하기 위한 것이라고 잘못 생각하는데, 실은 남은 맥주 안의 당 분자의 개수를 일정하게 유지하기 위한 것이다. 안 그러면 효소가 이것들을 통제 불가능할 정도로 잡아먹어서, 이제 당신도 추측할 수 있겠지만, 맥주 맛에 안 좋은 영향을 미치기 때문이다. 그다음에 혼합물을 10℃ 정도로 식힌 다음 내가 가장 좋아하는 부분인 발효를 시작한다.

이 발효 과정은 우리가 와인 제조에서 이야기한 것과 아주 비슷하다. 이스트가 홉 향이 나는 당을 에탄올로 전환시킨다. 가장 주된 차이는 맥주 제조자들이 '상면^{上面} 발효', 또는 '하면^{下面} 발효'라고 부르는 부분이다. 상면 발효를 하면 에일을 얻을 수 있고, 하면 발효를 하면 라거를 얻을 수 있다.

에일 먼저 이야기해 보자. 에일 이스트를 고온에서 맥즙에 첨가하면 이것이 혼합물 안에서 덩어리를 만들어서 용액 위쪽으로 뜬다. 가장 인기 있는 에일 중 하나인 인디아 페일 에일(IPA)은 지난 몇 년 동안 미국에서 상당한 주목을 받았다. 이 맥주는 대체로 더 높은 에탄올 농도를 갖고 있으며 종종 쓴맛이 느껴진다. 전통적으로 시에라네바다 페일 에일 같은 페일 에일 종류는 발효 과정이 더 짧아서 에탄올 분자가 더 적다. 하지만 둘 다 이스트와 아주 뜨거운 맥즙이 만난 상면 발효 생성물이다.

페일 에일에는 SMaSH IPA라고 불리는 특별한 종류가 있다. 이것은 홉 한 종과 맥아 한 종으로 만들어진 것이다. 나는 2020년 여름에 이 맥주에 대해 알게 되었다. 오스틴의 지방 양조장에서 그들의 새로운 SMaSH IPA에 내 이름을 붙인 덕분이다(케이트 라 키미카^{Kate la Quimica}). 그들은 실험적 홉을 사용했고, 양조 과정 하나하나를 내가 볼 수 있게 해주었다. 나는 덕후의 천국에 입성한 기분이었다.

또 다른 선택 사항은 저온의 맥즙(이른바 차가운 맥즙)에 라거 이스트를

모든 것에 화학이 있다

넣는 것이다. 그러면 이스트가 한데 뭉쳐서 바닥으로 가라앉는다. 이 더 큰 분자들은 에일 이스트 분자보다 더 무겁기 때문이다. 맥주는 (콜로이드처럼) 액체 전체에서 고르게 이들을 부유시킬 수가 없다.

왜 사람들이 이것을 뜨거운 발효 대 차가운 발효라고 부르지 않는지 나는 절대 알 수 없을 것이다. 어쨌든 여기 미국에서 대부분의 양조업자들은 차가운 발효/하면 발효를 시킨다. 이것이 더 건조한 '빵 맛' 풍미를 주기 때문이다. 라거는 대체로 에탄올 수치가 낮기 때문에 신참들은 보통 버드와이저나 쿠어스 같은 종류의 맥주부터 시작한다.

내가 좋아하는 밀맥주는 상면 발효와 하면 발효 어느 쪽으로든 만들 수 있다. 미국의 밀맥주는 독일 밀맥주보다 홉 함량이 더 높은 경향이 있다. 바이젠 이스트 균주를 쓰지 않기 때문이다. 이런 이유 때문에 독일 밀맥주는 약간 더 과일 풍미가 나면서 덜 쓴 편이고, 내가 느끼기엔 더 맛있다.

맥주 양조의 마지막 단계는 조절conditioning이다. 이것은 앞에서 이야기한 와인 정제 과정과 굉장히 많이 닮았다. 이번에는 청정제를 첨가해서 부유 중인 탄닌 및 단백질과 결합을 형성한 다음에 맥주에서 걸러낸다. 여기서 남아 있는 죽은 이스트 세포들 역시 전부 제거한다.

와인과 달리 맥주는 눕히거나 코르크로 막아서 보관할 필요가 없다. 그저 차갑고 어두운 곳에 보관하면 된다. 햇빛이 너무 강하면 방향족 분자의 결합이 깨져서 맥주 속으로 황이 방출될 수 있다. 이게 당신이 '묵은' 맥주에서 느끼는 맛의 정체다. 흥미롭게도 갈색 유리는 햇빛의 저에너지 부분 일부를 흡수해서 해로운 복사선으로부터 맥주를 보호할 수 있다. 초록색 유리는 안 된다. 그래서 대부분의 맥주병이 어두운 색깔인 것이다.

최종 생성물인 맥주에는 대체로 90%의 물과 2~10%의 탄수화물, 1~6%의 에탄올이 들어 있다. 당신도 알듯이 맥주의 조성은 맥주마다 굉장히 다르다. 그래서 우리가 알코올음료에서 에탄올의 농도를 설명할 때 ABV, 또는 '프루프proof'라는 용어를 쓰는 것이다. ABV는 부피로 따진 알코올의 퍼센티지이고, 나를 아주 짜증나게 만드는 농도 용어이다. 왜냐하면 알코올이 아니라, 부피로 따진 **에탄올**이어야 하기 때문이다.

프루프라는 용어는 원래 영국에서 증류주부터 맥주까지 각기 다른 세율을 적용하기 위한 방법으로 사용하던 것이다. 알코올을 화약 위에 붓고 불을 붙여서 음료가 특정한 파란 불길을 내며 꾸준한 속도로 타면 질 좋은 알코올로 '증명되었다'. 하지만 음료가 불꽃을 내지 못하면 '언더프루프underproof'라고 했고, 이는 에탄올 분자가 부족하다는 뜻이었다. 화약이 너무 빨리 타면 알코올에 너무 많은 에탄올 분자가 들어 있는 것이고, 그래서 증류주는 '오버프루프overproof'라고 했다.

요즘 ABV는 성인용 음료에 든 에탄올 함량을 알리는 가장 흔한 방법으로 여겨진다. 미국에서 병에 프루프라고 쓰여 있는 걸 보거든, 그냥 그 숫자를 반으로 나누면 ABV가 된다. 국가 알코올 남용 및 중독 연구소에서 350ml 맥주는 평균 5% ABV라고 발표했으니까, 이 숫자를 이용하도록 하자. 비교용으로 150ml의 와인 한 잔은 12에서 18% ABV이다. 그리고 사케는 20%에 가깝다!

왜 그럴까? 사케는 기본적으로 반은 와인이고 반은 맥주인 알코올음료다. 제조 방법은 와인의 방식과 아주 가깝지만, 포도나 다른 과일에서 만들어지는 것이 아니다. 대신 사케는 맥주처럼 곡식으로, 이 경우에는 쌀로 만든다. 발효 과정에서 쌀의 전분을 당으로 쪼개는 효소가 든 용액을 공급하기 위해 쌀에 달콤한 **균**mold을 첨가한다. 동시에 이스트를 이 혼합물에 첨가해서 당과 반응하도록 하여 가장 중요한 에탄올을 생성시킨다.

하지만 맥주와 달리 이 순수한 발효법에서는 에탄올 함량이 20%에 달하는 강력한 액체가 생성된다. 사케가 맥주보다 훨씬 더 높은 ABV를 가진 이유 중 하나는 발효 과정 동안 찐 쌀을 계속해서 용액에 첨가하기 때문이

모든 것에 화학이 있다

다. 당을 에탄올로 전환시키는 데 사용되는 균도 쌀에서 자연적으로 자란다. 그래서 찐 쌀을 첨가하는 것은 사실 두 배로 유익하다.

사케는 내가 지금까지 이야기한 세 가지 알코올 중에서 가장 연약한 것으로 여겨진다. 왜냐하면 가볍고 꽃향기 나는 풍미를 내는 분자들에 해를 입힐 수 있는 햇살을 대신 흡수할 만한, 포도나 홉에서 발견되는 다양한 분자들이 전혀 없기 때문이다. 일본 사케 업계에서 사용하는 투명한 파란색 유리병 역시 햇살 앞에서는 아무 쓸모가 없다. 사케가 와인이나 맥주보다 더 연약하다는 것을 생각하면 이는 꽤나 얄궂은 일이다.

이런 이유 때문에 사케는 병을 연 후에 되도록 빨리 마실 것을 추천한다. 하지만 사케가 20% ABV를 가졌다는 걸 고려하면, 친구들 여러 명이서 나눠 마시는 편이 좋을 것이다.

하지만 부디 나한테 권하지는 말아달라. 에탄올 함량이 너무 높아서 냄새만 맡아도 곧장 실험실이 생각나 버리니까.

나는 사실상 물 탄 에탄올이나 다름없는 보드카에도 똑같은 반응을 보인다. 가장 강한 보드카 중 하나인 스피리투스는 폴란드에서 만든다. 이것은 96% ABV, 혹은 192 프루프이다. 또는 96% 에탄올이라고도 한다. 그 보드카를 마시라고 누가 돈을 준대도 나는 안 마실 거다.

대부분의 보드카는 40% ABV, 혹은 80 프루프 정도다. 전부 다 비슷한 정제 과정을 거치기 때문이다. 증류주들도 와인, 사케, 맥주처럼 모두 발효로 시작하지만, 이들은 또한 증류라는 추가적인 단계를 거친다. 이 과정은 증류주를 만드는 데서 굉장히 중요한 부분이다. 시작하는 물질에 종종 메탄올이라는 위험한 분자가 섞여 있기 때문이다.

메탄올과 에탄올의 분자식은 무척 비슷하지만, 우리 몸에서 기능하는 방식은 굉장히 다르다. 우리가 에탄올(CH_3CH_2OH)을 마시면 취한다. 하지만 메탄올(CH_3OH)을 마시면 앞이 보이지 않게 된다. 메탄올은 포름산으로 변하고, 이것은 시신경과 상호작용을 해서 시력을 앗아간다. '앞이 안 보일 정도로 취했다'는 표현을 들어봤는가? 이제 그 말이 어디서 나왔는지 알 것이다.

미국 식품의약국 같은 기관들 덕분에 우리는 더 이상 칵테일에 메탄올이 들어 있을까 봐 걱정할 필요가 없다. 하지만 금주법 시대에는 많은 신진 화학자들(밀조업자들)이 부엌에서 에탄올을 만들어 댔다. 문제는 이 사람들 대다수가 과학에 대한 배경지식이 별로 없어서 실수로 메탄올을 만들어 눈이 멀어버리는 난리법석이 벌어졌다는 것이다. 그런 이유로 친구가 직접 만들었다는 밀주를 마실 때는 두 번 생각하는 게 좋다.

메탄올을 너무 많이 섭취하면 죽을 수도 있다. 그래서 보드카(그리고 위스키, 스카치, 데킬라, 럼)가 항상 증류되는 것이다. 발효시킨 곡식(감자나 수수)에서 만들어진 고알코올 액체인 보드카를 정제하기 위해서는 다 쓴 이스트를 제거하고 에탄올/메탄올 혼합물만을 남긴다. 그다음에 이 용액을 한동안 각기 다른 온도에서 천천히 가열한다.

처음에 혼합물은 65℃에서 한참 머무를 것이다. 그동안 모든 메탄올이 끓어서 결국에 기화한다(기체가 된다). 이렇게 해서 제조자는 기체를 제거하고 결국 메탄올도 제거된다.

그다음에 온도를 78℃ 정도로 올려서 표본에서 에탄올을 수집한다. 에탄올 기체는 알코올 용액을 떠나, 냉각기라는 멋진 유리관을 통해 이동한다. 여기서 기체 상태의 에탄올이 액화되어, 즉 액체 에탄올이 되어 새로운 용기로 떨어진다.

이 과정을 두 번 더 반복하면 세 번 증류한 보드카가 된다. 에탄올 혼합물이 들어오고(슬쩍 끼어든 메탄올 오염물 약간과 함께), 열을 거치고, 그다음에 마치 슈퍼맨처럼 기체 메탄올 분자들이 위로, 위로 올라가서 사라진다(끓는점에 도달하고 나면).

증류 과정은 알코올 용액을 정제할 뿐만 아니라 용액에서 에탄올의 농도를 증가시킨다. 하지만 증류 과정을 통해 보드카가 40% ABV라는 엄청나게 순수한 상태가 된다면, 용액의 남은 60%는 뭘까?

물이다.

그 말은 당신이 실제로 술을 마시는 동안 수분도 섭취하고 있다는 뜻이다. 아니, 농담이다. 당신은 확실하게 수분을 **잃고** 있다. 그래서 술을 너무 많이 마시면 숙취에 시달리는 것이다.

말하자면, 우리가 보드카를 통해 마시는 에탄올은 항상 물과 결합하고 있다. 이 두 액체는 혼합성(잘 섞인다는 뜻)이다. 물의 산소 원자와 에탄올의 수소 원자 사이에서 수소결합을 형성하기 때문이다(반대도 마찬가지다). 잘 섞이지 않는 액체들은 서로 섞이면 물과 기름처럼 2개의 층을 이룬다. 다행히 술은 에탄올과 물이라서 잘 섞인다.

하지만 당신이 B-52 칵테일을 마셔봤다면, 세 종류의 알코올 리큐어를 차곡차곡 쌓을 수 있다는 걸 알 것이다(바닥에 커피 리큐어, 그다음에는 대체로 베일리스 아이리시 크림을 올리고 꼭대기에 그랑마니에르를 쌓는다). 이것은 밀도가 어떻게 작용하는지를 보여주는 간단한 예다.

나는 대부분의 술을 다 받아들이는 편이지만, 내가 절대 맛을 보지 못하는 술이 하나 있다. 바로 압생트다. 최근에 나는 매니저와 함께 브루클린에 있는 오이스터 바에 갔다. 해피아워 스페셜로 압생트를 내주는 곳이었다. 종업원이 우리에게 마셔보라고 했을 때 나는 그분에게 "죽어도 안 마실래요"라는 말을 정중하게 하려고 애썼다.

압생트는 대부분의 나라에서 정확하게 규정되지 않았고, 그래서 전통적인 주류법을 슬쩍 **빠져나갈** 수 있다. 브랜디와 진 같은 증류주와 달리 '압생트'는 모든 나라가(스위스를 제외하고) 아직까지 합법적으로 이 술을 규정하지 않았기 때문에 여러 가지 다양한 술에 이 이름을 적용할 수 있다. 이것이 45% 에탄올부터 70% 에탄올에 이르는 압생트를 찾을 수 있는 또 다른 이유다.

이 오해받는 신주神酒는 세 가지 식물에서 주로 나온다. 쓴쑥wormwood, 펜넬fennel, 아니스anise이다. 쓴쑥은 실제로 꽤 쓰고, 그래서 압생트가 보통 각설탕 위에 부어져서 나오는 것이다. 어떤 곳에서는 심지어 설탕에 불을 붙이기도 하는데(실제로 압생트에서 알코올이 기화한다) 이는 압생트에 고소한 맛을 더해준다. 이것도 내가 이 술을 피하는 이유 중 하나다.

압생트를 어떻게 만드는지 이야기하기 전에, 이 술에 대한 소문부터 짚고 넘어가자. 압생트는 환각제나 정신활성 물질이 **아니다**. 우리가 아는 한 압생트를 마신 사람들이 환각을 봤다든지 강력 범죄를 저질렀다든지 하는 이야기는 전부 그냥 이야기일 뿐이다. 과학적 관점에서 압생트가 인체를 그런 식으로 흥분시킬 이유는 전혀 없다.

하지만 거의 75년 동안 투욘Thujone이라는 분자가 사람들로 하여금 엉뚱한 방식으로 생각하고 행동하게 만든다는 비난을 받았다. 이 분자는 인간의 신경계에 유독하다 여겨졌고, 경련을 일으킨다고도 알려졌다. 이 분자는 쓴쑥 기름에 들어 있는데, 이것이 사람들이 압생트에 부정적인 반응을 보이는 이유라고 발표되곤 했다. 하지만 훗날 압생트와 투욘 사이의 이런 관계를 밝힌 과학자 발랑탱 마냥Valentin Magnan 박사가 절대적인 금주론자였고 프랑스에서 알코올 소비를 반대했다는 사실이 밝혀졌다.

누구든 예측할 수 있겠지만, 20세기부터 보존된 압생트 표본에서 투욘 분자는 거의 찾아볼 수가 없다는 사실이 최근의 연구에서 밝혀졌다. 마냥 박사가 압생트의 '위험'에 대해서 **어떻게** 전 세계를 납득시킬 수 있었는지는 절대 알 수 없을 것이다. 하지만 마냥 박사는 압생트와 관련해 절대로 떨칠 수 없는 엄청난 소문을 퍼뜨리기 시작했다.

스위스가 현재 압생트에 관한 합법적인 정의를 가진 유일한 나라니까 그들의 제조 공정을 좀 더 자세히 살펴보자. 스위스에서 압생트는 아니스, 쓴쑥, 펜넬을 96% 에탄올 용액에 적셔서 만든다. 이 과정을 마세라시옹 macération이라고 한다. 식물들이 반투막을 통해 에탄올을 흡수하는 것이다. 동시에 에탄올은 허브에서 가벼운 꽃향기를 얻는다.

보드카처럼, 압생트는 액체를 정제하기 위해서 증류한다. 메탄올이 제거되면 즉시 ABV가 70% 정도까지 떨어진다. 어떤 제조업자들은 용액에 물을 첨가해서 더 많이 희석한다. 그다음에 압생트는 대체로 마세라시옹을 다시 거치지만, 이번에는 히숍hyssop, 멜리사melissa, 그리고 더 많은 쓴쑥을 사용한다. 이 부분은 차를 만드는 방법과 상당히 비슷하다. 다만 여기서는 이상적인 최종 용액에 엽록소가 많이 들어가 있다. 그리고 그 화학물질이 압생트가 악명 높은 초록색을 띠는 이유다.

다른 모든 고高프루프 음료와 마찬가지로 압생트를 몇 잔만 마셔도 몸이 완전히 이상해질 수 있다는 얘기는 사실이다. 그렇게 높은 ABV는 인체가 기능하는 방식에 큰 영향을 미치는 화학반응을 일으킬 수 있다. 이는 알코올이 음식과 다른 방식으로 대사되기 때문이다. 처음에 에탄올은 소장에서 혈관으로 흡수되었다가 곧장 간으로 이송된다(그래서 음주운전을 확인하기 위해서 혈중 알코올 수치를 측정하는 것이다).

에탄올이 간에 도착하면 알코올 탈수소 효소(ADH)가 에탄올 분자(CH_3CH_2OH)에 있는 2개의 공유결합을 깨뜨린다. 에탄올의 부분산화라고 하는 이 과정에서 아세트알데히드(CH_3CHO)가 형성된다. 잠시 후 당신은 아세트알데히드를 미워하게 되겠지만, 지금은 그냥 이것이 재빨리 아세트산염 이온(CH_3COO^-)으로 바뀐다는 것만 알아두라.

알데히드 탈수소 효소라는 또 다른 효소가 개입해서 아세트산염 이온을 이산화탄소와 물로 분리한다. 그런 다음 우리는 호흡으로 이산화탄소를 내보낸다. 이 모든 게 꽤 무해하게 들리지 않는가? 잘 모르면 우리 몸속의 위가 음식을 소화할 때 일어나는 일과 굉장히 비슷한 것 같다.

그러면 취하는 것의 과학적 원리는 뭘까? 해피아워에 몇 잔 마시고 나면 카우보이 부츠를 신고 텍사스 투스텝을 추고 싶게 만드는 에탄올(CH_3CH_2OH)의 특성은 무엇일까? 그리고 왜 빈속에 술을 마시면 이런 일이 더 빨리 진행될까?

우선 에탄올은 섭취하고 5분 정도 후면 뇌에 도착하고, 당신은 **그로부터 5분 뒤에** 그 영향을 느끼기 시작할 것이다. 그때쯤이면 뇌는 에탄올과 충분한 시간 동안 상호작용을 해서 도파민을 방출하기 시작한다. 뇌에서 도파민은 신경전달물질, 혹은 하나의 신경 수용체에서 다른 것으로 신호를 전달하는 분자 역할을 한다. 알코올을 마시면 우리 뇌는 방출되는 도파민 분자에 반응하게 된다.

도파민은 사람을 즉시 '행복하게' 만드는 슈퍼 히어로 분자로 유명하다. 하지만 우리가 운동에 관한 장에서 이야기했듯이 도파민 분자는 실제로 사람에게 뭔가를 하려는(또는 하지 않으려는) 동기를 주지 않는다. 이런 경우에 도파민은 뭔가를 하는 것(예컨대 알코올을 마시는 것)에 대해 잘 알려진 긍정적인 측면을 신호로 보내는데, 그래서 사람들이 자동적으로 도파민을 행복과 결부시키는 것이다.

에탄올은 우리의 소듐, 칼슘, 포타슘 통로와 상호작용하고, 뇌에 있는 또 다른 신경전달물질 가바^{GABA}의 작용에 영향을 미친다. 그런데 에탄올은 뇌의 활동을 저해하며, 우리는 이것이 술 취한 사람에게 가하는 직접적인 영향력을 볼 수 있다. GABA는 이 사람들이 보이는 서툰 행동의 원인이자 흔히 보이는 꼬인 발음의 원인이다. 대체로 아바^{ABBA}와 관련된 형편없는 춤과 헷갈려선 안 된다.

에탄올은 GABA뿐만 아니라 또 다른 신경전달물질의 기능에도 간섭한다. 글루탐산염은 우리의 뇌가 기억을 형성하고 결국 새로운 것을 배우는 일에 핵심 역할을 하는 중요한 분자다. 글루탐산염의 활동이 억제되면, 취한 사람은 새로운 것을 배우거나 새로운 기억을 형성하는 데 어려움을 느끼기 시작한다. 나는 어떤 사람들은 특수한 글루탐산염 차단 분자를 갖고 있다고 본다. 술을 한두 잔만 마셔도 아무것도 기억하지 못하기 때문이다. 정말이지 대단하다. 이런 일은 술을 엄청나게 마신 후에도 일어날 수 있다.

이 세 가지 요소 전부가 합쳐지면, 우리는 자기 발에 걸려 넘어지고 아침에 일어났을 때 그런 일을 하나도 기억하지 못하는, 행복감에 사로잡힌 취객이 된다. 물론 얼마나 마셨느냐에 따라서 심각성은 달라진다.

우리는 체내의 에탄올 양을 혈중 알코올 농도(BAC)로 이야기한다. 이는 혈류에 실제로 흡수된 에탄올의 퍼센티지를 나타낸 숫자다. 차량 운전에서 법적 한도는 대체로 0.08이다. 그 이유는 인간의 몸이 GABA의 영향력을 0.09부터 0.18 사이에서 제대로 느끼기 시작하기 때문이다(한국의 음주운전 기준은 혈중 알코올 농도가 0.03 이상일 때이다—옮긴이).

0.19 BAC에서 몸은 대체로 혼란을 느끼기 시작한다. 글루탐산염이 새로운 기억을 만드는 능력을 저해하기 때문이다. 이 BAC 수치는 또한 조직 능력의 부재와도 관련된다. 이는 확실히 신경전달물질 GABA의 존재 여부와 관련되어 있기 때문이다. 전에 '의식을 잃은' 적이 있다면, 그건 당신의 BAC가 0.19가 넘었기 때문일 것이다. 이건 어마어마한 일이다.

BAC가 0.25 이상으로 오르면 사람은 알코올 중독 증상을 보이기 시작한다. 이 시점에서 진짜로 위험해지기 시작한다. 이 상태의 사람은 쉽게 자신의 토사물에 목이 막혀 질식할 수 있다.

BAC 0.35가 될 만큼 술을 마신다면 코마에 빠질 우려가 있다. 또한 기본적인 혈액순환과 호흡에도 문제가 생기기 시작할 것이다. BAC 0.45면 거의 확실하게 죽는다. 뇌가 더 이상 몸이 호흡 같은 기본적인 일을 하도록 지시할 만큼 작동하지 못하는 것이다. 하지만 스웨덴에서는 시민 한 명이

BAC 0.545라는 기록을 갖고 있다고 주장하고 있다!

BAC가 0.545라는 게 어떤 의미인지 생각해 보자. 사람의 몸에 평균 약 5리터의 피가 있다고 가정하면, BAC 0.545는 그들의 혈액에만 30ml의 순수한 에탄올이 들었다는 뜻이다. 이것은 보드카 75ml와 똑같다. 당신의 혈관에 말이다! 판사가 술 취한 운전자에게 혈액 표본을 받아 오라는 영장을 발부해도, 실제로 그 사람의 혈관에 존재하는 에탄올의 양을 수량화하는 것은 과학자들이다.

하지만 실제로 BAC를 결정하기 위한 혈액 표본이 필요하다면, 경찰관들은 어떻게 몸속에 있는 분자들의 개수를 파악하는 걸까?

못한다.

그래서 경찰관들이 음주측정기를 사용하는 것이다. 이 기계의 대부분은 당신이 뱉는 숨에 있는 에탄올(CH_3CH_2OH)을 아주 짧은 시간 사이에 아세트산(CH_3COOH)으로 바꿔주는 흥미로운 화학반응을 일으킨다. 이것은 우리가 앞에서 사람들이 집에서 술을 만들면서 발효를 너무 오래 시켰을 때 일어나는 일에 대해 이야기한 것과 똑같은 화학반응이다. 에탄올을 아세트산(식초)으로 전환시키는 것이다.

아세트산은 우리 대기에 자연적으로 존재하지 않기 때문에 음주측정기에 인식되는 아세트산은 모두 우리 몸의 에탄올 양과 관련된 것이다. 따라서 음주측정기는 당신의 BAC를 금방 계산해서 거의 정확하게 표시할 수 있다.

많은 수의 경찰관들이 차에 갖고 다니는 조그만 음주측정기는 그렇게 정확하지 않기 때문에 종종 법정에서 인정되지 않는 경우가 있다. 하지만 당신의 체포를 정당화할 정도는 된다. 그런 다음 경찰관은 당신을 병원으로 데려가서 혈액 샘플을 채취할 것이다.

누구나 음주측정기를 사서 차에 두고 다니면서 바에서 한두 잔 마신 다음에 직접 확인할 수 있다. 만약 0.08이 넘어가면(한국에서는 0.03—옮긴이) 택시나 대리운전 기사(또는 친구)를 불러야 할 것이다. 요즘 시대에는 당신의 목숨, 그리고 다른 사람들의 목숨까지 위험하게 만드는 대신 집까지 갈 다른 방법을 찾기가 아주 쉽다. GABA는 마가리타를 몇 잔 마시고 나면 더 이상 우리의 친구가 아니다.

이 모든 신경전달물질의 혼란은 그 순간에는 즐거워도 다음 날 아침 당신의 기분을 엉망으로 만들 것이다. 숙취^{hangover}는 내가 가장 좋아하는 영화 중 하나의 제목이긴 하지만, 친구랑 몇 잔 마시는 일에서는 최악의 부분이라 할 수 있다. 이제 당신의 몸은 그 모든 에탄올을 분해하느라 탈수 상태일 뿐만 아니라, 간의 효소들이 에탄올을 분해하고 내가 앞에서 말한 분자인 아세트알데히드를 잔뜩 쌓고 있다.

아세트알데히드는 기본적으로 다른 화학물질을 합성하는 중간물질이다. 주된 결과물은 아세트산염 이온이고, 결국에 분해되어서 이산화탄소와 물을 생성한다. 하지만 이 과정에는 시간이 걸린다. 유독한 아세트알데히드 분자는 당신의 몸에 몇 시간 동안 남아 있다가 (에탄올 분자가 전부 제거된 후에) 다음 대사 과정으로 넘어간다.

알코올 탈수소 효소 유전자에 변이가 있는 특정한 사람들의 경우에는 특히 더 그렇다. 이들 집단에서 에탄올은 아세트알데히드로 굉장히 빨리 전환되지만, 그들의 몸은 그다음에 아세트산염 이온으로 변화시키는 것을 어려워한다. 이렇게 되면 몸은 알코올 홍조 반응으로 온통 빨개지고 얼룩덜룩해진다. 붉은 얼룩은 즉시 나타날 수도 있고 나중에 밤에 나타날 수도 있으며 대체로 숙취의 훌륭한 전조증상이다.

숙취의 최악의 단점 중 하나는 인체에서 알코올을 제거하는 화학반응과 연관된 전해질 손실이다. 아침 식사에 관한 장에서 미네랄로 본 바 있는 전해질은 2개의 범주로 나눌 수 있다. 양이온과 음이온이다. 우리 몸의 주된 양이온은 칼슘, 마그네슘, 포타슘, 소듐이고, 음이온은 염화물, 탄산수소염, 인산수소다. 일반적으로 우리 몸에서는 양이온:음이온 전해질의 비율이 1:1을 유지한다.

술집에 가지 않는 날에 우리 신장은 전해질 각각의 적절한 농도를 유지하기 위해 노력한다. 이 미네랄들이 우리 혈액의 pH를 통제하고 근육(심장 같은)의 수축을 책임지기 때문에 이것은 아주 중요한 임무다. 하지만 친구들과 술 약속이 있는 날에 우리 신장은 초과 노동을 할 준비를 한다. 왜 그럴까?

에탄올은 이뇨제다. 이 말은 소변을 아주 많이 보게 만든다는 뜻이다. 당신은 화장실에 갈 때마다 꼭 필요한 전해질을 몸 밖으로 밀어낸다. 그래서 술을 마신 다음 날 아침에 종종 게토레이가 초콜릿칩 팬케이크보다 더 근사하게 들리는 것이다. 이는 전날 밤 너무 많이 마신 탓에 느껴지는 피로 및 통증에 맞서 싸우는 데 필요한 포타슘과 마그네슘(뿐만 아니라 다른 이온들까지)을 채우는 빠르고 저렴한 방법이다.

숙취를 물리치는 최고의 방법은 책임감 있는 어른이 되는 것이다. 술을 마시러 가기 전에 몸에 적절한 수분을 공급해야 한다는 사실은 이미 알 것이다. 하지만 여러분은 와인 첫 잔을 마시면서 저녁 식사를 하고, 또 소화시키는 데 좀 시간이 걸리는 음식을 먹어야 한다. 에탄올은 혈관에 흡수되기 전에 음식을 뚫고 가야 한다. 그러니까 우리가 앞 장에서 이야기한 복합 탄수화물(감자와 옥수수 같은 것)은 이런 상황에서 물리적 장애물 역할을 함으로써 에탄올의 흡수를 느리게 만든다. 그러니까 꼭 음식을 먹어라!

자, 우리가 무엇을 배웠을까? 알코올은 모두 발효의 결과이고, 증류주는 모두 발효와 증류의 결과다. 와인 제조업자들은 말산에 강한 애정을 갖고 있으며, 맥주 양조자들은 맥즙을 사랑한다. 그리고 우리 대부분의 경우에 친구들과 술집에서 몇 잔 마시고, 케소를 최대한 많이 먹고, 텍사스 투스텝을 쳐보는 것까지도 지극히 괜찮은 일이다. 그저 조만간 지킬 박사가 아세트알데히드로 변신하면, 이 모든 에탄올의 부산물을 걸러내야만 한다는 것을 잊지 마라.

12. 노을을 보며 쉬기 ✦✦ 침실에서

"밤이 적당한 시간"이라는 말을 한 사람은 분명히 화학자였을 것이다. 사실 하루의 화학 중 가장 흥미진진한 일 몇 가지는 저녁에 일어난다. 해 질 녘 우리 모두가 즐기는 빛의 쇼, 잠자리 후에 느끼는 기쁨, 분위기 잡을 때 쓰는 촛불. 밤에 특별한 에너지가 있다는 사실은 부인할 수 없고, 이 모든 것이 원자와 분자의 상호작용 덕택이다.

자연계의 가장 강렬한 경이로움 중 하나로 이야기를 시작해 보자. 노을 말이다. 해가 저물면 해로부터 더 이상 연료와 에너지를 받지 못하면서 지면에서 열이 사라지고 땅이 차가워진다. 그 변화의 시작은 장관이다. 빛에서 어둠으로 천천히 사라지는, 노을의 아름다움. 특히 한 해 중에서 하루가 가장 긴 한여름 날, 약간 이른 시간에 편안히 쉬고 있다면 운 좋게 자연이 선사하는 가장 눈부신 현상 중 하나를 볼 수 있을지도 모른다. 바로 부채살 빛crepuscular ray이다. 이 '신이 내린 빛'은 빛이 공기 중에 떠 있는 먼지 입자나 분자들에 반사될 때 생기고, 마치 신적 존재가 구름을 가르고 지구에 조명을 비추는 것 같은 효과를 준다.

나는 어릴 적 미시간의 시골집에서 부채살빛을 처음 보았던 걸 기억한다. 우리 가족은 60~90센티미터쯤 되는 모래사장으로 둘러싸인 작은 호숫가에 집을 갖고 있었다. 아빠는 거기 커다란 참나무와 단풍나무 사이에 오래된 해먹을 걸어놓았다. 어느 때든 그 해먹에 누워 있으면 호수에서 산들바람이 불어오는 게 느껴지고 호숫가에서 파도 부서지는 소리가 들렸다. 정말 평화롭고 느긋해서 가족 중 한 명이 거기서 잠든 걸 발견한 일은 다 셀 수도 없을 정도다. 거기는 천국의 일부 같았다. 부채살빛이 구름을 뚫고 비쳤을 때는 정말로 천국처럼 보였다.

애정을 담아 '부처의 빛'이나 '야곱의 사다리'라고도 불리는 이 햇살은 밝은 빛줄기와 어두운 빛줄기가 번갈아 있는 특정한 패턴의 햇살이다. 그 모양이 구름의 위치와 시간(그리고 해의 위치)에 좌우되기 때문에 각각의 패턴이 모두 다르다. 해가 진 직후나 막 떠오르려고 할 때, 즉 해가 지평선 밑에 있는 황혼 녘에 흔히 나타난다. 해가 이 각도에 있으면 빛이 쉽게 흩어져서 아름다운 일출과 일몰을 만들 수 있다. 하지만 어떻게 만들어지는 걸까?

우리는 이미 해가 전자기 복사의 형태(자외선, 가시광선, 적외선)로 지구에 빛을 비춘다는 걸 안다. 분자가 전자파나 자기파를 방해하면 원자가 빛을 가로막거나 구부린다. 하지만 황혼 녘에는 구름과 산 때문에 생긴 어두운 그림자가 빛나는 햇살과 평행하게 드리운다. 당신의 그림자가 하루 중 시간이 늦을수록 점점 더 길어지는 것과 똑같다. 사실 이 평행한 패턴을 위에서 내려다보면(우주비행사가 보는 것처럼) 어두운 그림자가 햇살보다 먼저 당신의 눈을 끌어당길 것이다. 하지만 지구에 있는 우리는 빛이 구름 사이를 뚫고 나오는 모습만을 볼 수 있다.

이런 이유 때문에 국제우주정거장(ISS)의 비행사들은 지상의 거주자들에게 빛이 어떻게 구름 옆에서 휘어져서 지구에 평행한 그림자를 드리우는지 보여주려고 사진을 찍었다. 이 사진은 정말로 근사하다. 구름이 마치 석질운석처럼 지나온 길의 어두운 흔적을 남기는 것처럼 보이기 때문이다.

앞서도 말했지만 이 아름다운 빛줄기는 해에서 나오는 빛이 우리 대기에서, 우리가 숨 쉬는 공기에서 흔히 발견되는 작은 분자들(질소, 산소, 이산화탄소 같은 것들)이나 오염 물질(개틀, 먼지, 자동차 배기가스 등)에 의해 산란되면서 발생한다. 누구든 예상할 수 있겠지만 인구가 덜 밀집한 지역보다 인구가 많은 도시의 공기 중에 대체로 훨씬 많은 입자들이 있다. 그래서 도시 사람들(나 같은)이 종종 시골의 공기에서 훨씬 더 깨끗한 냄새가 난다고 생각하는 것이다. 내 폐가 산소에서 걸러내야 하는 먼지 분자가 공기 중에 훨씬 적게 들어 있기 때문이다.

대류권(지구에서 가장 가까운 층)에서 구름을 뚫고 낮은 각도로 햇살이 비치면 빛의 궤도가 공기 중의 물질들과 교차하면서 광학 현상이라는 것을 만든다. 우리에게는 다행스럽게도 이 과학적 배경은 해변에 관한 장에서 이야기한 화학과 **아주** 비슷하다. 물리학자들이 대기 중에서 화학적 상호작용을 설명하기 위해 광학 현상이라는 말을 사용할 뿐이다. 물리학자들은 정말 웃기다니까.

무지개나 신기루나 부채살빛 같은 현상들은 모두 사람이 맨눈으로, 물리적으로 볼 수 있는 빛과 물질의 상호작용이라는 범주에 들어간다. 반사와 회절 역시 이 범주에 들어가고, 이것이 일출이나 일몰의 근사한 색깔들을 만들어 내는 원인이다. 여기에 대해서는 조금 이따가 이야기하겠다.

일반적으로 광학 현상은 대기 중의 분자가 저에너지의 빛, 즉 적외선(IR) 같은 것에 부딪치면서 일어난다. 적외선은 지구가 태양으로부터 받는 빛 에너지 중에서 가장 약한 것이다. 적외선 복사는 약하긴 하지만 우리는 적외선을 '굉장히 많이' 받는다. 매일 UV보다 IR을 일곱 배 더 많이 받는다. 다행히 이것은 (UV 복사처럼) 피부암을 일으킬 정도로 강하지는 않다.

1800년에 윌리엄 허셜이 적외선을 처음 발견한 이야기는 이미 했으니 이제 이 화학에 관해 더 깊이 살펴볼 준비가 되었을 것이다(어쨌든 이 책의 마지막 장이니까). 기억하라. 이 발견은 화학자들과 과학자들이 빛이 파동이면서 동시에 입자의 형태도 갖고 있다고 추정하기 이전의 일이다. 하지만 여기서 중요한 것은 파동 형태, 다시 말해 에너지 시그니처energy signature다. 적외선은 인간에게 위험하지 않을 정도로 크지만, 그래도 여전히 작은 편이다. 파장이 740nm에서 1mm 정도로 바늘 끄트머리 크기쯤 된다. 이런 종류의 에너지는 인간의 눈에는 보이지 않기 때문에 허셜은 열에너지를 감지하기 위해서 온도계와 프리즘 사용법을 알아내야 했다.

우리는 야간투시경 없이는 이 빛을 볼 수가 없지만, 열의 형태로는 확실히 느낄 수 있다. 앞에서 베이킹 이야기를 할 때 언급한 것처럼, IR 에너지는 실은 그저 열에너지이고, 그래서 우리가 그것을 오븐에 사용하는 것이다.

또한 빵을 구울 때처럼 분자들이 IR과 상호작용을 하면 에너지를 흡수해서 진동하기 시작한다. 예를 들어 누군가가 당신에게 호스로 물을 뿌리면, 당신은 물에 반응해서 잠깐 펄쩍 뛸지도 모른다. 이것이 IR과 상호작용하는 특정 분자들에게 일어나는 일이다. 분자들이 적외선(우리의 비유에서는 물)을 흡수해서 진동한다(펄쩍 뛴다). 여분의 에너지가 방금 그들의 시스템에 들어왔기 때문이다.

이산화탄소와 메탄 같은 분자들은 우리 대기에서 적외선과 상호작용할 때 모두 이런 식으로 똑같이 반응한다. 분자들이 진동하고, 그다음에 멋진 일이 생긴다.

우리가 앞에서 UV에 대해 이야기했던 것과 달리 이 대기 중의 분자들이 IR 같은 저에너지 빛과 상호작용하면 **다른** 방향으로 에너지를 대기 중에 재방출할 수 있다. 이것은 우리 지구가 인간의 생존에 안전한 온도를 유지하게 해준다.

이에 대해 좀 더 설명하기 위해 물/호스 예로 돌아가 보자. 누군가가 갑작스럽게 물줄기로 당신을 맞히면, 당신은 즉시 뒤로 펄쩍 물러나서 몸을 조금 떨 것이다. 이 과정에서 당신은 몸을 $10°$나 $20°$ 정도, 심지어는 $180°$ 돌릴 수도 있다. 적외선을 흡수했을 때 분자도 똑같이 한다.

이 새로운 에너지(호스에서 나온 물)는 분자들이 진동하게(펄쩍 뛰게) 만들고, 이로 인해 3차원에서 약간 다른 방향으로 향하게 된다. IR 복사선(물)에 놀라서 반응하던 걸 끝내면 분자들은 자신들이 현재 향하고 있는 방향으로 에너지를 다시 방출한다.

먼지 입자의 경우에 이 분자들은 에너지를 잠깐 동안만 잡아두었다가 지구의 대기 속으로 다시 방출해야 한다. 이 빛의 재방출은 전혀 다른 궤도로 일어나고, 완벽한 조건(황혼 때처럼)에서 이 일이 일어나면 우리는 지구의 한 방향으로 조명을 비추는 것 같은 아름다운 햇살을 보게 된다.

부채살빛은 보통 백색광 형태로만 존재한다. 이 빛은 가시광선 스펙트럼의 모든 색깔이 완벽하게 섞여 있어서 우리에게는 투명하게 보인다(이것이 반직관적으로 느껴진다면, 프리즘을 햇빛 아래 놓고 빛이 무지개색으로 갈라지는 걸 직접 확인하면 된다).

백색광이라는 말은 에너지 파장이 380nm에서 740nm 사이에 있는 전자기 스펙트럼 영역을 총체적으로 부를 때 사용된다. 가시 영역이라고 부르는 이 영역은 우리 눈이 볼 수 있는 정확한 빛의 범위이기 때문에 딱 어울리는 이름이다. 예를 들어 어떤 물질이든 색이 있으면, 우리 눈이 특정 색깔로 해석하는 분자 부분을 가진 것이다. 이 특수한 분자 일부는 발색단 chromophore이라고 하며, 하나를 제외하고 빛의 여러 가지 다양한 파장을 흡수할 수 있다.

당신이 (나처럼) 정기적으로 안과를 방문한다면 아마 이 화학에 친숙할 것이다. 알고 보면 우리 눈에도 발색단을 가진 분자가 있다. 레티날(비타민

A의 한 형태)이라고 하는 이것은 우리가 앞을 볼 수 있게 도와주는 훌륭한 분자다. 빛이 우리 눈의 레티날에 닿으면, 레티날 분자들이 시스에서 트랜스 형태로 이동하고 결국 분자를 곧게 편다(시스는 원자들이 결합의 같은 쪽에 있는 형태이고 트랜스는 원자들이 결합의 반대편에 있는 형태). 이 이동이 망막의 옵신 단백질에 압력을 가해서 당신의 뇌가 주변 물체들의 이미지를 해석하게 만드는 과정을 시발한다.

이 레티날-단백질 상호작용 각각은 빛의 다른 파장에 대응한다. 빛이 625에서 740nm 사이의 파장을 가졌으면 우리 안구는 빨간색으로 해석한다. 590~625nm의 더 짧은 파장은 오렌지색으로, 그다음은 노란색(565nm), 그리고 초록색(500nm), 하늘색(485nm), 파란색(450nm), 보라색(380nm)이다. 보라색은 가시 스펙트럼에서 가장 높은 에너지를 가졌기 때문에 비교적 파장이 짧다.

하지만 백색광이 가시광선의 모든 색깔을 가졌다면, 일몰은 어째서 대부분 분홍색과 빨간색, 가끔 약간의 오렌지색 톤이 섞인 빛깔인 걸까?

이 질문에 대답하기 위해서 우리는 파장이 에너지에 반비례한다는 사실을 기억해야 한다. 이 말은 긴(큰) 파장을 가진 빛줄기는 짧은(작은) 파장을 가진 빛보다 훨씬 약하다는 뜻이다. 파란색 빛의 파동은 빨간색 빛의 파동보다 훨씬 더 강하고/짧고, 그래서 빨간색 빛보다 훨씬 효율적으로 분산된다.

이 개념은 다음의 비유를 보면 가장 쉽게 이해할 수 있다. 빛줄기와 각기 다른 파장들을 통통 튀는 공이라고 상상하라. 우리는 이 공을 굉장히 오래된 벽돌길에 던질 것이다. 우선 파란 공 하나를 울퉁불퉁한 길 표면에 엄청나게 세게 던진다고 해보자(파란 빛줄기를 대리한다). 예상대로 공은 다시 튕겨 오르겠지만, 완전히 다른 각도에 꽤 빠른 속도일 것이다.

이제 빨간 공 하나를 들쭉날쭉한 벽돌길에 살짝 떨어뜨려 보자(빨간 빛줄기를 대리한다), 빨간빛이 더 약하니까 이번에는 훨씬 더 적은 힘을 써야 한다. 파란 공과 마찬가지로 빨간 공 역시 궤도를 바꾸지만, 훨씬 느린 속도다.

이제 벽돌길에 수백 개의 빨간 공과 파란 공을 동시에 떨어뜨리면 어떻게 될지 생각해 보자. 이 경우에 파란 공은 짝이 되는 빨간 공보다 훨씬 많은 에너지를 갖고 있고, 약한 빨간 공의 궤도를 넘어서서 그야말로 빨간 공들을 이리저리 밀치고 계속해서 통통 튈 것이다. 인간의 눈에 우리가 볼 수 있는 것 대부분은 사방에 날아다니는 파란 공들과 여기저기서 힐끗힐끗 보이는 빨간 공 약간이다. 이게 낮에 일어나는 일이다. 하늘이 파란 이유이기도 하고.

하지만 일몰 때에는 해가 지평선에 낮게 내려오고, 빛줄기가 당신에게 닿으려면 더 먼 거리를 와야만 한다. 햇빛은 훨씬 많은 분자들과 상호작용을 하고, (놀랍게도) 이 결과가 하늘에서 아름다운 오렌지색과 빨간색으로 나타난다.

그 안에서 일어나는 일은 다음과 같다. 산소와 오존이 결합을 깸으로써 UVB와 UVC를 흡수할 수 있게 되었던 걸 기억하는가? 하지만 UVA는 산소를 포함한 분자에서 공유결합을 깨기엔 너무 약해서 몰래 지나갈 수 있었다. 같은 일이 가시광선에서도 일어난다.

보라색과 파란색 파동은 에너지가 상당히 높아서 질소와 산소 같은 대기 중의 분자에 의해 분산된다. 이 파동은 분자에게 흡수되고, 그 에너지는 태양 쪽으로(지구 표면에 있는 우리의 반대편으로) 재방출된다. 오렌지색과 빨간색 파동은 흡수하기에는 너무 약하다. 그래서 빨간색, 분홍색, 오렌지색이 공기 중에서 분자들 옆을 슬금슬금 지나 우리에게 환상적인 일몰 풍경을 선사하는 것이다.

공기 중 오염 물질의 농도가 높은 도시에서 파란색 빛은 지표면에서 더욱 공격적으로 분산되어 대기 중에는 더 긴 파장의 빛(빨강)만이 남는다. 이런 이유로 끔찍한 산불이 일어나면 공중으로 날아다니는 조각들 덕택에 대체로 정말 눈부시게 아름다운 일몰이 펼쳐진다. 2020년 봄 오스트레일리아에서 일어난 산불 이후처럼, 극단적인 경우에는 하늘이 완전히 빨갛게 변해서 영화 〈매드맥스〉의 한 장면과 같은 으스스한 세계 종말의 분위기를 내기도 한다.

하지만 평범한 화요일의 일몰도 맑은 하늘만 보장되면 위대한 색깔의 소용돌이를 만들 수 있다. 조건이 맞아서 빛이 분산되어 하늘에 근사한 빨간색과 노란색을 생성할 때 일몰은 멋진 데이트의 밤의 시작을 알리는 그림 같은 배경이 되어줄 수 있다.

내가 이야기를 어디로 끌고 가려는지 알아챘기를 바란다. 왜냐하면 저녁의 은밀한 시간과 관련해서, 완벽한 분위기를 만드는 데는 많은 과학적 기반이 있기 때문이다. 우선 정력제 얘기를 해보자. 촛불, 초콜릿, 굴……각자가 선호하는 것들이 있다. 하지만 이런 '화학반응' 아래 진짜 화학적인 게 있을까? 아니면 정력제라는 건 그저 우리의 풍부한 상상력의 하나일 뿐일까?

이 답이 당신을 놀라게 만들지도 모르겠다. 먼저, 분명하게 하고 넘어가자. 이런 이른바 성적 도화선들은 사랑의 여신 아프로디테의 이름을 따서 그 영문 이름('aphrodisiac')을 갖게 되었다. 성적 욕망을 약화시킬 수 있는 스펙트럼 반대편의 것들, 예컨대 마늘 냄새와 몸 냄새 같은 것과 절대 헷갈려선 안 된다. 이런 냄새는 딱 어울리게 성욕 억제제anaphrodisiac라고 불린다.

정력제는 세계 각 지역마다 천차만별이다. 호박씨(멕시코)부터 코브라 피(태국), 게살 스무디(콜롬비아)까지 다양하다. 미국에서 흔한 것 중 하나는 향초다.

미시간의 내 고향 마을에는 칼라마주 양초 회사라는 작은 초 가게가 있었다. 여기에는 모로칸 로즈, 수목원, 또 내가 가장 좋아했던 레몬그라스

같은 멋진 향들이 있었고, 전부 다 저녁의 즐거운 시간을 시작하게 만드는 데 쓸 수 있었다. 그리고 이 책을 읽는 사피오섹슈얼(상대의 지적 능력, 성숙함 등에 성적 매력을 느끼는 사람—옮긴이)들에게 말하자면, 여러분은 정말 초의 과학적 정보에 홀딱 넘어갈 수도 있다.

초를 만들 때는 셀룰로오스(면)로 된 줄에 뜨거운 파라핀(탄화수소로 만들어진 왁스)을 입힌 다음 그것을 차가운 표면 위에 매달아 놓는다. 갑작스러운 온도 변화로 액체 파라핀이 고체로 변해서 셀룰로오스 주위로 보호막을 형성하는데 이것이 초의 심지다.

초 그 자체를 만들기 위해서는 여러 가지 방법을 사용할 수 있다. 가장 흔한 방법 중 하나는 프레싱이다. 스프링클러로 냉장실(25℃ 이하)의 공기 속으로 뜨거운 (액체) 파라핀 왁스를 수직으로 쏘는 방법이다. 뜨거운 왁스가 공중에 분사되면 즉시 식어서 차가운 (고체) 왁스 입자들이 되어 커다란 쟁반 위로 우수수 떨어진다. 이 단계는 거대한 산업용 기계 한가운데에 소형 파라핀 왁스 눈보라가 쏟아지는 것처럼 보인다. 굉장히 예쁘다.

이 왁스 입자들을 주형 안에 넣고 압착한다. 그러면 무극성 분자들이 이웃 분자들과 분산력을 형성해서 전통적인 원통형 초를 완성시킨다.

향초의 경우 모든 제조업자가 할 일은 리퀴드 파라핀 왁스를 차가운 공기 중으로 분사하기 전에 4-히드록시-3-메톡시벤즈알데히드(바닐라) 같은 방향성 분자를 첨가하는 것뿐이다. 하지만 왁스가 무극성 분자들로 이루어져 있기 때문에 파라핀 혼합물에는 다른 무극성 분자만 용해시킬 수 있다. 무극성 분자 혼합물에 방향족 극성 분자를 다량 넣으려고 하면 공중에 분사해서 고체 왁스 입자를 만들기 전에 분리되어 버릴 것이다.

다행스럽게도 우리가 초에 쓰는 분자들은 굉장히 강력하기 때문에 초에 향을 내려면 몇 방울만 떨어뜨리면 된다. 충분히 저어주면 아주 강한 극성 분자라 해도 몇 방울쯤은 무극성 분자 용액 안에서 분산시킬 수 있다. 심지를 초에 넣고 나면 용해된 방향성 분자들을 방출시키기 위해서 연소 반응을 쓰면 된다. 그러면 정력제가 제 임무를 다할 것이다.

하지만 아주 솔직하게 말하자면, 정력제와 성욕 억제제의 과학적 기반은 그리 확고하지 않다. 굴이나 석류, 초콜릿에 있는 분자들이 우리의 성적 행동에 직접적인 영향을 미친다는 확실한 증거는 없기 때문이다. 최소한 우리 화학자들이 발견한 것은 없다. 대신 이 음식들의 정력제 효과는 사람들이 기존의 믿음에 기댈 때 일어나는 플라시보 효과의 결과가 아닐까 여겨진다.

하지만, 현실에서 당신의 뇌에 화학적, 성적 반응을 일으키는 것으로 증명된 정력제가 딱 하나 있다. 바로 에탄올이다.

맥주, 와인, 증류주는 실제로 정력제로 분류된다. 에탄올 분자가 뇌의 화학작용을 바꿔놓는 방식 때문이다. 신뢰하는 사람과 안전한 장소에 있다면, 에탄올은 당신이 방어막을 걷어내고 새롭고도 모험적인 활동(어쩌면 침실에서도)에 쉽게 마음을 열도록 만들어 줄 것이다…….

물론 여전히 상황적 측면이 중요하고, 알코올이 **항상** 당신의 기분을 좋게 만들어 주는 건 아니다. 예를 들어 내가 동료들과 두어 잔 마셨을 때는 딱히 기운이 솟는 느낌이 들진 않지만, 남편과 칵테일을 좀 마신 다음에는…… 음, 전혀 다르다고만 해두자.

정력제의 경우에는 당신의 환경(그리고 함께 있는 사람)이 중요하다. 향초가 꼭 그런 기분으로 만들어 주지는 않지만, 당신의 파트너가 의미심장한 눈길을 던지며 슬금슬금 옷을 벗는다면, 당신의 뇌는 그에 관련된 정보를 추측할 수 있을 것이다. 하지만 왜 그런 걸까?

그건 우리 호르몬과 관련이 있다.

이미 몇 장 앞에서 호르몬 이야기를 했지만, 그 중요성은 아무리 강조해도 지나치지 않다. 호르몬은 우리 몸에서 여러 가지 분비샘에 의해 생성되

모든 것에 화학이 있다

는 '활성' 분자들이다. 이전의 예를 다시 한번 보자. TSH(갑상샘에 영향을 주는 호르몬), 에피네프린(아드레날린 급증을 일으키는 호르몬), 코티솔(스트레스의 주범인 두 호르몬 중 하나) 등. 사실 우리 몸은 50가지가 넘는 호르몬을 생성한다. 대부분은 스테로이드(코티솔 같은)나 펩타이드(TSH 같은)이지만, 소수는 에피네프린처럼 아미노산에서 유래된 것이다.

이전 장들에서 설명했듯이 호르몬은 여러 가지 다양한 물리적 특성을 가졌다. 어떤 것들은 물(피)에 더 잘 녹지만 어떤 것들은 지방(지질)에 더 잘 녹는다. 호르몬은 우리의 수면 패턴, 기분 등에 영향을 줄 수 있고 몇 가지는 당신이 **그럴** 기분인지 결정하는 데 도움을 준다. 예를 들어 테스토스테론을 보자.

테스토스테론을 발견한 이야기는 별로 매력적이지 않다. 1849년, 독일의 동물학자 아르놀트 아돌프 베르톨트Arnold Adolph Berthold는 자신이 키우는 닭 몇 마리를 관찰 중이었다. 그는 거세한 수탉들이 보통 수탉들과 다르게 행동하는 것을 알아챘다. 그래서 그는 어떤 과학자든 할 만한 일을 하기로 했다. 여섯 마리의 수컷 병아리에 실험을 해보기로 한 것이다. 그는 네 마리에게서 고환을 제거하고 두 마리는 그냥 두었다. 그런 다음 병아리들이 자라는 것을 그냥 관찰했다.

베르톨트는 보통의 수탉 두 마리는 전형적인 수컷 병아리의 행동을 하며 평범하게 자라는 것을 확인했다. 여기에는 강한 울음소리, 성적 행동, 그리고 적절한 크기의 턱볏과 머리볏이 포함된다. 인간에게 턱볏과 머리볏은 사춘기 때 젊은 남자들에게 생기는 목젖에 해당한다. 흥미롭게도 베르톨트의 실험에서 다른 네 마리의 병아리(고환이 없는 것들)는 멋진 턱볏과 머리볏이 **전혀** 자라나지 않았다.

그때 베르톨트는 약간…… 엉뚱한 행동을 해보기로 한다. 고환을 제거한 수컷 두 마리를 골라서 그것들의 배 속에 고환을 주입한 것이다. 시간이 흐르며 다시 남성성을 갖게 된 병아리 두 마리는 전형적인 수탉의 특징을 갖게 되었다. 베르톨트는 이 결과에 흥분했다. 고환이 장기에서 혈류로 분자를 분비하고, 이것이 수탉에게 사춘기를 촉발한다는 뜻이었기 때문이다. 그는 이 수탉들을 해부해서 주입한 고환 주변으로 새로운 혈관이 생성된 것을 보고 이 결론을 확증했다.

베르톨트는 당시에 몰랐지만, 그는 막 테스토스테론 호르몬(주된 남성 호르몬)을 발견한 것이었다. 이 커다란 분자는 남성에게서 2차 성징을 발현시키고, 목젖과 얼굴 털, 고밀도 근육과 뼈, 낮은 목소리를 촉발한다. 나중에 과학자들은 이 호르몬이 골다공증을 방지하는 역할을 할 수 있다는 사실을 알아냈다.

그러다 1902년 영국의 생리학자인 윌리엄 베일리스William Bayliss와 어니스트 스탈링Ernest H. Starling은 한 걸음 더 나아가서 테스토스테론 같은 호르몬이 화학적 전달자처럼 작용한다는 사실을 알아냈다. 화학적 '메시지'를 한곳에서 다른 곳으로 나르는 체내의 우체부 같은 역할을 한다는 뜻이다.

호르몬 분비를 촉발하는 것은 여러 가지가 있고, 그중 다수가 환경적인 것들이다. 다시 말해서 다양한 분비샘들은 특정 조건이나 행동이 발생하면 호르몬을 통해 '메시지'를 방출하도록 설계되어 있는 것이다. 이 중 내가 가장 좋아하는 건 사랑의 호르몬인 옥시토신이다.

옥시토신은 분자량이 1,007g/몰인 커다란 펩타이드다. 이것은 8개의 아미노산이 아주 구체적인 순서로 조합을 이루어 만들어졌다. 시스테인이 사슬에서 복제되는 유일한 아미노산으로 펩타이드를 노나펩타이드, 즉 9개로 된 아미노산 사슬로 만든다. 옥시토신은 당신의 콧날 바로 뒤에 위치한 뇌하수체에서 생성되고 분비된다.

당신의 몸에 옥시토신을 분비하도록 신호를 보내는 외부적 계기는 여러 가지가 있다. 예컨대 파트너가 당신을 꽉 끌어안거나 당신의 아기를 웃게

모든 것에 화학이 있다

만들었을 때 등이다. 당신의 몸은 이런 긍정적인 인간의 상호작용이 일어날 때 뇌에 옥시토신 호르몬이 넘치도록 만들어져 있고, 그러면 당신의 심장은 사랑으로 터질 것 같은 기분을 느끼게 된다. 당신이 애정 관계에 있는 파트너와 함께 있든, 아이들을 돌보고 있든 상관없다. 호르몬은 차별하지 않는다. 그저 사랑의 감정에 응답할 뿐이다(그리고 그 감정을 만들어 낸다). (그리고 확실히 해두자면 이것은 통증을 막아주는 행복의 분자, 아난다미드와는 다른 분자종이다.)

사랑의 분자는 아주 중요한 호르몬이다. 이 호르몬이 아기와 성행위 모두를 책임지는 우리 생식기관의 기능을 좌우하기 때문이다. 우리는 분만 중에 여성의 자궁이 수축할 때나 수유할 때 유두가 자극되면 이 호르몬이 뇌하수체에서 혈류 속으로 방출된다는 걸 안다. 여성이 평생 경험하는 최대량의 옥시토신은 분만할 때 나오는 것이다. 그때 옥시토신 수치는 평소보다 300배나 높다.

자궁에 대한 영향 때문에 피토신이나 신토시논처럼 고농도의 옥시토신이 포함된 약은 분만을 유도하기 위해서 여성에게 처방될 수 있다. 이 효과는 1906년에 영국의 약리학자 헨리 데일 경Sir Henry Dale이 인간의 뇌하수체에서 이 호르몬을 분리해 임신한 고양이에게 주입했을 때 알려지게 되었다. 고양이는 즉시 새끼를 낳았다. 그는 훗날 이 분자에 '빠른 출산'이라는 뜻의 옥시토신이라는 이름을 붙였고, 그 이래로 분만실에서 이용되고 있다.

1953년에는 미국의 생화학자 빈센트 뒤 비뇨Vincent Du Vigneaud가 옥시토신의 아미노산 구조와 배열을 알아내는 엄청난 발견을 해냈다. 그는 실험실에서 이 호르몬을 합성해서 자신의 발견을 입증했다. 이런 합성은 전례가 없는 일이었다. 너무나 대단한 공적이라서 뒤 비뇨는 1955년에 노벨화학상을 받았다.

그리고 15년 전 스웨덴의 셰르스틴 우브네스 모베리Kerstin Uvnäs Moberg 박사가 《옥시토신 팩터The Oxytocin Factor》라는 책을 출간했다. 거기서 모베리 박사는 옥시토신이 인간의 몸에 투쟁-도피 반응과 정반대의 영향을 미친다고 주장했다. 옥시토신은 우리를 경계심 많고 조심스러운 타인으로 만드는 대신, 안전하고 신뢰 넘치는 사람으로 만든다. 모베리 박사는 쥐와 들쥐(귀여운 햄스터처럼 생긴 종) 같은 동물들에게 진행한 연구를 이 주장의 증거로 들었다. 예를 들어 들쥐가 목표한 짝 근처에 있을 때 옥시토신을 주입함으로써 특정한 파트너를 고를 수 있도록 조작 가능하다는 것이다.

인간의 경우 대부분의 증거가 옥시토신이 우리가 서로(심지어는 동물과도) 짝을 맺는 데 큰 영향을 미친다는 주장을 입증한다. 예를 들어 우리가 개를 쓰다듬을 때 과학자들은 우리의 옥시토신 수치가 크게 치솟는 것을 알아냈다. 이는 귀여운 강아지가 안아달라고 무릎에 올라올 때처럼 아기 동물의 경우에 특히 사실이다. 놀랄 일도 아니지만 갓 엄마가 된 사람이 아이를 안을 때도 마찬가지로 옥시토신이 솟구친다는 사실을 확인할 수 있다. 화학적으로 엄마에게서 쏟아져 나오는 사랑이 너무나 많아서 여자의 몸에서 엄청나게 높은 옥시토신을 발생시키는 것이다. 이 사랑 분자가 이런 이름을 얻은 이유가 있다.

연구자들은 또한 성인이 서로 애정 행위를 할 때도 옥시토신 수치가 올라가는 것을 확인했다. 여성의 경우에 옥시토신 분자의 농도는 전희 때 증가하기 시작한다. 일반적으로 성적 접촉이 길어질 때, 심지어 완전한 삽입 전부터 파트너에게 유대감을 느낀다는 증거가 있다. 화학의 관점에서 이는 우리 몸에 더 많은 옥시토신 분자가 솟구치기 때문에 일어나는 일이다.

여성들은 오르가슴 직후에 옥시토신이 두 번째로 솟구친다. 생리학적으로 말하자면 이것은 우리가 임신할 경우에 대비해서 파트너와 강한 유대감을 형성하도록 하기 위해 벌어지는 일이다. 여성의 몸은 두 사람 사이에 유대 관계를 공고히 하기 위해서 본능적으로, 무의식적으로 이런 행동을 한다.

모든 것에 화학이 있다

반면 남성은 두 번째 옥시토신 급증을 누리지 않는다. 대신 그들은 모든 종류의 성적 흥분에서 옥시토신이 대체적으로 상승하고, 오르가슴 후에는 정체기를 맞는다. 연구자들은 두 번째 옥시토신 급증이 없는 이유가 남성에게 파트너와 강한 유대 관계를 형성할 생리학적 이유가 없기 때문이라고 믿는다. 남성은 임신을 할 수 없으니까.

사랑 호르몬에 관해 내가 가장 좋아하는 실험 중 하나는 일부일처제 관계를 가진 이성애자 남성 다수를 상대로 한 것이다. 연구자들은 이 남성들에게 굉장히 매력적인 낯선 여성을 소개해 주기 전에 약용 비강 스프레이를 통해 옥시토신을 코로 들이켜게 만든다. 그리고 옥시토신이 옥시토신 수용체와 결합을 형성하도록 남성들에게 몇 분 정도 여유를 준다(옥시토신이 큰 펩타이드 분자라는 것을 기억하라. 따라서 목표 위치에 가서 수용체와 결합하는 데 약간 시간이 걸린다). 결합이 형성되었다고 확신하면 연구자들은 실험을 시작한다. 그들은 남성들을 한 명씩 아름다운 여성에게 소개해 준다. 그런 다음 두 사람이 서로 얼마나 가까이 서 있는지를 관찰한다.

유부남에 대한 데이터를 다 수집하자 연구자들은 이번엔 독신 남성 집단을 불렀다. 그리고 옥시토신 비강 스프레이 분사를 반복하고, 독신 남성들을 한 명씩 들여보냈다. 이전과 마찬가지로 연구자들은 옥시토신 분자가 인체에 미치는 영향을 결정하기 위해서 남성과 매력적인 낯선 여성 사이의 물리적 거리를 측정했다.

연구자들은 전반적으로 독신남보다 유부남들이 매력적인 여성과 최소한 10에서 15센티미터 더 떨어져 있음을 발견했다. 물론 예외도 몇 건 있지만, 이 연구는 (다른 무엇보다도) 남성에게 옥시토신이 커플 사이에서 눈에 띄게 강한 결합을 이룬다는 것을 보여준다. 그러니까 다음번에 당신 남편이 총각 파티에 가게 되면, 그의 코에 옥시토신을 뿌린 다음 한껏 키스를 해줘라. 그러면 나머지는 화학이 알아서 할 것이다.

당신이 파트너와 정말로 강한 유대 관계를 맺고 있다면, 이불 속에서 굉장히 많은 시간을 보낼 것이다. 이 경우에(그리고 당신의 가족계획에 따라) 당신은 레보노르게스트렐 같은 몇몇 호르몬으로 생기는 화학반응을 한껏 이용하고 싶을지도 모르겠다. 레보노르게스트렐은 다른 이름으로 말하자면, 피임 호르몬이다.

레보노르게스트렐은 커다란 분자이고, 기술적으로는 스테로이드 호르몬이다. 이는 종종 임신을 방지하는 자궁내피임장치(IUD)로 사용된다. 이 호르몬은 테스토스테론의 가까운 분자적 사촌이고, 여성의 몸 안에서 2개의 주된 화학반응을 촉발한다. 첫째, 침입하는 정자로부터 실제로 자궁을 막아주는 끈끈한 자궁경관점액 생성을 촉진한다. 그리고 둘째, 자궁벽 안에서 결합이 끊어지게 만든다. 자궁 내벽을 벗겨내고 전반적인 두께를 감소시켜서 수정란이 착상해서 자라는 것을 불가능하게까지는 아니더라도 훨씬 어렵게 만든다. 그걸로도 소용이 없으면 IUD는 정자가 비행경로에서 우연히 난소에서 배출된 난자와 만나는 것을 **물리적으로** 막는다. 그래서 그 유명한 T 자 모양을 한 것이다. 이 세 가지 요소가 전부 합쳐져서, 호르몬식 IUD의 연간 실패율은 0.2% 정도다.

이것을 내가 방금 이야기한 것의 비호르몬적 대체제인 구리 IUD와 비교해 볼 수 있다. 구리 IUD는 여전히 플라스틱 T자형 코어를 유지하고 있지만, 안에 레보노르게스트렐이 있는 대신 바깥쪽을 구리선으로 칭칭 감아놓았다. 몸 안에 주입하면 이 장치는 구리 양이온을 방출하고 이것이 자궁 입구의 자궁경관점액과 결합을 형성해서, 자궁으로 들어오려고 하는 모든 정자를 공격하는 살정제 분자의 생성을 촉발한다.

미국에서 가장 흔한 피임 도구는 경구 피임약으로 역시나 임신을 막기 위해 호르몬을 이용하는 것이다. IUD(3~12년 정도 유효하다)와 달리 피임약은 여성의 몸에 계속적으로 에스트로겐과 프로게스테론 분자를 공급하려

모든 것에 화학이 있다

면 매일 먹어야 한다. 그러니까 여성이 24시간마다, 하루 중 같은 시간에, 혈류에 동일한 분자 농도를 유지하기 위해서 일일량의 호르몬을 섭취해야 하는 것이다. 이런 호르몬 분배를 통해 약은 당신의 몸이 임신했다고 속여서 약을 먹는 동안 자동적으로 배란이 멈추게 된다.

다행히 과학자들은 직업을 가진 성인이 매일 정확히 같은 시간에 약을 먹는 것이 얼마나 어려운지 잘 알기 때문에 약간의 여유를 주기 위해(3시간) 하루치 약의 호르몬 농도를 조절하는 법을 찾아냈다. 인간의 실수 때문에 약은 임신을 막는 데 91%의 효과만을 보인다. 그에 비해 콘돔의 성공률은 82%이다. 콘돔은 자궁으로 정자가 들어가는 것을 물리적으로 막는 단순한 라텍스(우리가 해변에 관한 장에서 이야기했던 폴리스티렌 아이스박스처럼 스티렌에서 생성되는 또 다른 고분자)이기 때문이다.

당신이 사용하는 방법이 뭐든 간에 피임은 몸 안에서 분자들이 화학반응을 유발하는 방식이기 때문에 확실하게 화학으로 꽉 차 있다. 하지만 당신의 몸 바깥에서 일어나는 화학은 어떨까? 여기서 성페로몬이 등장한다.

페로몬은 한 동물의 몸에서 분비되어 다른 동물의 신체적 행동에 영향을 미치는 대단히 큰 분자다. 이 물질은 1959년 독일의 생화학자 아돌프 부테난트Adolf Butenandt가 처음으로 발견했다. 이 사람은 그로부터 20년 전에 최초의 성호르몬을 합성해서 이미 노벨화학상을 받은 과학자이기도 하다. 그를 화학계의 록스타라고 말하는 것조차 부족할 정도다.

부테난트의 연구 덕분에, 페로몬이 호르몬처럼 행동하긴 하지만 가까이 있는 같은 종의 일원에게만 그렇다는 사실을 알아냈다. 예를 들어 A 동물이 B 동물 근처에서 성페로몬을 분비하면, 분자가 B 동물의 몸에 흡수되어 B의 전체적인 행동에 영향을 미친다. 이는 사실 A 동물이 큐피드처럼 행동하는데 화살 대신 분자를 사용한다는 뜻이다.

이런 이유 때문에 페로몬은 가끔 에코-호르몬이라고도 불린다. 몸 밖에서 호르몬처럼 작용하는 분자이기 때문이다. 그리고 호르몬과 마찬가지로 페로몬도 다양한 구조를 가질 수 있다. 어떤 분자들은 아주 작은 반면에 어떤 것들은 상당히 크다. 페로몬은 전부 다 휘발성 분자이고, 이것은 특정 조건에서 쉽게 기화할 수 있다는 뜻이다. 우리는 종종 이 휘발성 분자를 알아챌 수 있다. 이 분자들은 강한 냄새를 가졌기 때문이다(휘발유나 매니큐어 리무버처럼).

연구자들은 흥분을 전달한다는 뜻의 페로몬을 이름으로 사용하기로 결정했다. 페로몬이 하는 일이 딱 그것이기 때문이다. 이 강력한 분자들은 근처의 종들에게 음식, 안전, 또는 생식 같은 여러 가지 주제에 관해 신호를 보낼 수 있다. 예를 들어 개미는 개미굴과 음식 사이의 경로에 페로몬을 뿌려둠으로써 식량이 어디에 있는지 서로에게 알려준다. 개는 산책을 하면서 소화전에다 영역을 표시하는 소변을 볼 때 영역 페로몬을 분비한다. 심지어 수컷 쥐들도 암컷 쥐의 관심을 끌기 위해서 성페로몬을 방출하고, 이는 근처의 수컷 쥐들을 공격적으로 만든다.

하지만 인간은 어떨까? 우리 인간도 어떤 종류의 성페로몬을 방출할까?

일반적인 믿음과는 다르게 인간에게는 어떤 형태의 성페로몬도 없다. 하지만 모두가 있다고 생각하는 이유는 이것 때문이다. 1986년, 위니프레드 커틀러Winnifred Cutler가 최초로 인간 성페로몬을 분리했다고 발표했다. 이 프로젝트에서 커틀러는 여러 사람의 성페로몬이라고 주장하는 것을 수집하고, 냉동하고, 그 뒤 해동했다. 1년 후에 커틀러는 그 분자를 수많은 여성 피험자들의 윗입술에 발랐고, 그러자 우리가 자연의 동물에게서 본 것과 비슷한 결과를 관찰할 수 있었다고 주장했다.

알고 보니 커틀러의 연구는 순전히 헛짓거리였다. 커틀러는 인간의 성페로몬을 분리한 게 아니었다. 그저 임의의 피험자들의 윗입술에 이상한 냄새 분자를 발랐을 뿐이었다. 거기에는, 잘 들어라, 겨드랑이의 땀도 포함되어 있었다. 순수한 페로몬을 분리하는 대신 커틀러는 우리가 땀을 흘릴 때 분비하는 전해질을 수집해서 **그걸 사람들의 얼굴에 발랐던 것이다.**

오늘날까지도 커틀러의 혐오스러운 과학 연구가 인터넷 여기저기에 올라와 있고, 이 말은 어떤 사람들이 구글에서 인간의 성페로몬에 대해 검색하면 잘못된 정보를 얻을 수 있다는 뜻이다. 어떤 연구자들은 조만간 성페로몬을 발견하게 될 거라고 굳건하게 믿지만, 이 책이 출간되는 이 시점까지도 인간의 성페로몬은 전혀 발견되지 않았다. 많은 연구들이 가능한 모든 변수들을 바꿔가며 도전하고 또 도전해 보았지만, 각 연구 팀은 똑같은 결론에 도달했다. 21세기의 인간은 아마도 성페로몬을 갖고 있지 않은 것 같다.

하지만 항상 그랬던 걸까? 토끼와 염소처럼 다른 대부분의 포유동물이 성페로몬을 가졌다면 우리에게도 있어야 하지 않을까?

답은 놀랄 만큼 간단하다. 인간은 소통하는 법을 익혔다. 우리는 파트너에게 함께 침대로 들어가자고 알리기 위해서 말을(그리고 초를…… 그리고 야한 속옷을……) 사용할 수 있는 반면에 페럿은 원하는 짝이 있는 방향으로 성적 분자를 보내야만 한다.

침실을 떠나기 전에 우리가 이야기해야 하는 호르몬이 하나 더 있다. 바소프레신이다. 이 커다란 펩타이드 분자는 다양한 기능을 갖고 있으며, 거기에는 혈압을 조절하고 신장의 평형을 유지하는 일도 포함된다. 인간의 성적반응주기에서 흥분 단계에 남성의 몸은 발기 반응과 함께 이 호르몬을 방출한다. 오르가슴 이후 혈류에서 바소프레신 농도는 크게 감소한다.

바소프레신은 또한 생물의 24시간 주기 리듬을 조절하는 역할을 하고, 바로 이 영향으로 졸음과 휴식을 유발한다는 가설도 있다. 우리는 남성들이 성행위를 할 때 바소프레신 수치가 가장 높게 치솟는다는 걸 알고 있다……. 이 사실이 성교 후 거의 즉각적인 수면을 설명할 수도 있을 것이다.

하지만 여성의 경우에는 지상으로 내려오는 것과 거의 동시에 느껴지는 또 다른 호르몬의 부작용이 있다. 멜라토닌은 아미노산에서 유래된 호르몬으로, 1958년 미국의 화학자(나중에 피부과 전문의로 전향했다) 에런 러너 Aaron Lerner가 피부병 치료를 연구하던 중에 발견했다. 소의 분비샘을 연구하던 러너는 우리가 이 파트에서 이야기한 다른 호르몬들과 비교해서 상당히 작은 분자인 멜라토닌을 우연히 찾아냈다. 이 분자는 솔방울샘(우리 뇌의 중앙에 있는 시상상부에 위치한다)에서 분비된다. 분비샘 자체가 딱 솔방울처럼 생겼고, 그래서 실제로 이런 이름을 갖게 되었다.

그리고 20년 후 M.I.T.의 해리 J. 린치Harry J. Lynch의 팀이 앞에서 말한 인간의 24시간 주기 리듬에서 멜라토닌의 영향과 그것이 우리의 수면-기상 주기에 어떻게 영향을 미치는지를 알아냈다. 24시간 주기 리듬이 뭔지 와닿지 않는다면, 기본적으로 당신 몸의 일일계획표 같은 거라고 생각하면 된다. 이것이 당신 몸 안에서 언제 화학반응이 일어날지를 지시한다(예컨대 소화라든지 잠과 관련된 반응들). 예를 들자면 이게 바로 당신이 저녁 6시쯤 배가 고프고, 9시쯤에 졸리고, 다음 날 아침 7시나 8시쯤에 다시 정신이 맑아지는 주된 이유다. 그리고 야근을 하는 것(혹은 갓 부모가 되는 것)이 지독하게 어려운 이유이기도 하다.

이 이야기 덕분에 우리의 일상생활에서 화학으로 가득한 마지막 활동에 도달했다. 바로 수면이다.

화학적 관점에서 수면은 의식의 변화 상태로, 몸이 여러 가지 화학적 주기를 처리하는 시간이다. 우리가 급속안구운동(렘, REM) 수면과 비(非)렘수면 사이를 오간다는 건 당신도 이미 알고 있을 것이다. 렘수면과 비렘수면으로 구성된 하나의 주기는 인간의 경우 90분이 걸리고, 당신이 계속해서 잠을 잘수록 주기 내에서 렘 시간이 점점 길어진다.

렘수면은 당신이 생각하는 것처럼 평온하지 않다. 전형적인 렘 주기 때

혈압은 올라가고, 심장박동은 빨라지기 시작하고, 호흡 속도도 증가한다. 더 중요한 것은 뇌가 대단히 활성화되어 있고 수많은 뇌파를 생성한다는 점이다. 이렇게 되었을 때 당신의 뇌는 일상적인 우편물을 처리하는 것과 좀 비슷한 일을 한다. 쓸모없는 기억(광고 전단)은 버리고 중요한 것들(청구서)만 저장한다. 그리고 이 모든 일이 당신 뇌 속의 전자들의 이동을 통해서 이루어진다.

동시에 근육은 거의 마비 상태로 이완된다. 뇌가 대량의 아세틸콜린 분자로 가득하다는 사실을 고려하면 기묘한 일이다. 왜냐고? 깨어 있을 때 이 분자들은 근육을 활성화시키는 역할을 담당하기 때문이다. 하지만 노르에피네프린, 세로토닌, 히스타민이 함께 있지 않으면, 몸의 모든 에너지가 뇌에서 일어나는 화학반응에 집중될 수 있도록 당신의 근육은 멈춘다.

그러나 우리가 더 깊은 수면에 빠지면(렘수면 전이나 후), 우리의 몸은 세상과 완전히 차단된다. GABA 신경전달물질(사람을 술에 취해 인사불성이 되게 만드는 바로 그것)이 뇌와 결합을 형성해서 뇌의 전체적인 활동을 저해하고, 그래서 렘수면 때보다 비렘수면 때 깨어나기가 훨씬 어려운 것이다. 불행하게도 수면장애가 있는 사람이 자면서 말을 하거나 돌아다니는 일도 바로 이때 일어난다. 비렘수면 때에는 뇌의 활동이 최소한으로 줄어들기 때문에 이때 우리 입에서 나오는 이야기는 대체로 완전히 헛소리다.

내 남편은 내가 잠꼬대를 한다는 것을 처음 알고서는 그 이래로 나의 한밤중 낭송을 녹음하려고 애썼다. 십중팔구 나는 음식이나 메뉴에 대해서 중얼거린다. 하지만 가끔씩 남편에게 분자와 원자에 대해 앞뒤 안 맞는 강의를 하기도 한다.

내가 남편에게 어떤 주제를 가르치고 있는지 해독할 수 있을 정도로 정확하게 말을 하는 경우는 한 번도 없었던 것 같다. 어쩌면 부채살빛을 일으키는 햇빛의 분산에 대해 말하는 걸 수도 있고, 섹스를 하는 동안 옥시토신과 바소프레신이 분비되는 것에 대해 이야기하는 걸지도 모른다. 어쨌든 내 어조와 손동작은 항상 명료하다. 자고 있을 때도 나는 세상이 우리의 일상생활 뒤에 있는 화학을 알아주기를 원하는 것이다.

두 마리의 어린 물고기가 강을 따라 헤엄치는 오래된 우화를 들어본 적 있는가? 나이 많은 물고기가 그들에게 다가와서 "안녕들 하신가. 물은 좀 어떤가?" 같은 말을 건넨다. 한동안 헤엄을 치다가 어린 물고기 두 마리 중 한 마리가 친구를 쳐다보고 묻는다. "물이 뭐야?"

나는 이 짧은 이야기를 사랑한다. 수많은 사람들이 자신들의 삶 속에서 화학을 경험하는 방식을 완벽하게 아우르기 때문이다. 사실, 대부분의 성인이 고등학교나 대학교를 떠나면서 화학도 그만둔다. 증거를 대볼까? 내 학생들 중 3%만이 화학 전공으로 졸업한다. 학교에서의 마지막 날 캠퍼스를 떠나며 그들은 에너지와 물질에 관한 나의 수업에 작별을 고하고 홀가분한 마음이 된다. 하지만 내가 그들에게(그리고 당신에게) 제대로 증명했는지 모르겠지만, 화학은 우리 주변의 모든 현상을 설명하고, 우리 현실의 구조를 이해하는 데 도움을 준다.

우리는 이 사실을 고통을 막아주고 음식을 소화하도록 돕는 화학반응에서, 우리가 쓰는 헤어 제품과 먹는 파이에 사용되는 고분자에서, 조리대와 욕실을 청소할 때 쓰는 다목적 세척제에서, 심지어는 당신이 막 들이켠/내쉰 마지막 호흡에서도 확인할 수 있다. 화학은 우리 삶의 모든 측면에 닿아 있다. 그리고 자세히 살펴보면 모든 과학 분야에서, 또한 모든 산업 분야에서도 찾아볼 수 있다. 의복 제조부터 화장품, 장난감, 제약에 이르기까지 말이다.

모든 것에 화학이 있다

하지만 칼 세이건$^{Carl Sagan}$이 말했듯이, "과학은 지식의 본체인 것 이상으로 사고하는 방식이다". 과학은 '왜'와 '만약 이러면 어떨까'를 묻는 것이고, 지칠 때까지 그 답을 찾는 과정이다. 이 책이 당신으로 하여금 당신의 환경에 대해 비판적으로 생각하고, 계속 스스로 공부하고, 우리 주변의 미시적 (그리고 거시적) 측면들의 경이를 탐험하도록 할 수 있다면 좋겠다. 내가 화학에 대해 느끼는 것과 같은 방식으로 당신을 기쁘게 만드는 주제를 찾게 되면 좋겠다. 그리고 당신이 지붕 꼭대기에 올라가 그 얘기를 떠들어 대서 이웃 사람이 제발 그만하라고 하게 되면 좋겠다.

왜냐하면 뭔가에 '덕후'가 되면, 진짜로 무언가에 대해서, 뭐든 간에 '스스로 통제가 안 될 정도로 의자에서 펄쩍펄쩍 뛰는' 덕후가 되면, 어떤 일이든, 정말로 **어떤 일이든** 가능하기 때문이다.

⚕ 원소의 주기율표 ⚕

1A 1								
1 **H** 수소 hydrogen 1.008	2A 2							
3 **Li** 리튬 lithium 6.941	**4** **Be** 베릴륨 beryllium 9.012							
11 **Na** 소듐 sodium 22.99	**12** **Mg** 마그네슘 magnesium 24.31	3B 3	4B 4	5B 5	6B 6	7B 7	8B 8	8 9
19 **K** 포타슘 potassium 39.10	**20** **Ca** 칼슘 calcium 40.08	**21** **Sc** 스칸듐 scandium 44.96	**22** **Ti** 티타늄 titanium 47.87	**23** **V** 바나듐 vanadium 50.94	**24** **Cr** 크로뮴 chromium 52.00	**25** **Mn** 망가니즈 manganese 54.94	**26** **Fe** 철 iron 55.85	**2** **C** 코발 cob 58.
37 **Rb** 루비듐 rubidium 85.47	**38** **Sr** 스트론튬 strontium 87.62	**39** **Y** 이트륨 yttrium 88.91	**40** **Zr** 지르코늄 zirconium 91.22	**41** **Nb** 나이오븀 niobium 92.91	**42** **Mo** 몰리브데넘 molybdenum 95.94	**43** **Tc** 테크네튬 technetium (98)	**44** **Ru** 루테늄 ruthenium 101.07	**4** **R** 로 rhod 102
55 **Cs** 세슘 caesium 132.91	**56** **Ba** 바륨 barium 137.33	**57** **La** 란타넘 lanthanum 138.91	**72** **Hf** 하프늄 hafnium 178.49	**73** **Ta** 탄탈럼 tantalum 180.95	**74** **W** 텅스텐 tungsten 183.84	**75** **Re** 레늄 rhenium 186.21	**76** **Os** 오스뮴 osmium 190.23	**7** **I** 이르 iridi 192.
87 **Fr** 프랑슘 francium (223)	**88** **Ra** 라듐 radium (226)	**89** **Ac** 악티늄 actinium (227)	**104** **Rf** 러더포듐 rutherfordium (261)	**105** **Db** 두브늄 dubnium (262)	**106** **Sg** 시보귬 seaborgium (266)	**107** **Bh** 보륨 bohrium (264)	**108** **Hs** 하슘 hassium (277)	**10** **M** 마이트 meitne (26

		58 **Ce** 세륨 cerium 140.12	**59** **Pr** 프라세오디뮴 praseodymium 140.91	**60** **Nd** 네오디뮴 neodymium 144.24	**61** **Pm** 프로메튬 promethium (145)	**62** **Sm** 사마륨 samarium 150.36	**63** **Eu** 유로퓸 europium 151.96	**6** **G** 가돌 gadoli 157
		90 **Th** 토륨 thorium 232.04	**91** **Pa** 프로트악티늄 protactinium 231.04	**92** **U** 우라늄 uranium 238.03	**93** **Np** 넵투늄 neptunium (237)	**94** **Pu** 플루토늄 plutonium (244)	**95** **Am** 아메리슘 americium (243)	**9** **C** 퀴 curi (24

			3A 13	4A 14	5A 15	6A 16	7A 17	8A 18
								2 **He** 헬륨 helium 4.003
			5 **B** 붕소 boron 10.81	6 **C** 탄소 carbon 12.01	7 **N** 질소 nitrogen 14.01	8 **O** 산소 oxygen 16.00	9 **F** 플루오린 fluorine 19.00	10 **Ne** 네온 neon 20.18
8B 10	1B 11	2B 12	13 **Al** 알루미늄 aluminium 26.98	14 **Si** 규소 silicon 28.09	15 **P** 인 phosphorus 30.97	16 **S** 황 sulfur 32.07	17 **Cl** 염소 chlorine 35.45	18 **Ar** 아르곤 argon 39.95
28 N 켈 ckel 8.69	29 **Cu** 구리 copper 63.55	30 **Zn** 아연 zinc 65.38	31 **Ga** 갈륨 gallium 69.72	32 **Ge** 저마늄 germanium 72.64	33 **As** 비소 arsenic 74.92	34 **Se** 셀레늄 selenium 78.96	35 **Br** 브로민 bromine 79.90	36 **Kr** 크립톤 krypton 83.80
46 Pd 라듐 adium 6.42	47 **Ag** 은 silver 107.87	48 **Cd** 카드뮴 cadmium 112.41	49 **In** 인듐 indium 114.82	50 **Sn** 주석 tin 118.71	51 **Sb** 안티모니 antimony 121.76	52 **Te** 텔루륨 tellurium 127.60	53 **I** 아이오딘 iodine 126.90	54 **Xe** 제논 xenon 131.29
78 Pt 백금 tinum 5.08	79 **Au** 금 gold 196.97	80 **Hg** 수은 mercury 200.59	81 **Tl** 탈륨 thallium 204.38	82 **Pb** 납 lead 207.20	83 **Bi** 비스무트 bismuth 208.98	84 **Po** 폴로늄 polonium (209)	85 **At** 아스타틴 astatine (210)	86 **Rn** 라돈 radon (222)
10 Ds 슈타튬 stadtium 281)	111 **Rg** 뢴트게늄 roentgenium (281)	112 **Cn** 코페르니슘 copernicium (285)	113 **Nh** 니호늄 nihonium (286)	114 **Fl** 플레로븀 flerovium (289)	115 **Mc** 모스코븀 moscovium (289)	116 **Lv** 리버모륨 livermorium (293)	117 **Ts** 테네신 tennessine (293)	118 **Og** 오가네손 oganesson (294)

65 Tb 너븀 erbium 8.93	66 **Dy** 디스프로슘 dysprosium 162.50	67 **Ho** 홀뮴 holmium 164.93	68 **Er** 어븀 erbium 167.26	69 **Tm** 툴륨 thulium 168.93	70 **Yb** 이터븀 ytterbium 173.04	71 **Lu** 루테튬 lutetium 174.97
97 Bk 큠륨 kelium 247)	98 **Cf** 캘리포늄 californium (251)	99 **Es** 아인슈타이늄 einsteinium (252)	100 **Fm** 페르뮴 fermium (257)	101 **Md** 멘델레븀 mendelevium (258)	102 **No** 노벨륨 nobelium (259)	103 **Lr** 로렌슘 lawrencium (262)

우선 나사 최초의 흑인 여성 공학자였던 메리 잭슨에게 감사드린다는 말로
시작해야 할 것 같습니다. 스스로에게 회의가 들 때면 당신의 이야기를 생
각합니다. 당신의 끈기와 결의, 꿈을 포기하려 하지 않은 모습에 집중합니
다. 선구자이자 STEM(과학, 기술, 공학, 수학─옮긴이)의 여성들에게 최고의
롤모델이 되어주셔서 고맙습니다. 지금 여기서 당신에게 약속합니다. 당신
이 제게 해주신 것처럼 다음 세대의 여자아이들이 과학에 더 쉽게 다가갈
수 있도록 제 모든 힘을 쏟겠습니다.

　나의 공범이자 매니저인 글렌 슈워츠에게. 2018년 1월에 나에게 답신을
해줘서 고마워요. 당신 이메일의 뭘 보고서 내가 당신 연락을 받기로 한 건
지는 지금도 여전히 모르겠지만, 아무튼 그렇게 해서 정말 다행이에요. 당
신은 내가 가능할 거라고 생각도 못 했던 삶을 나한테 줬어요. "고맙다"는
말로는 고마운 마음을 다 표현할 수가 없군요.

　파크로와 하퍼콜린스의 모든 팀에게도 고마움을 전하고 싶습니다. 여러

모든 것에 화학이 있다

분이 도와준 덕분에 화학을 접근하기 쉽게(그리고 재미있게) 만들 수 있었어요! 한 걸음 한 걸음마다 내 손을 잡아주었던 뛰어난 편집자 에리카 임라니에게 특히 고마움을 전합니다. 에리카, 당신의 인내심과 상냥함, 이걸 최대한 훌륭한 책으로 만들라고 나를 밀어준 것 모두 고마워요. 당신에게서 정말 많은 걸 배웠어요. 쓰는 동안 구두법에 대해서 '몇 가지' 가르쳐 준 것도 고마워요.

그리고 브랜디 볼리스와 메건 스티븐슨에게. 이 책의 초고와 재고와 재재고를 읽어준 것에 감사드려요. 두 사람이 나에게 건넨 모든 수정안, 제안, 비판에 감사드리고 싶어요. 이 책이 실험실 보고서로 전락하지 않도록 도와줘서 정말이지 고마워요!

DnD 그룹원들(조던 코브먼, 해너 로버스, 올린 로버스, 더스틴 마이어스, 조시 비버도프), 나를 제정신으로 유지시켜 주고 내 정신없는 일정에 맞춰줘서 고마워요. 우리가 매주 하는 게임이 빔프노틴 루프모틴 웨이워켓 오다 올라 카라밉 머니그 프니퍼에게 엄청난 즐거움을 줬어요.

이 책은 다음과 같은 분들의 사랑과 지지 덕분에 만들어질 수 있었습니다. 크레이그와 테레사 크로퍼드, 잭과 도트 크로퍼드, 브렌던과 데이니 휴즈, 브리태니 크로퍼드와 랜던 해밀턴, 케이티와 베키 휴즈, 케이틀린 챔버스, 첼시 호드, 켈시 몰, 케이티와 스모즈, 킴과 이바스 버그스, 스크로츠, 켈리 팰스록, 케이틀린 놀타, 빈센트 베코라로, 존 울프, 앨런 콜리, 사이먼 험프리, 데이비드 밴든 보트, 폴 맥코드, 스테이시 스파크스, 제니 브로드벨트, 젠 문, 베티와 도트.

마지막으로 나의 든든한 산 같은 조시 비버도프에게. 당신의 무조건적인 사랑과 지지에 정말 감사해. 내가 이 책을 쓰는 동안 매일 저녁 나에게 저녁 식사를 만들어 주고 갖다 줘서 고마워. 등을 문질러 주고, 애교 섞인 윙크를 하고, 매일같이 나를 웃게 해줘서 고마워. 더 중요한 건, 특히 힘든

날에 날 격려해 줘서 고마워. 당신은 이 세상에서 내가 가장 좋아하는 사람이고, 우리의 다음 장에 뭐가 있을까 궁금해서 견딜 수가 없다니까. 쪽.

용어 설명

- **거시적**Macroscopic: (특별한 도구 없이) 인간의 눈으로 관찰 가능한 것.

- **결합**Bond: 두 원자 사이의 화학적 상호작용(대체로 전자를 공유하거나 주고받는다).

- **고분자**Polymer: 반복되는 단위로 이루어진 큰 분자.

- **공유결합**Covalent bond: 두 원자가 전자를 공유할 때 생기는 상호작용.

- **극성**Polar: 전자가 고르지 않게 분포된 분자(또는 결합).

- **기화**Vaporization: 액체가 기체로 변할 때의 상변화.

- **동위원소**Isotopes: 같은 개수의 양성자를 가졌지만 중성자 개수가 다른 2개 이상의 원소.

- **무극성**Nonpolar: 전자가 고르게 분포된 분자(또는 결합).

- **미시적**Microscopic: (특별한 도구 없이) 인간의 눈으로 관찰이 불가능한 것.

- **밀도**Density: 특정 부피에서 물질이 차지하는 상대적 질량.

- **발열반응**Exothermic: 에너지를 방출하는 반응(따뜻해진다).

- **방향족**Aromatic: 자연적으로 향이 나는 분자.

- **분산력**Dispersion forces: 2개의 무극성 분자 사이에서 생기는 인력.

- **분자**Molecule: 2개 이상의 원자로 구성된 물질.

- **분자간력**Intermolecular forces, IMF: 분자들 사이에 생기는 인력.

- **분자내력**Intramolecular forces: 분자 안에서 생기는 인력(대체로 원자 사이의 결합).

- **산**Acid: pH가 7보다 낮은 분자.

- **소수성**Hydrophobic: 물을 밀어내는 무극성 분자.

- **수소결합**Hydrogen bonding: 수소와 질소나 산소, 플루오린 원자 사이에 공유결합을 가진 두 분자 사이에 생기는 IMF.

- **시스**Cis: 2개의 작용기 모두 분자의 같은 쪽에 있을 때 일컫는 방향성.

- **아미노산**Amino acids: 인간의 생명에 필수 원자인 탄소, 수소, 질소, 산소만 들어 있는 분자.

- **알코올**Alcohol: 산소-수소 공유결합을 가진 분자(대체로 탄화수소).

- **양성자**Proton: 원자핵에 위치한 양전하를 띤 입자.

- **양이온**Cation: 양전하를 띤 원자.

- **열에너지**Thermal energy: 열의 형태를 띤 운동에너지.

- **염기**Base: pH가 7보다 큰 분자.

- **원소**Element: 같은 개수의 양성자(그리고 같은 물리적/화학적 특성)를 가진 원자 집합.

- **원자**Atom: 물질의 기본 구성단위(양성자, 중성자, 전자를 갖고 있다).

- **원자가전자**Valence electron: 원자의 최외각에 있는 전자들.

- **원자량**Atomic mass: 원자에서 양성자와 중성자의 가중평균의 합.

- **원자번호**Atomic number: 원자 안에 있는 양성자의 개수.

- **음이온**Anion: 음전하를 띤 원자.

- **이온**Ion: 전하를 띤 원자(양성이거나 음성일 수 있다).

- **이온결합**Ionic bond: 하나의 원자가 전자를 다른 원자에 건넸을 때 생기는 상호작용.

- **이중극자-이중극자력**Dipole-dipole: 2개의 극성 분자 사이에서 생기는 IMF.

- **작용기**Functional groups: 분자 전체의 화학적 반응성에 크게 영향을 미치는 분자의 한쪽 부분.

- **전기음성도**Electronegativity: 한 원자의 전자가 다른 원자의 핵에 얼마나 끌리는지를 나타낸 수치.

- **전자**Electron: 원자핵 바깥에 위치한 음전하를 띤 입자.

- **전자기 복사**Electromagnetic radiation: 단파, 극초단파, 적외선, 가시광선, 자외선, 엑스레이, 감마 복사의 형태로 우주를 지나 이동하는 전자기파.

- **전해질**Electrolytes: 이온화된 분자(또는 염).

모든 것에 화학이 있다

- **중성자**Neutron: 원자핵 안에 위치한 전기적으로 중성인 입자.

- **지방산**Fatty acids: 무극성 부분(탄화수소)과 극성 부분(카복실산)을 가진 긴 분자.

- **질량수**Mass number: 원자 안의 양성자와 중성자 개수.

- **촉매**Catalyst: 화학반응에서 원래의 반응경로 대신에 대체경로를 제공하는 분자(그래서 반응 속도를 대체로 증가시킨다).

- **탄수화물**Carbohydrates: 우리가 먹는 음식 안의 당과 전분 분자.

- **탄화수소**Hydrocarbon: 수소와 탄소 원자만을 가진 분자.

- **트랜스**Trans: 작용기 2개가 서로 분자의 반대쪽에 있을 때 일컫는 방향성.

- **트리글리세리드**Triglycerides: 우리가 먹는 음식 안의 지방과 기름 분자.

- **펩타이드**Peptide: 2개 이상의 아미노산으로 만들어진 분자.

- **포도당**Glucose: 분자식 $C_6H_{12}O_6$를 가진 단당류.

- **폴리펩타이드**Polypeptides: 우리가 먹는 음식 안의 단백질 분자.

- **핵**Nucleus: 원자의 중심(양성자와 중성자가 들어 있다).

- **혐기성**Anaerobic: 산소가 없는 상태에서 일어나는 반응.

- **호기성**Aerobic: 산소가 있어야 일어나는 반응.

- **호르몬**Hormone: 몸 안에서 한곳에서 다른 곳으로 '메시지'를 나르는 분자.

- **효소**Enzymes: (종종 인간의 몸 안에서) 화학반응을 일으키는 촉매처럼 작용하는 자연적으로 존재하는 분자.

- **흡열반응**Endothermic: 에너지를 흡수하는 반응(그래서 차가워진다).

간추린 참고 서적

- Alberts, Bruce, Alexander Johnson, Julian Lewis, Martin Raff, Keith Roberts, and Peter Walter. *Molecular Biology of the Cell.* New York: Garland Science, 2002.

- Atkins, Peter, and Loretta Jones. *Chemical Principles.* New York: W. H. Freeman and Company, 2005.

- The American Chemical Society. *Flavor Chemistry of Wine and Other Alcoholic Beverages.* Portland: ACS Symposium Series eBooks, 2012. PDF e-book.

- The American Chemical Society. *Chemistry in Context.* New York: McGraw-Hill Education, 2018.

- The American Chemical Society. *Flavor Chemistry of Wine and Other Alcoholic Beverages.* United Kingdom: OUP USA, 2012.

- Aust, Louise B. *Cosmetic Claims Substantiation.* New York: Marcel Dekker, 1998.

- Barel, André, Marc Paye, and Howard I. Maibach, ed. *Handbook of Cosmetic Science and Technology.* Boca Raton: Taylor & Francis Group, 2010.

- Barth, Roger. *The Chemistry of Beer.* Hoboken: John Wiley & Sons, Inc., 2013.

- Belitz, Hans-Dieter, Werner Grosch, and Peter Schieberle. *Food Chemistry.* Berlin Heidelberg: Springer-Verlag, 2009.

모든 것에 화학이 있다

- Beranbaum, Rose Levy. *The Pie and Pastry Bible*. New York: Scribner, 1998.

- Black, Roderick E., Fred J. Hurley, and Donald C Havery. "Occurrence of 1,4-dioxane in cosmetic raw materials and finished cosmetic products." *Journal of AOAC International 84,* no. 3 (May 2001): 666 – 670.

- Bouillon, Claude, and John Wilkinson. *The Science of Hair Care*. Abingdon: Taylor & Francis, 2005.

- Boyle, Robert. *The Sceptical Chymist*. London: J. Cadwell, 1661.

- Crabtree, Robert H. *The Organometallic Chemistry of the Transition Metals*. Hoboken: Wiley-Interscience, 2005.

- The Editors of *Cook's Illustrated*. *The New Best Recipe*. Brookline: America's Test Kitchen, 2004.

- Eğe, Seyhan. *Organic Chemistry*. Boston: Houghton Mifflin Company, 2004.

- Feyrer, James, Dimitra Politi, and David N. Weil. "The Cognitive Effects of Micronutrient Deficiency: Evidence from Salt Iodization in the United States." *Journal of the European Economic Association 15*, no. 2 (April 2017): 355 – 387.

- "Foundations of Polymer Science: Wallace Carothers and the Development of Nylon." American Chemical Society National Historic Chemical Landmarks. American Chemical Society. Accessed March 12, 2020. http://www.acs.org/content/acs/en/education/whatischemistry/landmarks/carotherspolymers.html.

- Fromer, Leonard. "Prevention of anaphylaxis: the role of the epinephrine auto-injector." *The American Journal of Medicine 129*, no. 12(August 2016): 1244 – 1250.

- Fuss, Johannes, Jörg Steinle, Laura Bindila, Matthias K. Auer, Hartmut Kirchherr, Beat Lutz, and Peter Gass. "A runner's high depends on cannabinoid receptors in mice." *PNAS 112*, no. 42 (October 2015): 13105 – 13108.

- "Gchem." McCord, Paul, David Vanden Bout, and Cynthia LaBrake. The University of Texas. Accessed December 20, 2019. https://gchem.cm.utexas.edu/.

- Goodfellow S.J., and W.L. Brown. "Fate of Salmonella Inoculated into Beef for Cooking." *Journal of Food Protection 41*, no. 8 (August 1978): 598–605.

- Green, John, and Hank Green. Vlogbrothers' YouTube page. Accessed May 15, 2020. https://youtu.be/rMweXVWB918?t=75.

- Guinn, Denise. *Essentials of General, Organic, and Biochemistry*. New York: W. H. Freeman and Company, 2014.

- Halliday, David, Robert Resnick, and Jearl Walker. *Fundamentals of Physics*. Hoboken: John Wiley & Sons, Inc., 2014.

- Hammack, Bill, and Don DeCoste. *Michael Faraday's The Chemical History of a Candle with Guides to the Lectures, Teaching Guides & Student Activities*. United States: Articulate Noise Books, 2016.

- Higginbotham, Victoria. "Copper Intrauterine Device (IUD)." *Embryo Project Encyclopedia*(July 2018): 1940–5030.

- Hodson, Greg, Eric Wilkes, Sara Azevedo, and Tony Battaglene. "Methanol in wine." *40th BIO Web of Conferences 9*, no. 02028(January 2017): 1–5.

- Horton, H. Robert, Laurence A. Moran, Raymond S. Ochs, J. David Rawn, and K. Gray Scrimgeour. *Principles of Biochemistry*. Upper Saddle River: Prentice Hall, Inc., 2002.

- Housecroft, Catherine E., and Alan G. Sharpe. *Inorganic Chemistry*. Harlow: Pearson, 2018.

- "How Big Is a Mole? (Not the animal, the other one.)" Daniel Dulek. TED Talk. Accessed August 3, 2019. https://www.ted.com/talks/daniel_dulek_how_big_is_a_mole_not_the_animal_the_other_one/transcript?language=en.

- Iizuka, Hajime. "Epidermal turnover time." *Journal of Dermatological Science 8*, no. 3(December 1993): 215–217. https://linkinghub.elsevier.com/retrieve/pii/0923181194900574.

- Karaman, Rafik. *Commonly Used Drugs: Uses, Side Effects, Bioavailability and Approaches to Improve It*. United States: Nova Science Incorporated, 2015.

- King Arthur Flour. *The All-Purpose Baking Cookbook*. New York: The Countryman Press, 2003.

- Koltzenburg, Sebastian, Michael Maskos, and Oskar Nuyken. *Polymer Chemistry*. Berlin Heidelberg: Springer-Verlag, 2017.

- Lynch, Harry J., Richard J. Wurtman, Michael A. Moskowitz, Michael C. Archer, and M.H. Ho. "Daily rhythm in human urinary melatonin." *Science 187*, no. 4172(January 1975): 169 – 171.

- "Making sense of our senses." Maxmen, Amy. Science. Accessed February 2020. https://www.sciencemag.org/features/2013/11/making-sense-our-senses.

- Marks, Lara. *Sexual Chemistry*. New Haven, London: Yale University Press, 2010.

- McGee, Harold. *On Food and Cooking*. New York: Scribner, 2004.

- Moberg, Kerstin Uvnäs. *The Oxytocin Factor*. London: Pinter & Martin, 2011.

- Nehlig, Astrid, Jean-Luc Daval, and Gerard Debry. "Caffeine and the central nervous system: mechanisms of action, biochemical, metabolic and psychostimulant effects." *Brain Research Reviews 17*, no. 2(May 1992): 139 – 170.

- Norman, Anthony W., and Gerald Litwack. *Hormones*. San Diego, California: Academic Press, 1997.

- "Nylon: A Revolution in Textiles." Audra J. Wolfe. Science History Institute. Accessed March 14, 2020. http://sciencehistory.org/distillations/magazine/nylon-arevolution-in-textiles.

- O'Lenick, Anthony J., and Thomas G. O'Lenick. *Organic Chemistry for Cosmetic Chemists*. Carol Stream: Allured Publishing, 2008.

- Oxtoby, David W., H.P. Gillis, and Alan Campion. *Principles of Modern Chemistry*. Belmont: Brooks/Cole, 2012.

- "Parabens in Cosmetics." U.S. Food & Drug Administration. Accessed September 14, 2019. https://www.fda.gov/cosmetics/cosmetic-ingredients/parabenscosmetics.

- Partington, James Riddick. *A Short History of Chemistry*. New York: Dover Publications, 1989.

- "Periodic Table of Elements." International Union of Pure and Applied Chemistry. Accessed October 20, 2019. https://iupac.org/what-we-do/periodic-table-ofelements/.

- "Pheromones Discovered in Humans." Boyce Rensberger. Athena Institute. Accessed March 3, 2020. http://athenainstitute.com/mediaarticles/washpost.html.

- Richards, Ellen H. *The Chemistry of Cooking and Cleaning*. Boston: Estes & Lauriat, 1882.

- Roach, Mary. Bonk: *The Curious Coupling of Science and Sex*. New York, London: W. W. Norton & Company, 2008.

- Robbins, Clarence R. *Chemical and Physical Behavior of Human Hair*. New York: Springer Science+Business Media, LLC, 1994.

- Sakamoto, Kazutami, Robert Y. Lochhead, Howard I. Maibach, and Yuji Yamashita. *Cosmetic Science and Technology*. Amsterdam: Elsevier Inc., 2017.

- Scheele, Dirk, Nadine Striepens, Onur Güntürkün, Sandra Deutschländer, Wolfgang Maier, Keith M. Kendrick, and René Hurlemann. "Oxytocin modulates social distance between males and females." *Journal of Neuroscience 32*, no. 46(November 2012): 16074 – 16079.

- Scheer, Roddy, and Doug Moss. "Should People Be Concerned about Parabens in Beauty Products?" *Scientific American*, October 2014, https://www.scientificamerican.com/article/should-people-be-concerned-aboutparabens-in-beauty-products/.

- Simons, Keith J., and F. Estelle R. Simons. "Epinephrine and its use in anaphylaxis: current issues." *Current Opinion in Allergy and Clinical Immunology 10*, no. 4(August 2010): 354 – 361.

- Smith, K.R., and Diane Thiboutot. "Sebaceous gland lipids: friend or foe?" *Journal of Lipid Research 4*(November 2007): 271 – 281.

- Spellman, Frank R. *The Handbook of Meteorology*. Plymouth: Scarecrow Press, Inc., 2013.

- Spriet, Lawrence L. "New Insights into the Interaction of Carbohydrate and Fat Metabolism During Exercise." *Sports Medicine 44*, no. 1(May 2014):

87 – 96.

- Society of Dairy Technology. *Cleaning-in-Place: Dairy, Food and Beverage Operations*. Oxford: Blackwell Publishing, 2008.

- Srinivasan, Shraddha, Kriti Kumari Dubey, Rekha Singhal. "Influence of food commodities on hangover based on alcohol dehydrogenase and aldehyde dehydrogenase activities." *Current Research in Food Science 1*(November 2019): 8 – 16.

- "Sunscreens and Photoprotection." Gabros, Sarah, Trevor A. Nessel, and Patrick M. Zito. StatPearls Publishing. Accessed January 15, 2020. https://www.ncbi.nlm.nih.gov/books/NBK537164/.

- Tamminen, Terry. *The Ultimate Guide to Pool Maintenance*. New York: McGraw-Hill Education, 2007.

- The Royal Society of Chemistry. *Coffee*. Croydon: CPI Group (UK), 2019.

- "This 16-year-old football player lifted a car to save his trapped neighbor." Ebrahimji, Alisha. CNN. Accessed January 19, 2020. http://cnn.com/2019/09/26/us/teen-saves-neighbor-car-trnd/index.html.

- Toedt, John, Darrell Koza, and Kathleen Van Cleef-Toedt. *Chemical Composition of Everyday Products*. Westport: Greenwood Press, 2005.

- Tosti, Antonella, and Bianca Maria Piraccini. *Diagnosis and Treatment of Hair Disorders*. Abingdon: Taylor & Francis, 2006.

- Tro, Nivaldo J. *Chemistry*. Boston: Pearson, 2017.

- Waterhouse, Andrew Leo, Gavin L. Sacks, and David W. Jeffery. *Understanding Wine Chemistry*. Chichester: John Wiley & Sons, Inc., 2016.

- Wermuth, Camille Georges, David Aldous, Pierre Raboisson, Didier Rognan, ed. *The Practice of Medicinal Chemistry*. London, England: Academic Press, 2015.

- Young, David, John D. Cutnell, Kenneth W. Johnson and Shane Stadler. *Physics*. Hoboken: John Wiley & Sons, Inc., 2015.

- "Your Guide to Physical Activity and Your Heart." National Institutes of Health, National Heart, Lung, and Blood Institute. Accessed March 23, 2020.

http://nhlbi.nih.gov/files/docs/public/heart/phy_activ.pdf.

• Zakhari, Samir. "Overview: How is *Alcohol Metabolized by the Body?" Alcohol Research & Health 29*, no. 4(2006): 245 – 254.

• Zumdahl, Steven S. *Chemical Principles*. Belmont: Brooks/Cole, 2009.

• Zumdahl, Steven S., Susan A. Zumdahl, and Donald J. DeCoste. *Chemistry*. Boston: Cengage Learning, 2018.

모든 것에 화학이 있다

옮긴이 김지원

서울대학교 화학생물공학부와 같은 학교 대학원을 졸업하고 서울대학교 언어교육원 강사로 재직했으며 현재 전문 번역가로 활동하고 있다. 옮긴 책으로 《어쩌다 숲》, 《할렘 셔플》, 《산책자를 위한 자연수업》, 《미생물에 관한 거의 모든 것》, 《지구 100 1·2》, 《7번째 내가 죽던 날》, 《잘못은 우리 별에 있어》 등이 있고, 엮은 책으로는 《바다기담》과 《세계사를 움직인 100인》 등이 있다.

모든 것에 화학이 있다

초판 1쇄 발행 2023년 2월 1일
초판 6쇄 발행 2024년 4월 19일

지은이 | 케이트 비버도프
옮긴이 | 김지원
발행인 | 강봉자, 김은경

펴낸곳 | (주)문학수첩
주소 | 경기도 파주시 회동길 503-1(문발동633-4) 출판문화단지
전화 | 031-955-9088(대표번호), 9532(편집부)
팩스 | 031-955-9066
등록 | 1991년 11월 27일 제16-482호

홈페이지 | www.moonhak.co.kr
블로그 | blog.naver.com/moonhak91
이메일 | moonhak@moonhak.co.kr

ISBN 979-11-92776-36-1 03430

* 파본은 구매처에서 바꾸어 드립니다.